U0847045

学术引领系列

国家科学思想库

“十二五”国家重点图书出版规划项目

中国学科发展战略

新型飞行器中的关键力学问题

中国科学院

科学出版社

北京

图书在版编目（CIP）数据

新型飞行器中的关键力学问题 / 中国科学院编. —北京：科学出版社，2018.1

（中国学科发展战略）

ISBN 978-7-03-054506-0

I. ①新… II. ①中… III. ①飞行器-力学-研究报告 IV. ①V47

中国版本图书馆 CIP 数据核字（2017）第 226416 号

丛书策划：侯俊琳 牛 玲

责任编辑：张 莉 郭学雯 / 责任校对：何艳萍

责任印制：吴兆东 / 封面设计：黄华斌 陈 敬

联系电话：010-64035853

电子邮箱：houjunlin@mail.sciencep.com

科学出版社 出版

北京东黄城根北街 16 号

邮政编码：100717

http://www.sciencep.com

北京厚诚则铭印刷科技有限公司印刷

科学出版社发行 各地新华书店经销

*

2018 年 1 月第 一 版 开本：720×1000 1/16

2025 年 2 月第七次印刷 印张：19 3/4

字数：340 000

定价：98.00 元

中国学科发展战略

指 导 组

组　长：白春礼

副组长：张　涛　秦大河

成　员：王恩哥　朱道本　傅伯杰

陈宜瑜　李树深　杨　卫

工 作 组

组　长：李　婷

副组长：苏荣辉

成　员：钱莹洁　马新勇　薛　淮

冯　霞　林宏侠　王振宇

赵剑峰

中国学科发展战略·新型飞行器中的关键力学问题

项 目 组

项目组负责人： 郑晓静

项目组成员：（以姓氏汉语拼音为序）

包为民　程耿东　杜善义
方岱宁　韩杰才　胡海岩
李椿萱　李家春　孟松鹤
伍小平　张涵信　周　恒
周又和

编写组成员：（以姓氏汉语拼音为序）

陈德江　冯　雪　郭　旭
姜宗林　冷劲松　李　锋
孟松鹤　邱志平　王晋军
王振国　杨　伟　叶友达
俞继军　张柏楠　张博明
张正平

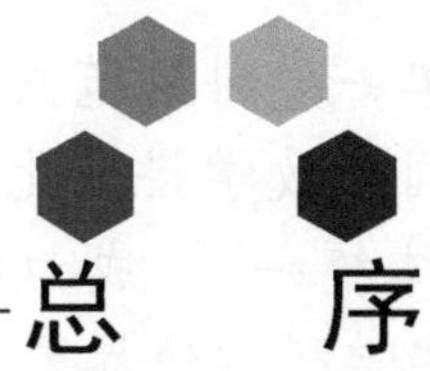

总　序

九层之台，起于累土①

白春礼

近代科学诞生以来，科学的光辉引领和促进了人类文明的进步，在人类不断深化对自然和社会认识的过程中，形成了以学科为重要标志的、丰富的科学知识体系。学科不但是科学知识的基本的单元，同时也是科学活动的基本单元：每一学科都有其特定的问题域、研究方法、学术传统乃至学术共同体，都有其独特的历史发展轨迹；学科内和学科间的思想互动，为科学创新提供了原动力。因此，发展科技，必须研究并把握学科内部运作及其与社会相互作用的机制及规律。

中国科学院学部作为我国自然科学的最高学术机构和国家在科学技术方面的最高咨询机构，历来十分重视研究学科发展战略。2009 年 4 月与国家自然科学基金委员会联合启动了“2011～2020 年我国学科发展战略研究”19 个专题咨询研究，并组建了总体报告研究组。在此工作基础上，为持续深入开展有关研究，学部于 2010 年底，在一些特定的领域和方向上重点部署了学科发展战略研究项目，研究成果现以“中国学科发展战略”丛书形式系列出版，供大家交流讨论，希望起到引导之效。

根据学科发展战略研究总体研究工作成果，我们特别注意到学科发展的以下几方面的特征和趋势。

① 题注：李耳《老子》第 64 章：“合抱之木，生于毫末；九层之台，起于累土；千里之行，始于足下。”

一是学科发展已越出单一学科的范围，呈现出集群化发展的态势，呈现出多学科互动共同导致学科分化整合的机制。学科间交叉和融合、重点突破和“整体统一”，成为许多相关学科得以实现集群式发展的重要方式，一些学科的边界更加模糊。

二是学科发展体现了一定的周期性，一般要经历源头创新期、创新密集区、完善与扩散期，并在科学革命性突破的基础上螺旋上升式发展，进入新一轮发展周期。根据不同阶段的学科发展特点，实现学科均衡与协调发展成为了学科整体发展的必然要求。

三是学科发展的驱动因素、研究方式和表征方式发生了相应的变化。学科的发展以好奇心牵引下的问题驱动为主，逐渐向社会需求牵引下的问题驱动转变；计算成为了理论、实验之外的第三种研究方式；基于动态模拟和图像显示等信息技术，为各学科纯粹的抽象数学语言提供了更加生动、直观的辅助表征手段。

四是科学方法和工具的突破与学科发展互相促进作用更加显著。技术科学的进步为激发新现象并揭示物质多尺度、极端条件下的本质和规律提供了积极有效手段。同时，学科的进步也为技术科学的发展和催生战略新兴产业奠定了重要基础。

五是文化、制度成为了促进学科发展的重要前提。崇尚科学精神的文化环境、避免过多行政干预和利益博弈的制度建设、追求可持续发展的目标和思想，将不仅极大促进传统学科和当代新兴学科的快速发展，而且也为人才成长并进而促进学科创新提供了必要条件。

我国学科体系由西方移植而来，学科制度的跨文化移植及其在中国文化中的本土化进程，延续已达百年之久，至今仍未结束。

鸦片战争之后，代数学、微积分、三角学、概率论、解析几何、力学、声学、光学、电学、化学、生物学和工程科学等的近代科学知识被介绍到中国，其中有些知识成为一些学堂和书院的教学内容。1904 年清政府颁布“癸卯学制”，该学制将科学技术分为格致科（自然科学）、农业科、工艺科和医术科，各科又分为诸多学科。

1905年清朝废除科举，此后中国传统学科体系逐步被来自西方的新学科体系取代。

民国时期现代教育发展较快，科学社团与科研机构纷纷创建，现代学科体系的框架基础成型，一些重要学科实现了制度化。大学引进欧美的通才教育模式，培育各学科的人才。1912年詹天佑发起成立中华工程师会，该会后来与类似团体合为中国工程师学会。1914年留学美国的学者创办中国科学社。1922年中国地质学会成立，此后，生理、地理、气象、天文、植物、动物、物理、化学、机械、水利、统计、航空、药学、医学、农学、数学等学科的学会相继创建。这些学会及其创办的《科学》《工程》等期刊加速了现代学科体系在中国的构建和本土化。1928年国民政府创建中央研究院，这标志着现代科学技术研究在中国的制度化。中央研究院主要开展数学、天文学与气象学、物理学、化学、地质与地理学、生物科学、人类学与考古学、社会科学、工程科学、农林学、医学等学科的研究，将现代学科在中国的建设提升到了研究层次。

中华人民共和国成立之后，学科建设进入了一个新阶段，逐步形成了比较完整的体系。1949年11月新中国组建了中国科学院，建设以学科为基础的各类研究所。1952年，教育部对全国高等学校进行院系调整，推行苏联式的专业教育模式，学科体系不断细化。1956年，国家制定出《十二年科学技术发展远景规划纲要》，该规划包括57项任务和12个重点项目。规划制定过程中形成的“以任务带学科”的理念主导了以后全国科技发展的模式。1978年召开全国科学大会之后，科学技术事业从国防动力向经济动力的转变，推进了科学技术转化为生产力的进程。

科技规划和“任务带学科”模式都加速了我国科研的尖端研究，有力带动了核技术、航天技术、电子学、半导体、计算技术、自动化等前沿学科建设与新方向的开辟，填补了学科和领域的空白，不断奠定工业化建设与国防建设的科学技术基础。不过，这种模式在某些时期或多或少地弱化了学科的基础建设、前瞻发展与创新活力。比如，发展尖端技术的任务直接带动了计算机技术的兴起与计算机的研制，但科研力量长期跟着任务走，而对学科建设着力不够，已成为制约我国计算机科学技术发展的“短板”。面对建设创新型国家的历史使命，我国亟待夯实学科基础，为科学技术的持续发展与创新能力的提升而开辟知识源泉。

反思现代科学学科制度在我国移植与本土化的进程，应该看到，20 世纪上半叶，由于西方列强和日本入侵，再加上频繁的内战，科学与救亡结下了不解之缘，新中国成立以来，更是长期面临着经济建设和国家安全的紧迫任务。中国科学家、政治家、思想家乃至一般民众均不得不以实用的心态考虑科学及学科发展问题，我国科学体制缺乏应有的学科独立发展空间和学术自主意识。改革开放以来，中国取得了卓越的经济建设成就，今天我们可以也应该静下心来思考“任务”与学科的相互关系，重审学科发展战略。

现代科学不仅表现为其最终成果的科学知识，还包括这些知识背后的科学方法、科学思想和科学精神，以及让科学得以运行的科学体制、科学家的行为规范和科学价值观。相对于我国的传统文化，现代科学是一个“陌生的”“移植的”东西。尽管西方科学传入我国已有一百多年的历史，但我们更多地还是关注器物层面，强调科学之实用价值，而较少触及科学的文化层面，未能有效而普遍地触及到整个科学文化的移植和本土化问题。中国传统文化以及当今的社会文化仍在深刻地影响着中国科学的灵魂。可以说，迄 20 世纪结束，我国移植了现代科学及其学科体制，却在很大程度上拒斥与之相关的科学文化及相应制度安排。

科学是一项探索真理的事业，学科发展也有其内在的目标，探求真理的目标。在科技政策制定过程中，以外在的目标替代学科发展的内在目标，或是只看到外在目标而未能看到内在目标，均是不适当的。现代科学制度化进程的含义就在于：探索真理对于人类发展来说是必要的和有至上价值的，因而现代社会和国家须为探索真理的事业和人们提供制度性的支持和保护，须为之提供稳定的经费支持，更须为之提供基本的学术自由。

20 世纪以来，科学与国家的目的不可分割地联系在一起，科学事业的发展不可避免地要接受来自政府的直接或间接的支持、监督或干预，但这并不意味着，从此便不再谈科学自主和自由。事实上，在现当代条件下，在制定国家科技政策时充分考虑“任务”和学科的平衡，不但是最大限度实现学术自由、提升科学创造活力的有效路径，同时也是让科学服务于国家和社会需要的最有效的做法。这里存在着这样一种辩证法：科学技术系统只有在具有高度创造活力的情形下，才能在创新型国家建设过程中发挥最大作用。

在全社会范围内创造一种允许失败、自由探讨的科研氛围；尊重学科发展的内在规律，让科研人员充分发挥自己的创造潜能；充分尊重科学家的个人自由，不以“任务”作为学科发展的目标，让科学共同体自主地来决定学科的发展方向。这样做的结果往往比事先规划要更加激动人心。比如，19 世纪末德国化学学科的发展史就充分说明了这一点。从内部条件上讲，首先是由于洪堡兄弟所创办的新型大学模式，主张教与学的自由、教学与研究相结合，使得自由创新成为德国的主流学术生态。从外部环境来看，德国是一个后发国家，不像英、法等国拥有大量的海外殖民地，只有依赖技术创新弥补资源的稀缺。在强大爱国热情的感召下，德国化学家的创新激情迸发，与市场开发相结合，在染料工业、化学制药工业方面进步神速，十余年间便领先于世界。

中国科学院作为国家科技事业“火车头”，有责任提升我国原始创新能力，有责任解决关系国家全局和长远发展的基础性、前瞻性、战略性重大科技问题，有责任引领中国科学走自主创新之路。中国科学院学部汇聚了我国优秀科学家的代表，更要责无旁贷地承担起引领中国科技进步和创新的重任，系统、深入地对自然科学各学科进行前瞻性战略研究。这一研究工作，旨在系统梳理世界自然科学各学科的发展历程，总结各学科的发展规律和内在逻辑，前瞻各学科中长期发展趋势，从而提炼出学科前沿的重大科学问题，提出学科发展的新概念和新思路。开展学科发展战略研究，也要面向我国现代化建设的长远战略需求，系统分析科技创新对人类社会发展和我国现代化进程的影响，注重新技术、新方法和新手段研究，提炼出符合中国发展需求的新问题和重大战略方向。开展学科发展战略研究，还要从支撑学科发展的软、硬件环境和建设国家创新体系的整体要求出发，重点关注学科政策、重点领域、人才培养、经费投入、基础平台、管理体制等核心要素，为学科的均衡、持续、健康发展出谋划策。

2010 年，在中国科学院各学部常委会的领导下，各学部依托国内高水平科研教育等单位，积极酝酿和组建了以院士为主体、众多专家参与的学科发展战略研究组。经过各研究组的深入调查和广泛研讨，形成了"中国学科发展战略"丛书，纳入"国家科学思想库—学术引领系列"陆续出版。学部诚挚感谢为学科发展战略研究付出心血的院士、专家们！

按照学部"十二五"工作规划部署，学科发展战略研究将持续开展，希望学科发展战略系列研究报告持续关注前沿，不断推陈出新，引导广大科学家与中国科学院学部一起，把握世界科学发展动态，夯实中国科学发展的基础，共同推动中国科学早日实现创新跨越！

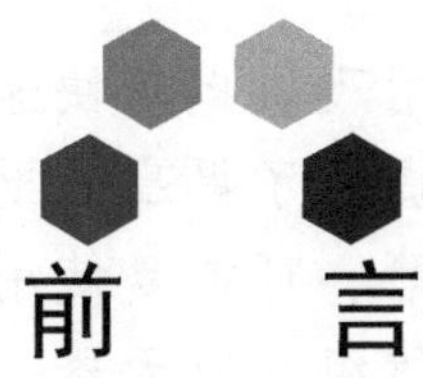

前 言

力学一直是人类航空航天活动最重要的理论基础，任何飞行器的成功都离不开力学理论和方法的重大突破，可以说动力学催生了人类的飞天梦，流体力学拓展了时空域，而固体力学是使之得以实现的基石。人类拓展时空域的意愿和航空航天的重大需求牵引是力学学科发展最直接的驱动力，不断给力学学科提出新的要求和挑战，注入新的活力，丰富其内涵，拓展其外延。

回顾人类飞行史，在大多数时间内，力学学科都起到了主导作用。如果说航空工业是第二次工业革命的重要标志，航天工业是第三次工业革命的重要支撑，那么航空航天技术则已成为20世纪发展的主导科技。钱学森先生在1978年全国力学规划会议上的发言中指出，“从1910年到1960年这五十年的所谓‘应用力学’的工作说起，在这个时期中，力学工作者对当时新兴的航空技术和航天技术震撼世界的成果，做出了巨大的贡献，他们是时代的英雄”“1960年以后，力学已经从力学研究单位走出来了，到了广大工农业生产、工程技术范围中去了，力学这个行业得到大普及”。航空航天科技以基础科学和技术科学为基础，同时又汇集和开创了许多现代科学技术的新成就，是现代科学技术的结晶和高度综合集成，对人类科学和技术的整体进步有显著的牵引作用，是下一代技术革命的策源地。力学的许多理论方法变得成熟、经典，在飞行器更新换代过程中逐步由主导学科变成主要支撑学科，为航空航天科技提供必需的理论、方法和手段支撑。

在当前以信息革命为代表的新工业革命时代，航空航天工业继续发挥着重要的引领作用。进入21世纪以来，军用飞机不仅要求高隐身、高机动、多功能、强信息化能力，而且通过主动控制和智能化不断提高使用性能；民用飞机也对快速到达、减阻降噪、节能增效、高舒适度和高可靠性提出了更高的要求；航天器在星船弹箭基础上，对大型重型运载火箭、可重复使用天地往返运输系统、快速响应低成本进入空间、多体组合航天器、深空探测航天器、星际再入航天器等提出了新的需求；临近空间得到了充分的重视，临近空间飞行器包括可利用临近空间的各类浮力型、升力型区域持久飞行器，超声速、高超声速飞行器，以及亚轨道飞行器，为人类实现“更高、更快、更远、更长”提供了施展的舞台。上述需求和发展态势，催生了一批新型、新概念飞行器，这些新型飞行器的提出和发展，不仅可以进一步完善现有力学学科体系，提升解决复杂问题的能力，而且为促使其理论体系发生新的重大变革提供了契机。

新型飞行器主要是指有别于传统航空、航天飞行器，或借助于新原理、新技术较传统飞行器性能有大幅度提升的航空器或航天器。这些新型飞行器给力学学科提出了新的需求和挑战，如何应对挑战，同时发挥力学学科的作用，需要从系统层面开展发展战略研究。我国《国家中长期科学和技术发展规划纲要（2006—2020 年）》中设立了多项与航空、航天密切相关的重大专项，“航空航天重大力学问题”也被列为 18 个基础科学问题之一。《中华人民共和国国民经济和社会发展第十三个五年规划纲要》，阐明了新时期的国家战略意图，明确了创新是引领发展的第一动力，发挥科技创新在全面创新中的引领作用。加快突破新一代航空航天领域核心技术成为一项重要任务。2014 年 10 月，香山科学会议在北京召开了主题为“新型航天器中的力学问题”的第 508 次学术讨论会。杜善义院士、郑晓静院士、胡海岩院士和李椿萱院士担任会议执行主席。与会专家一致认为：力学是航天器设计的基础，并贯彻于整个研发和应用过程，要想从航天大国变为航天强国，需要加强力学基础研究，发展新理论、新方法和新技术，不断提高我们解决航天工程中与力学相关问题的能力和原始创新的能力；新型航天器的发展给力学学科带来了严峻的挑战，对于这些来自工程中的挑战所蕴含的更深层次的科学问题，力学学科必须从其自身内部进行深度融合，并与其他学科交叉，应对新型航天器的发展需求和挑战，促进学科自身不断发展和完善。

在此基础上，面向更为广泛的新型航空、航天飞行器发展需求，2015 年，中国科学院数理学部由郑晓静院士牵头，成立了“新型飞行器中的关键力学问题”专题咨询项目。汇聚国内力学、航天、航空学科相关学者，结合国际空天领域发展态势、我国近中远期发展需求和重大科技体制改革的机遇，认真研讨了新型飞行器给力学学科带来的新挑战、新需求，分析了力学学科相关领域的研发进展和存在的问题，归纳总结了若干需求急迫且意义重大的力学学科相关问题，并形成专题研究报告，有针对性地提出了我国力学学科的发展建议、思路和措施，完成本书书稿。

全书共十八章，分五部分：第一部分为绪论，即第一章，由哈尔滨工业大学孟松鹤执笔；第二部分介绍飞行器关键空气动力学问题，其中第二章“先进战斗机气动设计的发展与挑战”由中国航空工业成都飞机设计研究所杨伟、蔡广平执笔，第三章“空气动力学的新问题”由天津大学周恒院士、中国空气动力研究发展中心张涵信院士执笔，第四章“高超声速飞行器气动特性与湍流问题”由中国空气动力研究与发展中心叶友达执笔，第五章“高超声速气动热力学问题”由中国空气动力研究与发展中心陈德江、王国林和哈尔滨工业大学金华执笔，第六章“飞行器流动控制问题”由北京航空航天大学王晋军、冯立好执笔，第七章“飞行器低雷诺数流动问题”由中国航天空气动力技术研究院李锋执笔；第三部分介绍飞行器推进系统、材料和结构的关键力学问题，其中第八章“新型空天推进系统中的力学问题”由国防科学与技术大学王振国、孙明波执笔，第九章“飞行器轻质结构力学问题”由大连理工大学郭旭执笔，第十章“多功能/智能材料与微系统力学问题”由哈尔滨工业大学冷劲松、刘立武、兰鑫执笔，第十一章“高温材料与结构力学问题”由哈尔滨工业大学孟松鹤执笔，第十二章“多物理化学场耦合力学问题”由中国航天空气动力技术研究院俞继军、罗晓光、邓代英、姜贵庆执笔，第十三章“大尺寸航天器结构动力学问题”由中国空间飞行器技术研究院张柏楠、张淼、张永执笔，第十四章“高超声速飞行器结构动力学问题”由北京强度环境研究所张正平、李海波、程昊、秦朝红执笔；第四部分介绍试验方法、可靠性与虚拟仿真技术，其中第十五章“高超声速风洞气动试验数据相关理论与关联方法”由中国科学院力学研究所姜宗林执笔，第十六章“验证和确认与不确定性量化问题”由北京航空航天大学邱志平、王晓军、哈尔滨工业大学杨强执笔，第十七章“虚拟试验与数字孪生问题”由北京航空航天大学张博明、唐占文执笔；第五部分为前沿力学问题，第十八章“力学前沿与创新应用问题”由清华大学冯雪执笔。

研究组于 2015 年 6 月，2016 年 5 月、7 月、10 月、12 月进行了研究组、编写组和秘书组主要人员参与的讨论和修订，并由研究组专家进行了通篇修改。同时，在成书过程中，得到了国家自然科学基金委“近空间飞行器的关键基础科学问题”重大研究计划指导专家组、中国航天科技集团科技委等部门和一大批相关科技工作者的大力支持和帮助，在此一并致谢。

郑晓静

2017 年 3 月

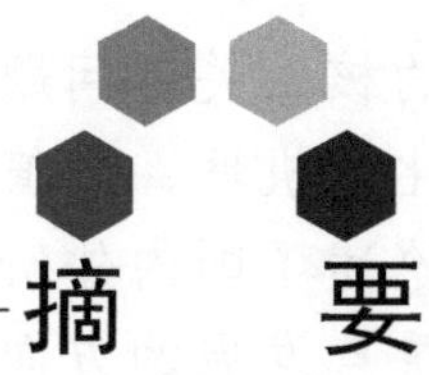

摘　要

本战略研究报告是中国科学院部署的力学学科关于固体力学及其各分支领域、学科前沿的战略研究报告。本报告以“新型飞行器中的关键力学问题”为主要研究内容，并不仅仅局限在固体力学，而是拓宽到整个力学学科与航空航天领域的交叉，通过需求牵引带动科学研究和学科发展，提出未来 5～10 年力学学科在航空航天领域的重点发展方向。

本战略研究报告共十八章。第一章“绪论”回顾了力学与航空航天不可分割的发展历史，较为全面地介绍了当今若干种重要新型飞行器（如新型运载器、新型航天器、新型航空器、临近空间飞行器等）的国内外发展态势，从空气动力学、固体力学、动力学与控制以及试验和数值模拟等方面总结了新型飞行器对力学的新需求和新挑战，并给出未来发展的思考和建议。

空气动力学一直以来被冠以“飞行器设计先行官”的重要角色，在新型飞行器的设计中其重要程度依然如此。第二章“先进战斗机气动设计的发展与挑战”详细介绍了我国最新战斗机气动设计的研发体系，并指出所面临的需求和挑战。第三章“空气动力学的新问题”探讨气体分子运动论在高超声速稀薄流动中是否适用的问题，这个问题可能会使临近空间高速飞行器的设计面临严重的不确定性。高超声速飞行器气动布局的形式和气动设计的选择所受的限制非常严格，准确的飞行器气动力热特性预测极其关键，精细的气动设计必须予以重视，为此，第四章“高超声速飞行器气动特性与湍流问题”综述了复杂多效应耦合作用、流动转捩与层流分离、飞行器气动布局与动态特性等问题的国内外研究发展态势，针对性地提出了当前面临的需求和挑战以及未来发展建议。高温真实气体效应是高超声速飞行器面临的核心关键问题之一，第五章“高超声速气动热力学问题”从物理化学机理、数值模拟方法、地面实验测试技术和热防护等方面全面论述了国内外研究现状和存在的问题，并指出若干挑战以及未来需重点发展的方向。流动控制技术是通过施加外来扰动改变流场的自然发展路径，以达到所需要的控制目的，第六章“飞行器流动控制问题”详细介绍了若干种先进流动控制技术，包括格尼襟翼、涡流发生器、仿生流动控制技术、环量控制、合成射流、等离子体激励器等主动或被动流动控制技术，并指出技术性问题、可靠性问题和工艺性问题是制约其发展的三个关键性问题。临近空间低速飞行器面临特殊的低雷诺数流动问题，第七章“飞行器低雷诺数流动问题”对此问题进行了系统介绍，并介绍了作者及其团队在这一问题上的最新研究进展。

新型飞行器的发展强烈依赖于新型推进技术的发展。第八章“新型空天推进系统中的力学问题”针对临近空间高超声速飞行器的推进系统，详细介绍了超燃冲压发动机、爆震发动机和组合循环发动机三种新型推进系统的基本工作原理以及各自面临的技术难点和挑战，并指出高超声速流动机理及控制理论、超声速燃烧机理及燃烧增强机制、超声速传热机理及先进发动机热防护方法是需要深入研究、解决的流动和燃烧的关键科学问题。未来发展建议是，建立发动机基础数据库，逐步发展模态平稳转换理论和组合发动机设计方法；充分利用并逐步发展先进光学测量技术，并将其应用于发动机流动、燃烧及传热过程的测量，同时开展发动机全机数值模拟，揭示发动机流动、燃烧和传热精细过程等。

新型飞行器的发展离不开材料和结构的发展。对新型飞行器而言，一个新的结构概念是否值得研究、一种结构设计方案能否实现服役功能，很大程度上取决于结构重量能否得到合理的控制。第九章“飞行器轻质结构力学问题”阐述了现有的结构优化设计理论，针对以可展开结构、智能结构和整体结构为代表的新概念飞行器结构，提出结构优化设计涉及的力学问题以及未来发展建议。第十章“多功能/智能材料与微系统力学问题”介绍了智能材料和结构在飞行器中的一些应用，以及涉及的多场耦合、跨尺度、大变形等力学问题，并总结了一些可应用在新型飞行器系统中的智能材料技术发展面临的问题与挑战。第十一章论述了“高温材料与结构力学问题”研究的必要性和研究发展态势，指出建立科学、有效的材料高温本构模型与强度理论是力学工作者的使命和重要任务，提出对于高温材料的研究在实验测试和理论建模方面面临的问题和挑战。第十二章“多物理化学场耦合力学问题”针对新型飞行器结构的热防护设计遇到的烧蚀与防热中的物理/化学过程多场耦合问题展开讨论，提出了防热系统设计与评估的过程中存在的力学问题。

为了保障飞行器在轨组装、运行以及执行在轨操作的顺利实施，动力学分析作为一项重要技术日益受到重视。第十三章“大尺寸航天器结构动力学问题”梳理出大型柔性附件展开动力学、充液航天器动力学、组合体柔性动力学、不确定性动力学、连接结构非线性动力学、大型动力学试验这几个发展大尺寸航天器亟须解决的动力学问题；第十四章“高超声速飞行器结构动力学问题”针对高超声速飞行器在动态载荷环境下面临的复杂结构动力学建模、结构声振耦合响应、气动弹性、热气动弹性、气动伺服弹性等动力学问题提出了未来发展建议。

高超声速风洞技术以及相应的天地实验数据关联方法是亟待解决的关键难题，第十五章“高超声速风洞气动试验数据相关理论与关联方法”详细介绍了作者及其团队对此问题的最新研究进展。在飞行器研制及产品运行过程中存在多种不确定性因素使飞行器运行时部分性能指标可能产生变化和偏移，甚至发生严重偏差而引起故障和失效，新型先进飞行器必须采用的一些新材料、结构概念使得不确定性问题更加突出，因而需要面向不确定性的、更为精准的结构分析设计方法。第十六章“验证和确认与不确定性量化问题”评述了不确定性量化的概念、表征、分析方法及应用，提出了极端服役环境下先进飞行器的结构设计对不确定量化技术带来的需求和挑战。由于已有的飞行器疲劳寿命预测模型对于未来突破性发展的飞行器结构将会遇到大量的不可预期的问题，第十七章“虚拟试验与数字孪生问题”分别阐述了复合材料结构虚拟测试方法和飞行器结构寿命预测的数字孪生方法，讨论了它们的优势以及在新型飞行器结构设计应用中面临的挑战。

最后，随着新型飞行器的不断发展，对飞行器结构越来越多的多功能要求，不断引发新的科学问题。而力学是驱动新型飞行器发展的重要动力，力学前沿研究酝酿新的飞行原理与方式，力学与材料、信息、能源、化学等不同领域的深度交叉簇生了一批崭新的研究方向，为新型飞行器的发展奠定了理论基础。第十八章“力学前沿与创新应用问题”介绍了力学的一些前沿方向在新型飞行器中应用的探索。

Abstract

This is a strategic research report on solid mechanics as well as its various branches and frontiers by the mechanics discipline, department of mathematics and physics, Chinese Academy of Sciences. The subject of the report is the key mechanics problems in new aircrafts/spacecrafts. The main contents are not restricted to solid mechanics but the overlap areas between mechanics and aeronautics/astronautics, with the aim to promote scientific researches and discipline developments through the demand side. It is also hoped to propose some key development directions of the mechanics discipline in aeronautics and astronautics over next 5 to 10 years.

There are totally 18 chapters in the report. Chapter 1 is "introduction", in which the impartible history of mechanics and aeronautics/astronautics is reviewed. The development trends of some new crafts are presented, e.g. launch vehicles, spacecraft, aircraft and near space vehicles, etc. The requirements and challenges for mechanics are summarized in aspects of aerodynamics, solid mechanics, dynamics and control, experiment measurement and numerical simulation. Critical thinking and suggestions are also given for future developments.

Aerodynamics is usually regarded as "the first commander" in traditional aircraft design, so is it for the new crafts. Chapter 2, "Developments and challenges in aerodynamic design of advanced fighter airplane", describes the R&D system of the aerodynamic design of the newest fighter airplane of China in detail. Chapter 3, "New problems of aerodynamics", proposes a question on the applicability of the molecular kinetic theory in hypersonic rarefied gas flow, which can impose significant uncertainties on high-speed near-space vehicle design. The layout form and aerodynamic design of hypersonic vehicle are severely restricted, therefore great attentions must be paid on accurate predictions of its aerodynamics and aerothermodynamics as well as meticulous aerodynamic design. For that, chapter 4, "Aerodynamic properties and turbulence problems of hypersonic vehicles", overviews the status of the complex/multi-effect coupling and interaction, flow transition and separation, aircraft aerodynamic layout and dynamic properties of hypersonic vehicles, and targets into the requirements, challenges and future development advices. Chapter 5, "Hypersonic aerothermodynamic problems", discusses the updated knowledge and problems of high-temperature real-gas effect in hypersonic flows from physical-chemical mechanism, numerical simulation method, ground test and measurement technique and thermal protection, as well as challenges and key directions for future research. Chapter 6, "Flow control problems of aircraft", describes several advanced flow control strategies, such as Gurney flap, vortex generator, bio-inspired control, circulation control, synthetic jet, plasma actuator, etc. The technical problems, reliability problem and process problem are proposed as the three key problems restricting their developments and applications. Chapter 7, "Low-Reynolds number problems of aircraft", introduces low-Reynolds number problems of the low-speed near-space aircraft and the newest progresses from the author's group.

The development of new aircrafts highly depends on new propulsion technology. Chapter 8, "Mechanics problems in new aerospace propulsion systems", describes the basic operation principles of scramjet engine, detonation engine and combined cycle engine, as well as their technical difficulties and challenges. It is also pointed that the hypersonic flow mechanism and control theory, supersonic combustion and combustion enhancement mechanisms, supersonic heat transfer mechanism and thermal protection method of advanced engine are key problems for fluid flow and combustion in new propulsion systems. For future developments, the suggested directions are applications of advanced optical techniques in engine flows, measurements of combustion and heat transfer process, numerical simulation of entire engine, and to reveal the detailed processes of flow, combustion and heat transfer in aircraft engine.

The development of new aircraft is closely related to the development of material and structures. Whether one new concept of structure worth investigation, or one structural design plan can accomplish its service abilities, greatly depends on reasonable control of structure weight. Chapter 9, "Lightweight structural mechanics problems of aircraft", expounds the up-to-date structural optimization design theory, and proposes the mechanics problems of structural optimization design and advices on future development of deployable structure, smart structure and entire structure. Chapter 10, "Mechanics problems of multifunctional/smart material and micro-system", introduces several applications of smart material and structures in aircraft, multi-field coupling problem, trans-scale and large deformation, and summarizes some questions and challenges of applying smart material technique into new aircraft. Chapter 11, "High-temperature material and structural mechanics problems", points that it is an important task to establish effective constitutive model and strength theory of material in high temperature, and also proposes challenges in experimental measurement and theoretical modeling. Chapter 12, "Multi-physical-chemical coupling mechanics problems", discusses the multi-field coupling in physical/chemical processes during ablation and thermal protection of aircraft structure, and proposes some problems in design and evaluation of thermal protection system.

In order to ensure the implementation of on-orbit assembly and operation, dynamic analysis is paid increasing attentions recently. Chapter 13,

"Structural dynamic problems of large-size spacecraft", proposes several important dynamic problems for developing large-size spacecraft, which are large flexible appendages dynamics, spacecraft dynamics with sloshing liquid, flexible assembly dynamics, uncertainty dynamics, nonlinear dynamics of coupled structures and large dynamics test. Chapter 14, "Structural dynamics problems of hypersonic vehicle", gives future development advices on dynamic modeling of complex structures, structural-acoustic coupling response, aeroelasticity, aerothermoelasticity and aeroser- voelasticity of hypersonic vehicle in dynamic loading environment.

The hypersonic wind-tunnel technique and flight-ground data correlation method are key and difficult problems to be resolved. Chapter 15, "Correlation theory and method for hypersonic wind-tunnel experimental data", introduces the most recent progress on this problem by the author's group. There exist many uncertainty factors during aircraft design and operation processes, which may induce performance variations and deviations of aircraft, or even severe failure or damage. Therefore, uncertainty-oriented and more accurate structural analysis and design methods are needed for new aircrafts with new materials and structure concepts. Chapter 16, "Verification, validation and uncertainty quantification", comments the concept, characterization, analysis methods and applications of uncertainty quantification, and proposes requirements and challenges of advanced aircraft structural design in extreme operation environment. Since there are a lot of unpredictable problems by using existed fatigue life prediction model to new aircraft structures, chapter 17, "Virtual test and digital twinning", discusses the virtual test methods of composite material and structures and digital twinning method for life prediction of aircraft structure, as well as their advantages and challenges when applies in structural design of new aircraft.

Last, more and more multifunctional requirements and new scientific problems arise due to ongoing developments of new aircrafts, and mechanics is one important driving power. New flight principles and methods are inspired in some frontiers of mechanics, and deep crossing among mechanics and other disciplines like material, information, energy and chemistry helps to generate a batch of new research areas, which can establish the theoretical foundation for new aircraft development. Chapter 18, "Frontiers and innovate applied problems in mechanics", introduces some attempts of applying frontiers of mechanics research in new aircraft development.

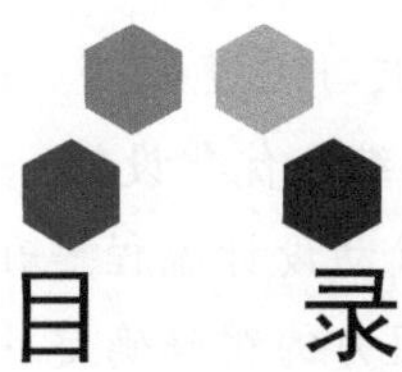

目　录

第十四章 高超声速飞行器结构动力学问题 ……200

第十五章 高超声速风洞气动试验数据相关理论与关联方法 …210

第一章 绪 论

第一节 力学与航空航天

力学是关于力、运动及其关系的科学，研究介质运动、变形、流动的宏、微观行为，揭示力学过程及其与物理、化学、生物学等过程的相互作用规律。力学起源于对自然现象的观察和生产劳动中的经验，自阿基米德奠定了静力学基础以来，在一千多年的发展历程中，形成了以“牛顿力学”“连续介质力学”为代表的严密、成熟的理论体系，及“实验观测”“力学建模”“理论分析”“数值计算”相结合的研究方法。在实验和假设基础之上，通过精妙的力学建模和推理过程建立理论，用严格而理性的数学思维描绘复杂物质世界的现象，进而深化对实际问题中基本规律的认识；应用理论和实验相结合的方法，由表象到本质，由现象到机理，由定性到定量，解决自然科学和工程技术中的关键科学问题。20 世纪以来，力学进入了以应用力学为重要标志的蓬勃发展新阶段，它不仅遍及各个工程领域，而且对科学技术进步、社会经济发展起到了难以估量的促进作用。在学科发展和工程应用的“双力驱动”下快速发展，不断提升模型的描述和预测能力，积极谋求与其他学科进行交叉创新（国家自然科学基金委员会，中国科学院，2012）。

人类追求飞天梦想的历程与力学学科密切相关，它们相互依赖、相互促进、相辅相成。首先，力学是支撑航空航天技术发展最重要的基础学科，任何一个空天飞行器概念，无不以力学重大理论和方法的突破为基础而提出，并得以实现。同时，力学学科的理论和方法贯穿于所有飞行器设计、研制、试验和应用的各个环节，为解决诸多技术和工程问题提供了最有效的手段，这些问题和需求也是力学学科不断发展、完善、拓展的最大驱动力。一大批广为人知的力学家，如开普勒、牛顿、胡克、拉格朗日、柯西、纳维、斯托克斯、普朗克、米塞斯、格里菲斯、齐奥尔科夫斯基、冯·卡门、钱学森等，为拓展人类时空利用能力做出了不可磨灭的贡献。1686 年，牛顿完成了科学史上最伟大的著作之一《自然哲学的数学原理》，从力学的基本概念和基本定律出发，不但从数学上论证了万有引力定律，而且把经典力学确立为完整而严密的体系，这是所有飞行力学的根源，也是人类能够摆脱地球引力，进入太空，实现轨道飞行最根本的依据。1755 年欧拉（Euler）得出了描述无黏性流体运动的微分方程。19 世纪上半叶法国的纳维和英国的斯托克斯提出了描述黏性不可压缩流体动量守恒的运动方程，即著名的 N-S 方程，构成了经典流体力学的基础。1883 年，齐奥尔科夫斯基提出利用反作用装置作为太空旅行工具的推进动力，他对这种火箭动力的定性解释是，火箭运动的理论基础是牛顿第三定律和能量守恒定律；1903 年发表了论文《利用喷气工具研究宇宙空间》，提出了液体推进剂火箭的构思和原理图。1919 年，罗伯特·戈达德发表经典论文《到达极高空的方法》，开创了人类航天飞行时代。

“从 1910 年到 1960 年这五十年，力学工作者对当时新兴的航空技术和航天技术震撼世界的成果，做出了巨大的贡献，他们是时代的英雄”（钱学森，1979）。普朗特提出的边界层理论奠定了低速飞机设计的基础，使重于空气的飞行器飞行成为现实，极大地推进了空气动力学的发展；冯·卡门发现了一个叫作形状阻力的阻力源，被定名为“卡门涡街”，成为飞机、船舶和赛车设计的理论基础；20 世纪 40 年代中期至 50 年代，可压缩气体动力学理论的迅速发展，以及对超声速流中激波性质的理论研究，特别是跨声速面积律的发现和后掠翼新概念的提出，帮助人们突破了“声障”，实现了跨声速和超声速飞行。流体力学和热力学的结合产生了高超声速空气动力学，20 世纪 50 年代到 60 年代初，确立了高超声速无黏流理论和气动力的工程计算方法，推动了远程导弹和人造卫星的发展。钱学森在火箭与航天领域提出了若干重要的概念，1943 年，与他人合作发表《远程火箭的评论与初步分析》，奠定了地地导弹和探空火箭的理论基础；1949 年提出了“助推-滑翔”弹道和高超声速火箭飞机设想。

如果说动力学催生了人类的飞天梦，流体力学拓展了时空域，那么固体力学是使之得以实现的基石。从古老的材料力学、弹性力学，到伴随航空航天需求发展的塑性力学、断裂力学，再到体系完善的连续介质力学和功能强大的有限元方法，均为轻质、高效、可靠的飞行器结构设计和研制提供了最有效的手段。

航空航天技术是 20 世纪人类在认识自然和改造自然的过程中最活跃、发展最迅速、对人类社会生活最有影响的科学技术领域之一，也是表征一个国家科学技术先进性的重要标志。迄今的航空航天活动，虽然还只是人类离开地球这个摇篮的最初几步，但它的作用已远超出科学技术领域，对政治、经济、军事以至人类社会生活都产生了广泛而深远的影响。

第二节　新型飞行器发展态势

航空航天技术是高度综合的现代科学技术，自其形成以来，一直汲取力学、物理、数学、化学等诸多基础科学和其他应用科学领域的最新成就，高度综合、运用了材料、能源、制造、信息、控制等科技的最新成果。上述科学技术在航空航天领域的需求牵引和应用中相互交叉、渗透，又产生了一些新的学科，并在航空航天技术的推动下发展提高。进入 21 世纪，航空航天工业呈现空前辉煌的局面，人类已经踏上了火星表面，也飞过了太阳系的边缘，利用各类航空器实现了地球各个角落的快捷、便利、可靠到达。同时，在人类征服时空、拓展时空、利用时空的强烈愿景下，在技术进步、需求牵引的双力驱动下，催生了诸多采用新概念、新原理、新技术、新方法的新型飞行器，它们或有别于传统航空、航天飞行器，或较传统飞行器的性能有大幅度提升。

一、国际上新型飞行器发展态势

（一）新型运载器

为满足空间探索和应用需求，大运载能力重新得到高度重视。尽管美国“土星 V”、苏联“能源号”运载火箭曾具备过百吨级的近地轨道运载能力，但已是昨日辉煌。为了满足未来载人登月、登陆火星、深空探测及新一代空间站等重大需求，世界航天大国竞相发展大有效载荷能力的重型运载火箭。

2015 年，美国国家航空航天局（NASA）计划研制历史上最大的运载火箭太空发射系统（SLS），能够将 100 多吨的货物送到近地轨道，高度达到 120km。在此之前，美国太空探索技术公司（Space-X）已经开始了重型猎鹰（Falcon Heavy）运载火箭的研制，高 69.2m，地球低轨道载荷达 53t，推力达 16 900kN，可以将货物、人员送上月球、小行星甚至火星。与此同时，俄罗斯也启动了将重达 100t 的有效载荷送入近地轨道的重型运载火箭计划，新型“安加拉”运载火箭将成为雄心勃勃的重型运载火箭计划的基础。安加拉是新一代无毒、无污染运载火箭系列，将取代“联盟号”外所有的现役运载火箭，采用模块化、系列化、通用化设计理念，发展四个系列多种型号。2014 年，“安加拉 5”型运载火箭成功首飞，其近地轨道载荷高达 24.5t。该火箭通过使用不同类型的模块，由“安加拉”衍生出轻型、中型和重型三个级别，其用途是将航天器送入低、中、高圆形及椭圆形轨道和飞向太阳系各行星的转移轨道。计划中的“安加拉 A7V”型近地轨道运载能力达到 40.5t，“安加拉 A100”型将达到 110t。图 1-1 为美国 SLS 运载火箭计划。

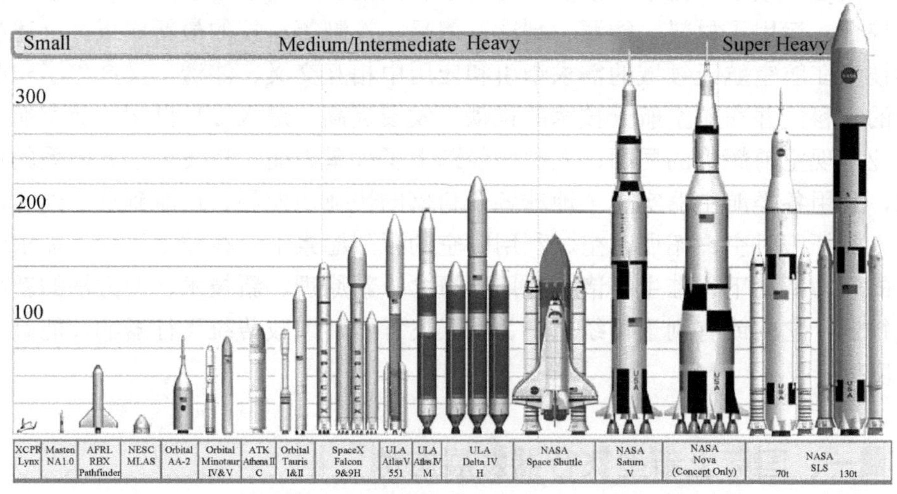

图 1-1 美国 SLS 运载火箭计划

图片来源：http://i.imqur.com/wp5QAgD.png

与现役大型运载火箭相比，这些新型重型运载火箭的结构尺寸增长近一倍量级。例如，现役运载火箭芯级直径一般为 3～5m，长度为 30～60m；而重型火箭芯级直径在 10m 左右，总长在 100m 左右。起飞重量和推力也从目前的几百吨量级提高到 2000t 以上量级。运载能力的提升不仅要面临大尺寸结构的设计、制造、评价和可靠性等带来的诸多科学和技术问题，还要应对气动、过载、噪声、振动、冲击等综合力学载荷量级成倍增长带来的艰巨挑战。

快速响应且经济可承受的进出空间能力变得越来越重要。能够使常规航天发射能力实现和航空器一样的成本、可操作性和可靠性，一直是人们追求的目标。大幅度降低航天运输成本是当前影响航天工业快速发展的主要障碍，而重复使用是降低成本的关键一步。美国航天飞机是人类历史上第一个投入实际应用的可重复使用运载器，从 1981 年“哥伦比亚号”发射成功，到 2011 年“亚特兰蒂斯号”在肯尼迪航天中心安全着陆，完成其谢幕之旅，意味着美国 30 年的航天飞机时代结束。虽然航天飞机屡创辉煌，成为航天史上的一个里程碑，但从可靠性和经济可承受性来看，没有达到预期的目标。航天飞机的退役导致美国低轨道载人航天能力的缺失，俄罗斯“联盟号”飞船成为当时载送人员往返于国际空间站的唯一飞行器。这促使美国加快研制新一代宇宙飞船“猎户座”以及“战神”运载火箭接棒载人航天活动，尽可能减少这一空缺时间。同时，NASA 选择了两家创新能力强的私营企业运送货物到国际空间站，一是 Space-X（利用其研发的“猎鹰 9 号”运载火箭和“龙”飞船），二是轨道科学公司（Orbital Sciences Corporation）（利用其研发的“安塔瑞斯”运载火箭和“天鹅座”飞船）。

NASA 希望其新一代载人飞船成为未来太空探索活动中的多面手，可以执行往返空间站、载人登月、载人登陆火星等多重任务。“猎户座”飞船（图 1-2）融入了计算机、电子、生命支持、推进系统及热防护系统等诸多领域的最新技术成果，总重量约 25t，太空舱直径约为 5m，内部空间比“阿波罗”飞船大 2.5 倍，可同时向国际空间站输送 6 名宇航员，或向月球输送 4 名宇航员。飞船采用了更加高效可靠的热防护技术及隔热层脱落技术，以减轻着陆重量，返回舱本身则可以重复使用 10 次。

Space-X 公司除了发展国际空间站货物运输和卫星发射任务外，还大力发展可部分重复使用的运载火箭技术和载人航天技术，经历了多次失败后，2015 年 12 月“猎鹰 9 号”成功实现一级火箭陆上回收，2016 年 4 月成功实现一级火箭海上平台回收。“龙”飞船也完成了太空悬停测试，为运送宇航员至国际空间站提供了关键的技术验证。Space-X 公司的探索与创新，有可能革命性地降低航天运输成本，对整个宇航工业产生颠覆性影响。图 1-3 为 Space-X 公司的“猎鹰”运载火箭与“龙”飞船。

NASA Dryden Flight Research Center Photo Collection
http://www.dfrc.nasa.gov/Gallery/Photo/index.html
NASA Photo: ED08-0230-362 Date: October 27, 2008 Photo By: Tony Landis

The boilerplate Orion crew module for the Orion Launch abort System Pad Abort-1 flight test undergoes moment-of-inertia testing at Dryden's Flight Loads Lab.

图 1-2 “猎户座”飞船

图片来源：https://www.nasa.gov/sites/default/files/images/288016main_ED08-0230-362_full_full.jpg

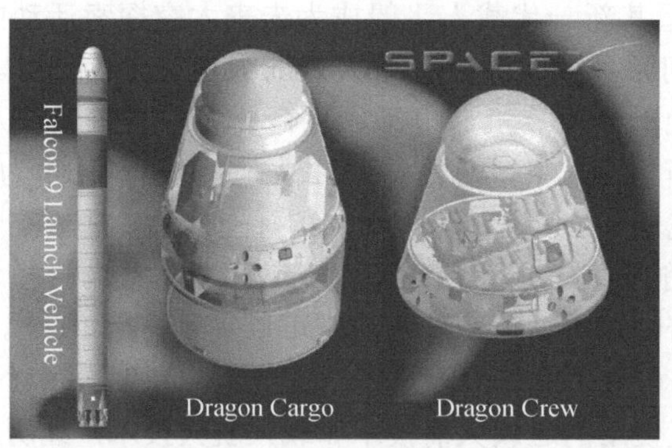

图 1-3 Space-X 公司的“猎鹰”运载火箭与“龙”飞船

图片来源：https://www.universetoday.com/wp-content/uploads/2013/03/spacex-dragon-graphic.jpg

目前，空间运输成本在每千克 1 万～2 万美元，极大地限制了空间利用的规模和效益，Space-X 公司已经实现了成本降低一半以上，如果能够实现可重复使用，还可以进一步大幅度降低成本。发射费用的降低，还有可能引发航天器设计理念的改变。

2006 年，美国空军恢复了对重复使用航天运载器的兴趣，宣布将以原有的 X-37A 为基础发展 X-37B 验证机，为美军提供一种可重复使用的、可利用自身有效载荷舱部署或可回收小型航天器的空间飞行器，并作为科学技术演示验证和试验平台，为未来的空天飞机项目提供验证技术。2015 年 5 月，美国第四次成功发射 X-37B 飞行器，迄今仍然服役于太空。X-37B 虽然在技术上与航天飞机相似，但究其本质和功能，是世界上第一个可重复使用、可水平着陆、可长期在轨和变轨机动的无人空间机动飞行器（SMV），四次成功飞行充分展示了可重复使用往返空间、轨道机动等能力的提升（黄志澄，2015）。图 1-4 为 X-37B 空间机动飞行器。

图 1-4　X-37B 空间机动飞行器

为了进一步提升快速响应、可承受、日常进入空间的能力，2014 年，美国国防部高级研究计划局（DARPA）提出并资助了 XS-1 试验性太空飞机项目（图 1-5）。XS-1 是一种可重复使用运载器的第一级，试图打开一条（像飞机一样）进入空间之路，在军事、商业和科学研究等领域具有重要的应用前景。该项目将采用开放的设计理念，计划利用多项创新技术和商业发展的优势，打破空间系统发射成本不断上升的循环，促进低成本卫星体系，并验证太空飞行日常化的可行性，实现大幅降低成本的目标。其主要技术目标包括：可以在 10 天内执行 10 次飞行任务，可将 3000～5000lb[①]有效载荷送入低地球轨道，每次发射成本不超过 500 万美元。

① 1lb≈0.4536kg。

图 1-5　XS-1 示意图

（二）新型航天器

从 1957 年世界上第一颗人造地球卫星上天至今，人类航天历史经历了不过一个甲子的历程，这对于整个人类文明史可能只是短暂的一瞬，但却是高速发展的一瞬，无人探测器多次着陆火星，“旅行者号”已经飞跃了太阳系，载人航天活动也踏上了月球。为了满足太空探索、科学研究、工程应用等多重使命需求，航天器经历了由简单到复杂的发展过程。进入 21 世纪，随着人类空间探索活动的不断深入，各种各样的空间任务层出不穷，多舱段式空间站、大容量通信卫星、高指向精度和高稳定精度遥感卫星等需求越发强烈，航天器打破传统卫星、空间站、探测器的限制，新概念、新技术层出不穷，呈现出大型化、组合化、微纳化、多功能、智能化、轨道机动、在轨维修、在轨制造等多重发展态势。

哈勃空间望远镜为人类提供了来自遥远太空无数的、惊人的信息，可以说是人类航天时代以来认识宇宙的最大功臣。NASA，欧洲空间局（ESA）以及加拿大航天局联合研制“詹姆斯·韦伯”空间望远镜，它将被作为现役哈勃空间望远镜的后继者，也将成为有史以来建造的最强大的空间望远镜。“詹姆斯·韦伯”空间望远镜主镜面由 18 块小六角镜组成，口径达到 6.5m，面积为哈勃空间望远镜的 5 倍以上，预计 2018 年将会被发射到距离地面约 160 万千米的目标轨道，其首要任务是调查作为大爆炸理论的残余红外线证据（宇宙微波背景辐射），观测今天可见宇宙的初期状态。尽管目前“詹姆斯·韦伯”空间望远镜的很多组件已经完成研制，正在进行地面测试，但其还面临着多重艰巨的挑战，例如，极端服役环境对材料和功能的性能问题、发射重量和体积限制问题、折叠展开问题等。图 1-6 为“詹姆斯·韦伯”空间望远镜。

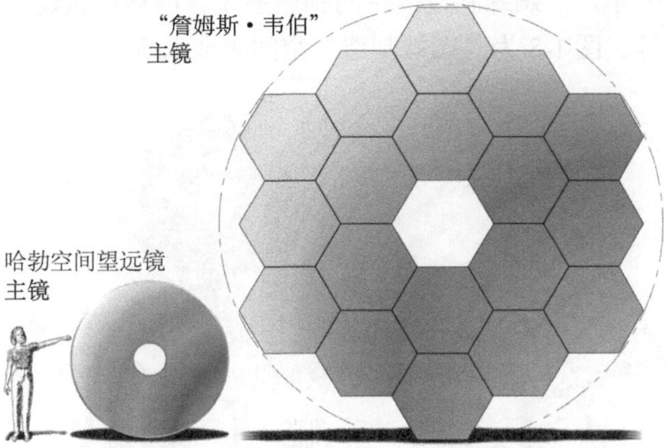

图 1-6 “詹姆斯·韦伯”空间望远镜

大型卫星天线、空间光学系统和太阳电池帆板等，受到运载火箭能力和整流罩尺寸限制，直接影响其性能和能力。新型材料、结构和制造技术，为空天大尺度轻质结构构建、多功能化和智能化提供了创新性的解决途径。美国实施了薄膜型光学即时成像器（MOIRE）项目，开发了一种基于地球同步轨道卫星的大型衍射薄膜光学系统，基于衍射成像原理，可以降低光学系统面形控制的要求，打破常规折反射光学系统的限制。光学衍射成像薄膜能够将体积更大、解析度更高的望远镜折叠在一起，进入轨道后展开，展开后的直径达到 68ft[①]，打破了使用传统材料设计制造光学装置时遭遇的“玻璃顶”。该项技术可以使“低轨成像卫星小型化”和“高轨成像卫星高分化”（Waller，Thompson，2015）。图 1-7 为 MOIRE 计划示意图。

柔性材料和空间充气展开结构具有轻质、大尺寸、高收纳比、可变形、多功能、高可靠性等诸多优势，成为未来大型航天结构的重要发展方向。现已经进行了多次空间展开试验验证，预期在未来大尺寸天线、深空探测太阳帆、载人空间站以及空间电站等领域具有广阔的应用前景。

3D 打印技术发展迅猛，将会带来颠覆性革命。世界上许多国家开展了具有先导性和创新性的在轨 3D 打印与模块化装配技术研究，探索利用月球、火星岩石打印 3D 物体的可行性，目前在零重力 3D 打印与空间机器人自主装配等关键技术研究方面取得了重要突破。美国航天公司（TUI）研制“蜘蛛制造”空间制造系统，将改变以往航天器各部件建造和装配均在地面进行的模式，实现航天器各部

① 1ft=0.3048m。

件在轨建造和装配，实现千米级空间结构的制造，并能进一步降低成本和提高效率。未来 10 年，“蜘蛛制造”空间制造系统将能够在轨建造大型天线、太阳能电池帆板等。图 1-8 为“蜘蛛制造”空间制造系统。

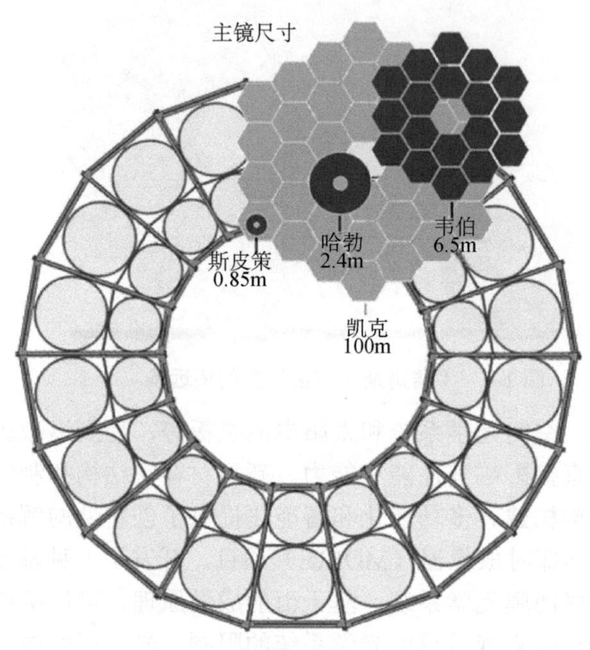

图 1-7 MOIRE 计划示意图

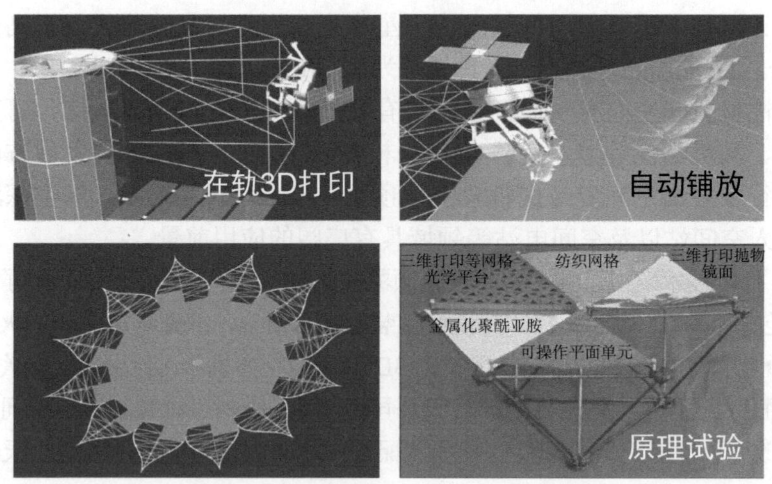

图 1-8 “蜘蛛制造”空间制造系统

自动化、智能化技术深刻影响着新型航天器的发展，已经在空间站组装、设备维护与更换、行星表面采样、对接捕获等诸多领域得到了有效的应用。积极发展空间智能机器人技术，并将其应用于多个领域，有望实现全新的卫星设计与操作方式（包括在轨组装与维护），不仅可以完成各种精细且负载的空间任务，而且会成为在轨服务以及深空探测的重要部分，大幅降低建造与部署成本，同时提高卫星效用、弹性和可靠性。DARPA 提出和实施了一系列创新性研究计划，代表着航天器发展的未来趋势。大量重要且昂贵的军事、政府与商业卫星正在地球同步轨道运行，但由于该轨道距离地球太过遥远，难以对这些卫星进行故障检查与诊断、升级或维修，很多卫星随着有效载荷老化过时而不得不缩短使用寿命。因此，地球同步轨道卫星通常会配备备用系统以及尽量多的燃料，增加了卫星的复杂度、重量和成本。

在空间高价值设施再利用需求和空间操作技术趋于成熟的共同驱动下，2012 年美国启动了“凤凰”（Phoenix）计划，旨在开发与演示验证从退役地球静止轨道卫星上获取有价值的组件来组装新卫星的技术，以实现空间资源再利用。该计划涉及轨道机动技术、空间机器人技术、卫星模块化技术、在轨修复技术等一系列关键技术。“凤凰”计划将彻底改变传统卫星从设计到应用的全过程，不再是打造“五脏”俱全的卫星，而是开发各自独立的“细胞”，提供专用功能，进而重新定义了“卫星”。针对“凤凰”计划的进一步延伸和拓展，DARPA 提出了名为“蜻蜓”的地球静止轨道卫星机器人自组装项目，与“凤凰”计划利用卫星交会对接实施在轨操作不同，“蜻蜓”项目将研发如何利用星载机械臂，将分块的天线部件在轨组装成大型卫星天线，突破整流罩的束缚，大幅提高卫星通信能力。图 1-9 为美国“凤凰”计划。

2016 年，DARPA 公布“地球同步轨道卫星机器人服务”（RSGS）项目，将在 DARPA“凤凰”计划及其他空间机器人技术工作的基础上，继续寻求地球同步轨道机器人在轨服务技术，并进行技术在轨演示验证，更加注重技术可行性和成果转化，为未来发展多种能力提供支撑，包括：高精度检查；修正导致任务结束的机械故障（如太阳能电池阵列和天线部署故障）；协助重新定位与其他轨道机动操作；安装附加有效载荷，升级现有资产。卫星运营商将能从“机器人服务飞行器”运营商购买这些服务。

20 世纪 80 年代兴起的微小卫星技术已经呈现出井喷式发展势头，微纳卫星技术迅速成熟且应用范围不断扩大。一般 500～1000kg 量级的卫星通常称为小卫星（SmallSat），500kg 以下量级的卫星称为小型卫星（MiniSat），10～50kg 量级的卫星称为微卫星（MicroSat），10kg 量级的卫星称为纳卫星

(NanoSat)，1kg 量级的卫星称为皮卫星（PicoSat）。微小卫星体积小、成本低、研制周期短、技术更新快、功能密度高，能够提供更多的进入空间的机会，促使人类开始进入“大众空间”时代，利用分布式空间系统可以替代单颗大卫星功能，具有更强的生存能力，系统性能获得定期改善和提高（林来兴，张小琳，2015）。

图 1-9 美国“凤凰”计划

（三）新型航空器

最先进的航空技术一般都首先用于战斗机上，同时对先进战斗机技术的需求以及航空技术的整体进步也起着重要的牵引作用，因此可以说战斗机代表着航空科技发展的前沿。第四代战斗机开始颠覆传统的气动布局设计理念和飞行控制方式，极大地提升了机动性能。伴随着信息化战争的需求，第五代战斗机开始追求低可侦测性和高机动性的兼顾，具备先进航电系统、高度集成计算机网络和优异的战场态势感知能力。其性能特点可以用“4S”来概括，即 stealth（隐形）；supersonic cruise（超音速巡航能力）；super maneuverability（超机动能力）；superior avionics for battle awareness and effectiveness（超级信息优势），其中具备革命性的就是隐身性能。目前已经服役的第五代战斗机只有美国的 F-22 和 F-35（图 1-10）。当前世界许多发达国家开始规划和研发第六代战斗机，并就其能力和实现途径进行了广泛的探索。从目前态势来看，第六代战斗机在全频全向隐身的同时，更加注重远程甚至超远程打击能力，除了追求超声速、长航时飞行，可能会有机结合高超声速和超远程打击武器应用；充分利用超常规气动布局、矢量推力发动机和智能化飞行控制技术，提高其超声速高机动和亚声速超常机动能力；通过智能材料和结构、先进传感器布局和融合等技术手段，获取更强的态势感知能力；也有可能发展高度自主的无人系统，并配备直接能武器（Tirpak，2009）。

图 1-10　F-35 战斗机

近些年来，具有高效悬停和巡航、快速飞行和大负载能力的飞行器技术引起了军事和民用领域的高度重视，希望能够研发出像直升机那样垂直起降，又能够像普通飞机那样高效巡航飞行，美国“垂直起降试验飞机”（VTOL X-Plane，VXP）项目计划研发一种能够提供灵活、不受地形影响的运输机，选定了空中可重构嵌入式系统（ARES）推进这一计划。重点研究通用垂直起降空运模块，利用可以互换的有效载荷模块遂行多重任务，“可重构”是指一种航空器具备多种任务能力，主要演示新一代紧凑、高速、自主无人垂直起降投送的系统。核心是具备垂直起降能力的飞行模块，采用双涵道倾斜风扇设计（直径约为 2.6m），提供有效的盘旋和着陆能力。该模块也可以转为高速巡航飞行，速度可以达到 200kn[①]。图 1-11 为 VXP。

① 1kn≈0.5144m/s。

图 1-11 VXP

现代大型客机一方面在常规气动布局基础上通过主/被动手段进一步改善气动特性，另一方面大量采用先进复合材料减轻结构重量。2007年，开始商业飞行的空中客车 A-380 客机采用了 25%的复合材料，而 2014 年年底交付用户的空中客车 A-350 复合材料用量达到了 52%。2011年，交付使用的波音 787 客机除了采用超临界机翼设计，蕴含着人类现阶段最高的空气动力学水平，进一步增加了气动效率，同时还采用了50%的先进复合材料。新一代商用客机将会是更加快捷、舒适、环保和经济的。NASA 公布了下一代宽体客机的 3 种设计目标：将燃油消耗量降低 40%、氮氧化合物排放量降低 75%、噪声减小 42dB。NASA 同时选定了波音公司的“翼身融合式”、诺斯罗普·格鲁曼公司的“双机身”以及洛克希德·马丁公司的“盒式机翼布局”进行技术验证。同时还进行了超声速低声爆飞机（supersonic low-boom flight demonstrator，LBFD）设计评估。图 1-12 为空中客车 A-350，图 1-13 为波音公司新一代客机概念图。

随着先进材料、能源、信息等技术的迅猛发展，无人机性能不断提升、功能不断扩展，各种类型和功能的无人机不断涌现，应用领域也越来越广泛。从影响未来战争模式的军用无人机，到可摆在货架上的消费品及产品，形成了大、中、小、微，远、中、近程，高、中、低空全谱系的全面发展态势，性能各异、功能纷呈。

在以信息支援为主的中小型无人机的基础上，向新技术更密集、作战效率更高、覆盖面积更大、生存力更强的隐身、高空、高速、长航时无人机方向发展，且性能不断提高，“飞翼布局”无人机是高端无人机发展的重要方向。无人作战飞机将有可能成为 21 世纪空中作战的主导力量。美国“捕食者”级别的无人机已经不再仅充当侦察角色，而是转变为战场上的作战利器，“X-47”系列无人作战飞机近年来发展迅猛，并得到了应用。多用途无人直升机及多旋翼无人机成为新的热点，将成为无人机大家族中不可或缺的重要组成部分。

图 1-12　空中客车 A-350

图 1-13　波音公司新一代客机概念图

微纳飞行器技术是无人机发展的一个重要方向。当前希望能够开发一类长度小于 15cm，质量不足 20g 的超小、超轻纳米飞行器（NAV）系统，把目前超小型无人机中的空气动力学、能量转换效率、续航能力等技术推到极限。对开发新型扑翼结构、低雷诺数流体力学、超轻结构和多功能结构提出了革命性挑战。美国航空环境公司已经研发出了“纳米蜂鸟”原型机，翼展16cm，重 19g，可在直径 2m 的虚拟球形范围内精确盘旋，在 2.2 m/s 侧风条件下稳定飞行，持续时间达到 8min。

（四）临近空间飞行器

如果提及新型飞行器，临近空间飞行器应该是最具代表性的。“临近空间”（near space）概念的正式提出和受到关注应该起源于 2003 年美国提出基于“空间效果”的高空持久性平台技术和 2004 年 X-43A 超燃冲压发动机技术飞行试验取得突破。临近空间这一通常穿越、鲜有应用的空域成为全球战略竞争的焦点，展现出无可估量的开发前景，也带来了前所未有的挑战。

临近空间目前在国际上尚无统一定义，通常指一般飞机飞行高度以上、卫星运行轨道以下的空域，在 20～100km，具有空气稀薄、气流平稳、太阳能丰富等环境特征。临近空间飞行器是指能充分利用近空间环境特征、稳定运行于临近空间的各类飞行器。主要有两类：一类是利用大体积提供浮力或大翼面提供升力飞行，速度较慢，具有驻空时间长、覆盖范围广等特点；另一类是利用高升力、低阻力气动外形飞行，速度快，具有航程长、效率高、机动性能好等特点。这两类飞行器可以用 HALE 和 HYPERSONIC 来代表，即高空持久飞行器（high altitude long endurance）和高超声速飞行器。

为发展持久区域驻留能力，2003 年美国明确提出了“基于效果”的“临近空间”概念。浮力型持久驻留飞行器潜在军事和民用效能巨大，一直向更高飞行高度、更长驻留时间和更大有效载荷能力方向发展，可实现年级驻留时间和吨级有效载荷能力。美国重点发展的“高空飞艇”（HAA）和“高空哨兵”（HiSentinel）项目，其中“高空飞艇”的目标是有效载荷 1000kg、功率 15kW、驻留时间 90 天，“高空哨兵”的目标是有效载荷 100kg、功率 1kW、驻留时间 30 天，目前其技术成熟度达到六级。基于概念和技术创新的 ISIS（integrated sensor is structure）飞艇集传感器和结构于一体，代表着未来的发展趋势，其能力有望达到携带 1500kg 有效载荷，驻留临近空间一年以上，并可在 10 天内到达全球任何地点，设计长度超过 300m，目前重点关注雷达和飞艇风险减控。图 1-14 为 ISIS 临近空间飞艇。

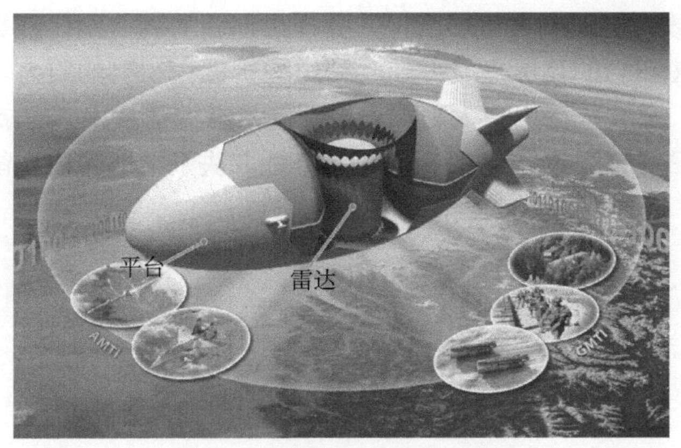

图 1-14　ISIS 临近空间飞艇

升力型临近空间持久飞行器一直向更高飞行高度、更长驻留时间和更大有效载荷能力方向发展。采用常规气动布局和航空发动机的“全球鹰”已经服役多年，翼展达到 35m，持续飞行能力超过 36h。以氢燃料为动力的“全球观测者”和“幻影眼”飞机，设计翼展 53m，持续飞行时间可达 1 周。目前美国军方重点演示验证的 VULTURE 临近空间太阳能无人机（图 1-15），设计翼展 150m，有效载荷能力和功率达到 50kg 和 5kW，预期可在临近空间服役 5 年以上，进而成为“大气层卫星”概念的重要组成。

图 1-15　VULTURE 临近空间太阳能无人机

NASA 致力于发展大气层卫星，并提出创新的离心刚化旋翼（CSR）技术方案。CSR 概念的目标是减少 50%的结构质量和 33%的阻力。如果这个目标能够实现，那么依据现有太阳能电池和能量存储的技术水平就可以在近期实现大气层卫星的任务。CSR 概念的可行性取决于柔性多体系留动力学控制问题的突破。图 1-16 为 CSR 概念飞行器。

图 1-16 CSR 概念飞行器

高超声速飞行器被誉为继螺旋桨和喷气式飞机之后世界航空史上的第三次革命。临近空间为实现长时间、高机动、高效、高可靠的高超声速飞行提供理想走廊，可以大幅度提升全球远程快速到达、时间敏感性目标快速响应、廉价/可靠进入空间等人类空天飞行能力，将会给未来军事对抗和人民生活带来革命性的影响，成为 21 世纪国际空天技术竞争的战略制高点。

进入 21 世纪，在美国 Falcon、Hyper-X、HyTech 等计划的支持下，高超声速关键技术不断取得突破，让人们坚定了攻克临近空间高超声速技术的决心。HTV-2 是美国重点发展的助推滑翔式高超声速技术验证计划。2010 年 4 月 23 日，HTV-2 进行了第一次飞行试验，实现了大气层内马赫数为 20 以上速度的可控飞行，发射 9min 后失败。调查结果显示，“对飞行过程的若干空气动力学问题认识有限，还不知道如何在空气动力阶段控制飞行。这仍是一个未知领域”。2011 年 8 月 11 日，HTV-2 进行了第二次飞行试验，解决了第一次飞行时出现的气动控制问题，并达到了马赫数为 20 完全气动控制飞行 3min 的新阶段，验证了转捩预测理论和模型的正确性，但由于碳/碳复合材料外壳出现超出预料的剥落，诱发激波引起滚转异常，中止了滑翔飞行。DARPA 认为，两次飞行试验尽管没有完成，但获得了大量的实际飞行测试数据，对认识马赫数为 20 飞行条件下的气动控制和材料问题，其价值超过了 40 年的地面模拟试验，所以只有通过实际飞行，才能显著提升对相关问题的理解。高超声速滑翔飞行器（AHW）是美国陆军支持发展的一种中远程高超声速助推滑翔飞行器，由美国桑迪亚国家实验室设计、研发，继承了该实验室早期机动再入飞行器的多项研究成果。2011 年 11 月 17 日，AHW 的首次飞行试验成功，获得了高超声速助推滑翔飞行器数据，验证了空气动力学、GNC、热防护等关键技术，有力地支持了后续研究，并将验证美国桑迪亚实验室的计算模型，提高数值仿真的置信度。2014 年 8 月 25 日，AHW 第二次飞行试验在发射起飞仅 4s 后便出现异常而提前终止，具体原因正在调查中。

临近空间相对稀薄的空气不仅可以提供升力，减缓气动阻力和热载荷，还可以为推进系统提供氧化剂，从而提高比冲，但这需要解决超声速燃烧的问题。超燃冲压发动机概念始于 20 世纪 60 年代初，在二十多年研究积累和取得的进展基础上，促成了美国国家空天飞机（NASP）计划的立项和实施，历经 10 年的努力和 30 亿美元的投入，因技术难度过大而被迫终止，其中最主要的原因是“超燃发动机性能”和“边界层转捩”等基础问题未能得到解决。美国空军、DARPA 和 NASA 等联合实施了 X-51A 飞行验证计划。2010 年 5 月，X-51A 实现首次飞行，发动机正常工作 143s，这是超燃发动机在实际飞行中所达到的最长工作时间，向工程化、实用化迈出了重要的一步。2011 年 6 月，第二次飞行试验因进气道未能启动而失败。2012 年 8 月，第三次飞行试验因巡航级右上角控制舵意外解锁导致失败，这给刚看到曙光的高超声速技术带来了很大的打击。2013 年 5 月 1 日，X-51A 进行了第四次，也是最后一次飞行试验，发动机工作了 200 多秒，将飞行器从马赫数为 4.8 加速到 5.1，最终证明了采用吸热燃料超燃冲压发动机为动力的飞行器自由飞行可行。

虽然 HTV-2 的两次飞行都失败了，但 X-51 和 AHW 的飞行成功，促使美国提出了高超声速吸气式武器概念（HAWC）、战术助推滑翔（TBG）两个先进武器研发计划，希望能够在 2025 年前后实现战术射程的高超声速打击武器。HAWC 项目由 DARPA 与美国空军联合实施，将完成高效、低成本空射高超声速巡航导弹关键技术的飞行演示验证。这些关键技术包括先进高超声速飞行器布局、碳氢燃料超燃冲压发动机推进系统、热管理系统和经济可承受的系统设计与制造方法。这些技术还将延伸应用于可重复使用的高超声速飞行器，以实现全球到达和太空运输。图 1-17 为高超声速吸气式武器概念图。

图 1-17 高超声速吸气式武器概念图

TBG 项目是 HTV-2 项目的后继项目，目标是在 HTV-2 的基础上将高升阻比气动外壳和热防护按比例缩小，使其成为空射或舰上垂直发射的战术级武器。TBG 项目也由 DARPA 和美国空军联合实施，旨在发展和演示验证战术级空射高超声速助推滑翔系统所需的技术，主要包括：飞行器概念方案，包括满足大作战包线所需的气动力/气动热性能、操纵性和稳健性；在作战环境下具有生存力和杀伤力的系统特性及子系统构成；能够降低演示验证系统和未来作战系统费用并提高其经济可承受性的方法。

提升飞机速度一直是人类不懈追求的目标，在可水平起飞、重复使用、高超声速飞行方面面临着巨大的技术挑战。2013 年 11 月，洛克希德·马丁公司在其“黑鸟”（SR-71）诞生日透露了研发“SR-72”的规划，设计巡航速度达到 6mach。洛克希德·马丁公司声明找到了涡轮与冲压发动机之间推力缺口的解决方案。2014 年，NASA 支持洛克达因和洛克希德·马丁公司研制 SR-72 飞机，希望在 2030 年研制出可重复使用、短寿命周期的高超声速飞机，用于战术打击和 ISR 任务，持久可重复使用能力要到 2040 年达到。图 1-18 为 SR-72 高超声速飞机概念图。

图 1-18　SR-72 高超声速飞机概念图

二、我国新型飞行器发展态势与任务使命

21 世纪以来，经过几代人几十年艰苦卓绝的努力和自力更生，我国的航空航天技术呈现出井喷式的发展态势。

载人航天和深空探测技术成为我国展示大国实力的重要舞台。载人航天工程是我国航天史上规模最大、系统最复杂、技术难度和安全可靠性要求最高的跨世纪大型系统工程。“天宫一号”先后与“神舟八号”“神舟九号”“神舟十号”实现空间交会对接，标志着我国已完全掌握了天地往返、出舱活动、交会对接三大载人航天技术，为建造“永久性空间站”、开展大规模空间应用奠定了良好的基础。中国载人航天工程发展战略的“第三步”是建造载人空间站，解决有较大规模、长期有人照料的空间应用问题。预期 2020 年前后，研制并发射核心舱和实验舱，在轨组装成 60t 级的载人空间站，突破和掌握近地空间站组合体的建造和运营技术、近地空间长期载人飞行技术并开展较大规模的空间应用。

2013 年 12 月，“嫦娥三号”实现了我国首次地外天体软着陆和月面自动巡视勘察，标志着我国探月工程第二步战略目标全面实现。2014 年 11 月 1 日，探月工程三期再入返回飞行试验取得了圆满成功，为完成探月工程“绕、落、回”三步走战略打下了坚实基础。2016 年 4 月，我国火星探测任务正式立项，计划在 2020 年火星探测最佳窗口时期发射，一步实现“绕、落、巡”工程目标，这是我国继载人航天工程、“嫦娥探月”工程之后，又一个重大太空探索项目。

我国自主研制的“北斗”全球卫星导航系统，已经成功发射了 16 颗导航卫星，预期在 2020 年形成覆盖全球的服务能力。高分辨对地观测系统发展迅速，计划 2020 年前构建全天候、24 小时的全球对地遥感系统。

提升进入空间能力是进一步运用和开发空间的基础。“长征五号”是我国在研的新一代运载火箭，也是迄今我国运载能力最大、尺寸最大的运载火箭。与欧洲“阿丽亚娜 5”基本同级，采用通用化、系列化、组合化的设计思想，提供将 25t 近地轨道和 12t 地球同步轨道的运载能力，可发射 20t 级长期有人照料空间站、大型卫星、返回式月球探测器以及深空探测器等有效载荷，2016 年 11 月在海南文昌发射场点火升空。

我国在临近空间飞行器方面的发展，引起了国际上的震动，从 2014 年 1 月 13 日开始，国外网站和其他新闻媒体先后 7 次报道了我国进行高超声速滑翔飞行器试验的消息，并将其命名为“Wu-14”高超声速飞行器。1 月 15 日，我国国防部对此次试验予以回应，“我们在境内按计划进行的科研实验是正常的，不针对任何国家和特定目标”。国外评论“对同一款飞行器进行如此频繁的试验并不多见，这可能体现了中方对于这种具有革命性意义的新型飞行器的期望”“表明中国将这种武器的研制置于高度优先位置，且研制正在取得快速进展”。

在航空领域， 2013 年 1 月 26 日，我国自行研发的大型多用途运输机运-20 首次试飞成功，标志着我国已经具备了最大起飞质量 200t 级运输机的研制能力。2015 年，我国自主研制的 C919 大型客机首架机在经历了 8 年的光阴蹉跎后终于破茧化蝶，实现了国产中程干线客机技术的突破。2014 年，歼-31 亮相珠海航展，这是我国首次正式公开的国产第四代战斗机，表明我国成为继美国、俄罗斯之后第三个具备出口隐身战斗机能力的国家。而作为第五代战斗机的歼-20 双发重型隐身战斗机也于 2011 年实现首飞，频频引发国际上的重点关注。

第三节 新型飞行器对力学的新需求和新挑战

从上述运载器、航天器、航空器以及临近空间飞行器的发展态势来看，新型飞行器体现了如下几个特点（于登云，2015；孟光，周徐斌，苗军，2016；杜善义，2007；Schmisseur，2014）。

（1）新型飞行器向结构大型化和微纳化两个方向拓展。新型飞行器尺寸较传统飞行器可能有数量级的增加，从几米量级到几十米甚至千米量级。构型也变得复杂，从传统的气动构型、规则构型，到非常规、非规则、多体组合、刚柔混合和可变体构型。而微纳飞行器的兴起代表着另一个发展方向。

（2）新型飞行器服役条件更加恶劣、使用要求更加苛刻。针对高超声速巡航、星际再入、新型空天动力系统等新需求，飞行器将面临更加严峻的高温、高压、高真空、强辐射、强腐蚀、高能率等使用环境，其材料性能与结构完整性、面型精度、轨道/姿态控制精度要求更为精确。

（3）耦合效应更加显著。无论是在飞行器设计、研制还是在服役过程中都得以充分体现，涉及多尺度、多物理场、多过程、多学科的耦合问题。

（4）多功能和智能化成为未来发展的主要趋势。飞行平台、系统、部件乃至器件等不同层次，都对多功能、智能化提出了急迫需求。

（5）结构效率和可靠性要求更高，长寿命、低成本要求也日趋强烈。重量和体积约束是飞行器设计和研发的主要难题，无论是大型化飞行器还是微纳化飞行器，都将面临更为严峻的挑战。效费比和研发周期成为影响新型飞行器发展的重要因素。

“工程向力学提出了层出不穷的问题，力学也不断以新的成果，深刻地改变着工程设计的思想”（周培源，1984）。力学是飞行器研发的基础，并贯穿于设计、分析、试验、工艺、制备、评价和应用各个环节和整个过程。从新型飞行器的发展态势来看，主要研究对象的大型化、微纳化、复杂化，服役环境超常化、耦合化，使用要求的严格化、精细化等给力学学科带来了严峻的挑战，这些来自工程中的挑战反映在现有认知的缺乏与理论限制、建模与分析方法局限性、计算与试验能力不足，以及确认和验证难以实现等各个方面，同时也蕴含着更深层次的科学问题。

一、空气动力学

大气层内高超声速飞行被认为是最复杂和危险的飞行区域。需要重点关注的是气动热力学和湍流与转捩问题。气动热力学主要开展确定、建模和探索湍流以及高速流动中的关键物理现象，强调能量传递机制，主要包括激波控制流动、非平衡流动和气面交互作用；湍流与转捩主要是研发未来所需的基础流动物理知识库，强调转捩与非稳定性、承受性、粗糙度影响和射流爆裂，主要包括边界层物理、湍流基础和感受性与非定常性。

随着飞行速度的提高，来流通过激波压缩或黏性阻滞减速，导致大量动能转变成热能，出现“高温气体效应”，不仅对飞行器表面产生严重的气动加热，而且这种“非平衡效应”的明显高温流动，与机体表面材料发生强烈的非线性耦合作用，对飞行器气动热/力特性和防热产生了严重的影响，是发展高超声速飞行器所面临的共性难题和“任务杀手”。由于高马赫数飞行激波产生解离环境造成的热化学非平衡构成主要挑战。这些系统中，对率依赖型热化学过程决定激发内部状态、释放能量产生热能和气动热力现象的准确预测，需要通过模拟所需有关反应速率的精确度提升来逐步提高能力。非平衡气体环境和材料表面反应之间的相互作用也成为挑战，预测能力都依赖于基本热化学反应速率的准确掌握，包括气体、气-表面界面和材料表面附近区域。当前重点投资包括湍流和边界层基础物理，激波控制流动，尤其是激波/边界层、激波层/激波层的相互作用和热化学非平衡流。两个重要科学挑战是转捩的准确估计和不稳定的激波/边界层的交互模型。这两种现象都是显著气动加热或声学载荷的来源，强烈地影响飞行器的结构设计。率相关非平衡流动的主要挑战在于化学复杂性提高导致预测失败；激波交互作用的挑战在于交互作用产生的极端局部条件，而我们难以预测相关的热和噪声载荷。

高效增升减阻方法的研究是飞行器设计所涉及的关键科学问题之一，它决定了民用飞机的起飞着陆性能、安全性、经济性、承载能力以及航程等；对于军用飞机，它决定了短距起降能力、机动性、作战半径等。开展飞行器增升减阻控制研究具有重要的应用前景。流动控制通过施加外来扰动改变流场的自然发展路径，以达到人们所需要的控制目的，包括增升、减阻、减振、降噪等流动控制成为当前流体力学研究的热点和前沿，主动流动控制体现了人类对重要物理现象的主动把握，对转捩延迟、分离滞后、升力增强、阻力减弱、湍流增强以及噪声抑制等都具有重要的理论和应用价值，需要重点考虑。高速飞行器周围的环境受率相关的能量过程控制，最近许多在空气热力学上取得的进展都是基于能量在各种模式之间转移的新理解——动能、内能或化学能；主导能量转移机制的知识可能会被用来提出实现控制宏观流动的革命性方法，流场可以设计成有利于最佳能量转移机制，从而达到最优流动状态的应用。

二、固体力学

轻质化是所有飞行器的根本要求，满足超常服役条件或特殊需求是飞行器材料与结构的主要特征，当前新型飞行器的发展需要更高性能、效率与可靠性的新材料和新结构。新材料的研发周期与急迫需求矛盾突出，需重点关注材料设计、结构轻量化、多功能化、抗极端化、低成本化带来的一系列问题和挑战。

固体强度直接影响结构效率与可靠性，以安全系数和裕度形式覆盖客观存在的不确定性对减少结构冗余影响很大，现有测试、表征和评价手段不能准确反映材料与结构的有效性质和使用性能，特殊环境或特殊要求导致超出原有理论方法的适用条件，理论模型与实际物理模型相差较大，缺乏关键参数和验证，预报精度难以满足要求，亟须发展和完善设计、建模、分析、评价的理论、方法和手段。

在大幅度减少系统重量的同时，不断增强性能和功能，也就是提高比性能，是新型飞行器发展的共性需求。先进复合材料用量和水平已经成为飞行器先进性的重要标志，新一代复合材料具有的多尺度和超混杂组元、可剪裁性能和多功能属性，可进一步提升 50%的综合性能。发展基于需求最优性能的自下而上的纳米尺度材料设计方法，研究大幅度减少研发周期和成本的技术手段，可有效解决当前“综合效费比不高”的关键问题。通过设计可以耦合更多结构和功能的材料，实现系统减重，需要关注最小化外部介入可感知、诊断和响应功能的材料与系统，形状、功能和力学性能按需改变功能的材料与系统，能量获取、存储、传送与结构一体化功能的材料与系统。

飞行器在服役过程中会承受或产生许多种超常环境载荷，且相互耦合引起了强烈的非线性效应，无论是其认知手段还是理论方法，都存在很大的局限性。只有建立有效的等效模拟手段，揭示相互作用机制，表征控制要素，才能实现优化设计和科学评价，从关注极端环境下的力学行为，到强化认知环境及其与材料的耦合作用机制，实现从被动到主动的跨越。结构是主观设计与客观材料的结合，探索超混杂结构、折叠展开结构、主动变形结构、索系结构、多功能系统、微机电系统与器件等创新概念，更好地发挥先进材料技术红利，产生新功效。

三、动力学与控制

结构动力学是一个既经典又现代的研究领域，新型飞行器结构从小到大、从简单到复杂，大柔性与多体组合与固液混合，服役时间长，热环境恶劣，同时要求长寿命、高精度、低成本等，进而带来非定常、多体耦合，力热耦合、主动控制等特殊问题。而地面模拟试验能力和手段有很大不足，都对未来发展提出了严峻挑战，其中表现最突出、需求最急迫的是大型复杂航天器结构动力学和高超声速飞行器结构动力学问题。

气动/热/噪声/弹性耦合、大尺度刚柔混合结构动力学成为目前的研究重点。环境和载荷是目前该领域最薄弱的研究环节之一，而这也是飞行器设计的基础。无论是长期在轨航天器，还是长时间高超声速飞行器、可重复使用空天飞行器，热声振疲劳问题都很突出，噪声载荷在真实服役热/力/噪声/振动耦合作用中的权重越来越大，需要结构动力学与流体力学、高温固体力学进一步融合，为解决上述问题提供技术手段。需要考虑对未来更加复杂结构和系统的需求，关注包括可变形、大柔性薄膜及其他非传统结构带来的系列问题，发展多尺度建模和预测方法，进行结构健康监测、诊断和评价。

为满足未来新型飞行器及其任务能力要求，动力学与控制学科需要强调与数学、流体力学、固体力学、信息、控制、认知科学等深度融合，发展自主/半自主飞行器在不确定、信息冗余、动态变化和网络环境下的响应预测、自适应控制和决策方法。

四、试验与数值模拟

地面试验、数值模拟和飞行试验“三位一体”是飞行器研发的主要技术途径。传统的飞行器研制过程需要充分的地面试验考核和验证，大尺寸结构结合超常服役环境带来了地面试验技术的艰巨挑战。地面试验方法在模拟真实服役环境上存在很大局限性，需要发展新原理、新方法、新手段，重点关注模拟试验的相似性、等效性、可验证性，尤其是提高极端环境下对环境和结构低扰动的在线响应信息获取技术。钱学森曾指出“搞应用力学的人的本领，就在于会算”，定量化预报是力学学科的主要特色，发展精确、可靠、高效的计算方法和技术，大幅度降低研发成本和周期，成为当前发展的重点和热点。从材料基因组、计算材料科学与工程，到虚拟试验、数字孪生，都将为新型飞行器的发展提供有力的支撑。需要重点关注多尺度建模、多物理场建模、不确定性量化和不确定性框架下的多学科优化和控制理论与方法，在此基础上，集成多物理量、多尺度和概率仿真方法，通过材料科学与工艺、计算/实验损伤力学、结构健康监测与管理、风险设计一体化，彻底颠覆传统的设计、验证、服役维护和保障范式。

第四节　未来发展思考和建议

当前，我国正处于从航空航天大国走向强国的关键时期。虽然在航天领域取得了辉煌的成就，在航空领域也获得重大突破，但必须清楚认识到，与美国、俄罗斯、欧洲等航空航天发达国家和地区相比，其深度和广度还存在很大的差距，有些方面甚至比“代差”还大，尤其是在新型飞行器发展方面，鲜有创新性概念和技术。我国的力学学科在中华人民共和国的航空航天事业发展中发挥了关键作用。以钱学森、周培源、郭永怀、钱伟长等杰出力学家为代表的我国力学工作者，不但在流动理论、喷气推进、工程控制论、广义变分原理等方面取得了具有国际影响的开创性成果，在“两弹一星”、载人航天和探月、新一代战斗机、大型客机和运输机等方面也做出了卓越的贡献。面对实现跨越式发展和“弯道超车”的历史使命，必须清楚地认识到力学学科是新型飞行器创新和发展的基础，是关系到能否早日实现质变突破的决定性因素，并针对新时期、新形式、新使命进行认真思考，提出更加科学的发展战略和思路。

（1）力学独特的理论体系和研究方法，使得其在认知和手段都不完善的条件下，善于从复杂事物和系统中抓住本质，建立模型，获取定量化规律，直接服务于工程。回顾人类飞行史，在大多数时间内，力学学科都起到了主导作用，随着许多理论方法变得成熟、经典，以及现代科技手段的不断丰富，有人说，到 20 世纪 70 年代，力学作为独立的基础学科的使命已经完成，作为工程学科，可以为工程提供解决方法，或者直接解决工程问题。力学在飞行器研发中也逐步由主导学科变成主要学科，成为其他学科或系统掌握和应用的工具。在航空航天高速发展的今天，对力学的需求和牵引是急迫的，但相对零散，缺乏系统性，难以产生空气动力学、塑性力学、有限元等方面的重大成果。与飞行器密切相关的固体强度、湍流等经典问题也亟待从理论和方法上取得重大突破。同时，随着认识和检测物理手段、数值模拟手段的不断丰富和完善，对传统的连续介质理论、建模和分析方法产生了巨大冲击，力学学科需要寻求新的突破点和体系革命。

（2）力学的双重属性是其在认识世界、改造世界中发挥巨大作用的主要原因，从纷杂乱世中高度凝练，认识其本质、把握其规律，从而形成基础与技术的有机协同。在很长一段时期内，力学从工程的统帅变成了工程的奴隶，未能发挥出横跨理工，既融会贯通，又切合实际的优势，也在不同程度上存在“低水平重复、同质化竞争、碎片化发展”的问题。航空航天领域许多工程问题未能得到有效解决，很大一部分原因就是在基础研究方面出了问题，国家重大基础研究计划支持的一大批项目最终都归结到了力学问题。因此力学工作者要做桥梁，上顶天、下立地，从工程中准确提炼科学问题，并给予彻底解决，再返回到工程中去，这是新时期力学学科的重要使命。

（3）力学善于学科内外交叉，并能够不断丰富内涵，这是其长期保持旺盛生命力的关键。现代航空航天领域的许多工程问题，需要力学学科内部的深度融合，包括动力学与控制、流体力学和固体力学之间进行深度融合，并与数、理、化、材料、电、控制等其他学科积极交叉，密切关注一些前沿技术（如量子科学、生物科学、认知科学、先进制造、大数据等）可能带来的颠覆性方法。既要关注好奇心驱动型的“玻尔象限”基础研究和实践目的的“爱迪生象限”应用研究，又要关注由解决应用问题产生的“巴斯德象限”基础研究。

（4）随着我国航空航天事业的快速发展，国家重大专项、国家自然科学基金委员会重大研究计划的大力推动，在力学学科掀起了空天热潮，航天中的重大力学理论与方法也被认为是未来能够取得重大突破，实现“顶天立地”的主要方向。其主要任务是探索超越传统轨道动力学、空气动力学范畴的飞行新原理、新概念、新方法，揭示特殊飞行环境及其与飞行器相互作用带来的尚未认知的物理现象和机制，建立实现真实条件下高置信度建模、高精度预报和高效率优化的理论、方法和手段，促进学科自身不断发展和完善，应对新型航天器发展需求和挑战。

参 考 文 献

杜善义，2007. 先进复合材料与航空航天. 复合材料学报，24（1）：1-12.

国家自然科学基金委员会，中国科学院，2012. 未来 10 年中国学科发展战略——力学. 北京：科学出版社.

黄志澄，2015. 美国“新抵消战略”与军事航天. 863 航天航空技术，（5）.

林来兴，张小琳，2015. 现代小卫星正在迈向大众化空间时代. 863 航天航空技术，（5）.
孟光，周徐斌，苗军，2016. 航天重大工程中的力学问题. 力学进展，46.
钱学森，1979. 现代力学——在一九七八年全国力学规划会议上的发言. 力学与实践，1：4-9.
于登云，2015. 新型航天器发展对力学学科的挑战. 科学通报，60（12）：1085-1094.
Schmisseur J D，2014. Aerothermodynamics：Transforming the present，inventing the future. http：//community. apan. org.
Tirpak J A，2009. The sixth generation fighter. Air Force Magazine，（10）：38-42.
Waller D，Thompson R，2015. Moire primary diffractive optical element structure deployment testing. AIAA 2015-1836.

第二章 先进战斗机气动设计的发展与挑战

第一节 引 言

空气动力学理论和设计技术的不断发展在战斗机的升级换代中发挥了重要作用。第二次世界大战以来，战斗机的发展经历了四代。后掠翼和超音速面积律的发现，使第一代战斗机突破音障和第二代战斗机实现高空高速成为可能；旋涡空气动力学的发展是第三代战斗机具有优秀亚音速和跨音速机动性的保证；气动/隐身综合设计方法的突破和推力矢量技术的应用，满足了第四代战斗机在隐身、超音速巡航和过失速机动方面的设计需求。

气动设计是飞机设计的重要环节，是飞机设计成败的关键因素。战斗机气动设计更是一项复杂的技术工作，为了满足飞机的战术技术要求，不仅要选择合适的气动布局形式，设计出好的气动外形，实现优秀的飞行性能，还要综合考虑动力装置、隐身、飞行控制、重量、结构强度和航电武器系统等专业的需求，进行多学科设计和优化。

我国自主研制的第三代战机“枭龙”和歼-10 飞机在气动设计上大胆创新，独具特色。“枭龙”飞机采用大边条翼正常式布局，大面积的前边条在中等迎角和大迎角飞行时提供了充足的涡升力，飞机机动性强。“枭龙”飞机采用两侧蚌式进气道，结构重量轻，总压恢复系数高，保证了飞机具有良好的加速性能。

歼-10 飞机采用近距耦合鸭式气动布局，放宽纵向静安定度设计，鸭翼在提供涡升力的同时，还与前襟编程协同偏转，优化了升阻比，满足了歼-10 飞机大航程和高机动性的要求。歼-10 飞机采用二元可调腹部进气道，进气道的总压恢复系数高，流场畸变小，大迎角飞行时的进/发匹配特性好。图 2-1 为“枭龙”飞机和歼-10 飞机。

图 2-1 “枭龙”飞机（左）和歼-10 飞机（右）

当前气动设计的手段是工程方法、计算流体学（CFD）计算、风洞试验和飞行试验，这些手段在战斗机设计的不同阶段起到了不同的作用。风洞试验是研究、验证战斗机气动布局和气动措施、获取气动力数据的主要手段。近二十年来，计算机性能不断提高，CFD 技术取得了很大发展，已经成为战斗机气动设计的重要工具，但仍存在很大的发展空间。

战斗机设计一般分几个阶段进行，主要包括概念设计阶段、初步设计阶段、详细设计阶段和试飞验证阶段，各阶段气动设计的内容、使用的手段和设计流程构成了战斗机气动设计的研发体系。一方面，先进、完整的研发体系是型号研制的保障；另一方面，型号研制的需求牵引了研发体系的发展。随着未来战斗机设计要求的不断提高和各种多学科设计问题的不断涌现，当前的气动设计技术和研发体系将面临新的挑战。

第二节 目前气动设计的研发体系

一、气动设计的任务和手段

在战斗机设计过程中，气动设计的任务可分为以下几大类。①设计气动外形；②分析和验证气动性能；③建立气动数据库；④进行多学科分析与设计；⑤气动相关问题“诊断”。

具体到飞机设计的各个阶段，气动设计的任务和工作深度是有区别的。

在概念设计阶段，气动设计的任务是初步确定气动布局形式，进行布局参数敏感性分析。

在初步设计阶段，在上一阶段工作的基础上细化布局参数，确定气动布局方案；进行气动分析，包括飞行性能、操/稳特性和进排气性能分析等；建立初步的气动数据库，包括飞行性能数据库、飞行控制数据库和飞行载荷数据库；开展多学科分析与设计，包括静气动弹性、抖振、颤振、机/弹分离等。

在详细设计阶段，优化气动布局方案，冻结气动外形；在新外形基础上进行气动分析和校核，包括飞行性能、操/稳特性、进排气性能和尾旋分析；建立完整的气动数据库，包括飞行性能数据库、飞行控制数据库和飞行载荷数据库；继续开展多学科分析与设计，包括静气动弹性、抖振、颤振、机/弹分离等。

在试飞验证阶段，支持相关科目的飞行试验，验证气动设计结果，包括飞行性能、飞行载荷、颤振边界等；分析试飞中出现的问题，如噪声、振动等。

表 2-1 列出了一般在战斗机各设计阶段使用的气动设计手段，主要手段是 CFD、风洞试验和飞行试验，在概念设计阶段还会少量使用工程方法。表中列出的风洞试验种类繁多，并不是对每种飞机都要做，要根据型号设计的具体需求开展，比如对于改进改型的飞机，在初步设计阶段一般不做全机测压试验。

表 2-1　战斗机气动设计手段

	概念设计	初步设计	详细设计	试飞验证
工程方法	理论分析 工程估算	—	—	—
CFD	欧拉方程法 定常 RANS 法	欧拉方程法 定常 RANS 法 面元法（气弹分析）	欧拉方程法 定常 RANS 法 面元法（气弹分析） 非定常 RANS 法	欧拉方程法 定常 RANS 法 非定常 RANS 法

续表

	概念设计	初步设计	详细设计	试飞验证
风洞试验	测力试验	测力试验 进气道试验 大气数据试验 全机测压试验 部件测力试验 铰链力矩试验 气动噪声试验 喷流试验 CTS 试验 ……	测力试验 进气道试验 大气数据试验 全机测压试验 部件测力试验 铰链力矩试验 气动噪声试验 喷流试验、喷管性能试验 动导数、旋转天平、强迫振荡试验 尾旋试验（垂直风洞） 抖振试验、颤振试验 静弹试验 CTS 试验、网格测力试验 自由投放、风洞模型自由飞试验 流动显示试验（油流、纹影、PIV、压敏漆等） ……	—
飞行试验	—	—	无动力模型自由飞 有动力模型自由飞	飞行性能、飞行品质、进/发匹配、大气数据校准、载荷强度、颤振、抖振、机/弹分离试飞等

CFD 技术的应用可以缩短甚至改变气动设计的流程。例如，气动外形设计是战斗机气动设计的重点，需要多次迭代以筛选布局方案，以前主要是依靠风洞试验，周期长，耗费大，使用 CFD 技术可以减少选型风洞试验，加快设计迭代，同时能进行气动外形精细化设计，提高设计质量。

战斗机是多点设计，飞行包线大，迎角范围大，流动现象复杂，飞机上会出现大分离流、激波/附面层干扰和脱体旋涡等流动现象，在这些情况下，目前 CFD 计算的精准度不能满足要求。即使在 CFD 能够模拟准确的区域，也要达到和风洞试验相同的精度，CFD 所使用计算模型的复杂程度和计算网格的数量都会增加，计算量加大，实际费用会比风洞试验高。在当前以及可预见的将来，在战斗机设计领域，CFD 不会取代风洞试验，风洞试验仍然是气动数据的主要来源，现代战斗机设计对风洞试验的需求是增加的，这一点可以从图 2-2 的信息中得到印证。该图是国外飞机研制时的风洞试验量的大致统计，用风洞占洞时间表示。可以看出，在 20 世纪 70 年代以前，飞机研制的风洞试验量逐年增加，在近 30 年间风洞试验量变化不大，F-35 战斗机是近十几年研制的，风洞试验量比 F-22 还多。

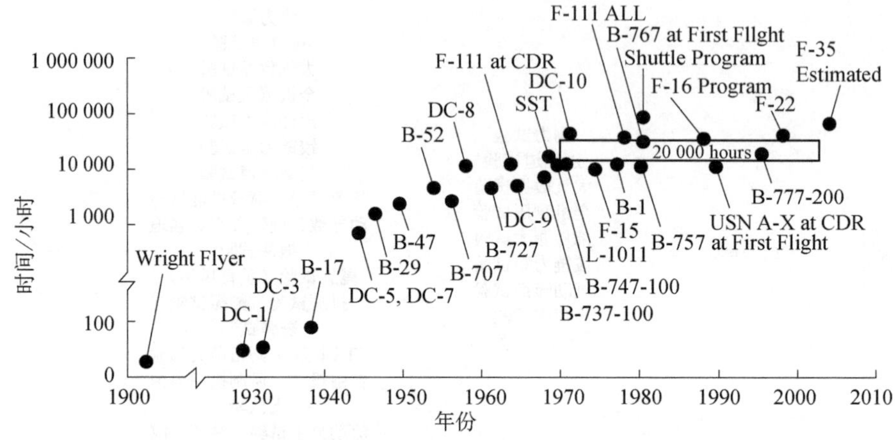

图 2-2　飞机研制时的风洞占洞时间

二、CFD 的发展

CFD 是利用计算机模拟来获得流体力学基本方程近似解的学科。随着计算机速度和内存容量的增长，求解的流体力学方程的复杂程度逐渐增加，CFD 从面元法、全位势法、欧拉方程法发展到求解雷诺平均方程法（RANS）。RANS 的计算步骤主要包括：①定义几何外形；②生成计算网格；③选择求解策略；④选择湍流模型；⑤定义边界条件；⑥计算方程数值解；⑦结果的后置处理以及可视化。

在飞机设计领域，对 CFD 发展总的要求是“更准、更快、更方便”。“更准”是指计算结果要更准确，对复杂流动的模拟精度要达到风洞试验的水平，CFD 计算的精准度要经过充分的验证和确认；“更快”是指计算机能力足够强、算法快、计算网格准备快，满足型号设计的节点要求；“更方便”是指 CFD 的前、后置处理要方便，包括外形处理、网格生成和计算结果显示等。

要提高 CFD 计算的精度，一个突出的难题是对湍流的模拟。湍流在数学上还不能够准确地表示，只能以近似理论进行建模。直接数值模拟（DNS）方法需要捕捉流动特征结构的所有时间和空间尺度，计算量非常大；大涡模拟（LES）方法通过计算网格捕捉大的湍流涡，通过亚网格模型模拟小尺度湍流运动，计算量虽然比 DNS 小，但对工程问题仍不可接受；RANS 方法通过构造湍流模型使控制方程组封闭，计算量小，但如果校准湍流模型参数的工况与实际流动偏离太大，和湍流模拟直接相关的结果就可能出现较大的不确定性。

未来计算机能力的不断提高是 CFD 技术继续发展的基础。根据空中客车公司提出的“未来模拟概念”计划，高性能计算机能力以一个晚上批处理可以完成的运算量为限，预计 2020 年后可以实现基于 CFD 的噪声模拟，2030 年实现基于实时 CFD 计算的飞行模拟，即飞行模拟时使用的气动力是 CFD 实时解算的，而不是像现在一样从事先建立的气动数据库插值中得到。

波音公司和 NASA 联合提出 CFD 技术发展路线图（图 2-3），展望了今后 15 年 CFD 技术的发展愿景，涉及计算机能力、物理建模（包括湍流模拟）、算法、几何和网格生成、知识提取（包括可视化）、多学科分析与优化等方面。回顾过去 15 年 CFD 的发展情况，要实现愿景中的目标还是很有挑战性的。

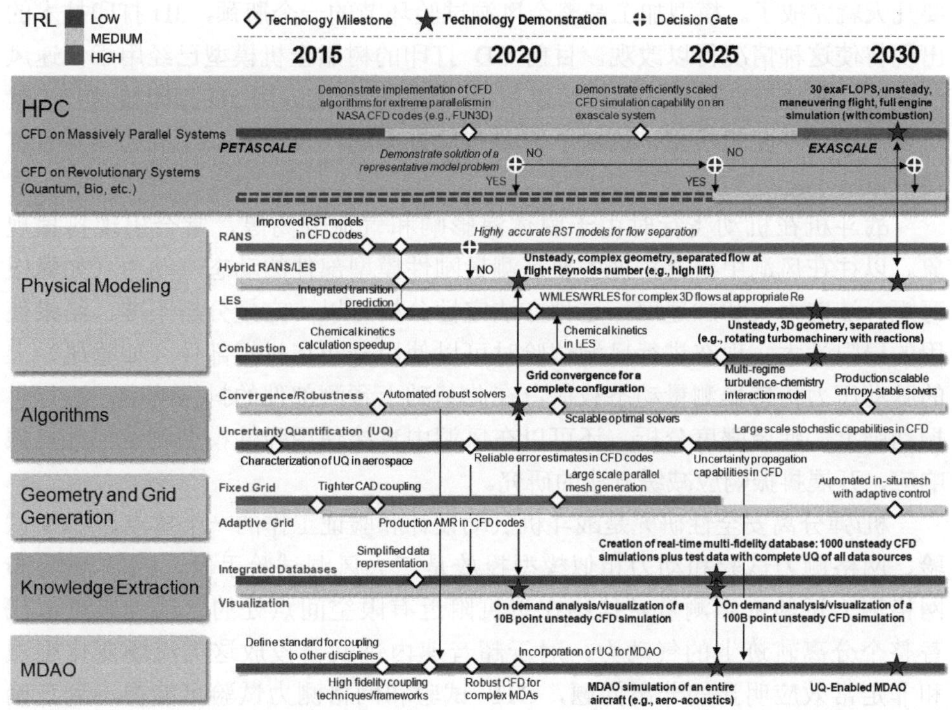

图 2-3　波音公司和 NASA 联合提出的 CFD 技术发展路线图（Slotnick et al., 2014）

三、风洞试验的创新

风洞试验技术和试验能力在不断发展，风洞尺寸、流场品质、雷诺数模拟能力和试验效率等方面在持续改善，模型加工技术、测量技术和数据处理技术更加先进和完善。

常规测力试验以前是用顿点方式采集数据，攻角机构在给定攻角处要停顿一下，采集完该攻角下的气动力数据后再走到下个攻角，直到预先给定的攻角序列走完。现在可以采用连续扫描的方式进行，模型攻角从小到大连续变化，气动力数据采集实时进行，不需要攻角机构停顿，一次试验可以获取一条完整连续的气动力曲线，而不是顿点方式得到的由有限离散点组成的曲线。

与 CFD 计算相比，风洞试验的一个主要不足是吹风模型加工时间长，从而使整个风洞试验的周期加长。常常是吹风模型加工几个月，风洞试验只需要几天就完成了。模型加工是整个风洞试验环节的一个瓶颈，3D 打印技术的出现将使这种情况得以改观。目前 3D 打印的树脂全机模型已经用于低速风洞试验，高速模型局部零件也可以使用 3D 打印制造。用 3D 打印技术几天就可以制造一个全机模型，这对于需要布局方案迭代设计的战斗机选型具有重要价值。

战斗机在机动飞行时由于脱体涡影响和气流分离等，常会出现抖振现象。以往在风洞中研究抖振主要是测量刚性模型部件的动态气动力（如翼根弯矩、法向力）和加速度，这种方法定性分析可以，定量分析不准，结果使用的局限性大。现在进行风洞试验时可以使用分布在抖振部件（如垂尾）上的脉动压力传感器测量动态载荷，在此基础上预测部件的抖振响应，进行抖振动强度、疲劳强度分析，还可以在风洞中直接使用弹性模型测量部件抖振响应，开展抖振响应减缓方法的研究。

机/弹分离安全性研究是战斗机气动设计和验证工作的一个重点，CTS 试验、网格测力试验和动力相似模型投放是三大风洞试验手段。CTS 试验和网格测力试验依靠测量悬挂物在母机附近有限空间点处的气动力来近似代替整个分离轨迹上的气动力，对于超音速内埋武器投放这类流场变化剧烈和非定常效应明显的分离问题，CTS 试验和网格测力试验可能得不到正确的结果，需要进行动力相似模型投放试验。动力相似模型投放试验的一个难点在于悬挂物六自由度位置和姿态的判读，以前是靠人工判读悬挂物分离的高速摄像照片，现在发展了多光路图像识别技术，可以快速获取分离轨迹。还有一种方法是在悬挂物模型内装入小型姿态遥测装置，直接获取整个分离过程的数据。

风洞自由飞试验是在风洞内使用质量、惯矩、推重比满足飞行试验相似准则的模型进行飞行，试验风速和模型姿态由风洞试验人员控制。这类试验可用于研究和验证战斗机气动布局、大迎角失速和偏离特性、推力矢量效果等。随着模型控制和操纵器件能力的增强，现在利用风洞自由飞试验在风洞内研究和验证真实飞行控制律也成为可能。

第三节　当前面临的需求与挑战

一、气动与“X”综合优化设计

这里的“X”是指在战斗机设计中与气动专业有关联的专业和系统。战斗机设计是一个复杂的系统工程，追求的是飞机这个大系统最优，飞机整体的性能要达到战术技术要求。在设计过程中要注意各个专业和其他专业的权衡和综合，尽可能地优化，不能各行其是，对气动设计更是如此。

气动与“X”的综合在以往的战斗机设计中发挥了重要作用。例如，在歼-10 飞机设计中，气动与飞控系统综合设计，利用电传操纵系统控制增稳能力强的特点，在气动布局设计时放宽了纵向静安定性，提高了飞行性能。隐身是第四代战斗机的重要特征，在气动布局设计时就要进行气动/隐身综合优化，综合满足气动和隐身的设计目标。

目前看到的一些未来战机布局的发展趋势是，飞机平台有人/无人兼顾，对隐身的需求更高，可能采用飞翼布局、无尾布局和大倾角垂尾布局（图 2-4）。这类布局航向稳定性和操纵能力弱，进气道又位于机背，要实现高机动飞行，对气动、飞控和动力装置的综合又是一个挑战。

图 2-4　飞翼布局、无尾布局和大倾角垂尾布局

今后，战斗机的气动设计会面临更多、更深层次的制约与解放。制约的因素除了传统的总体、结构、使用维护等方面，隐身的要求会更高，不仅RCS 要更小，还要全频隐身，信息感知与协同、新概念武器等新的需求也会影响和制约气动设计。解放的因素包括电传飞控系统能力的进一步发展、先进推力矢量技术的应用、新型流动控制措施的突破、新型材料（超材料、石墨烯）的出现、多学科设计优化能力的提高等。

一方面是制约，另一方面是解放，“X”的数量增多，多学科耦合程度更高，哪个环节考虑不周都可能埋下隐患，引起颠覆性的后果。气动与“X”的综合优化设计将更加重要和复杂。

以隐身外形设计为例，目前常用的办法是人工确定部件设计的侧重点，兼顾其他相关因素，隐身设计以高频为主，兼顾低频，以前向为主，兼顾全向，气动性能和隐身性能尚未实现真正意义上的联合优化。要实现未来更高的隐身要求，气动与隐身的综合优化还有很长的路要走。

二、精益敏捷的气动设计流程提升

气动设计流程提升的目的就是要提高气动设计的效率和质量，满足先进战斗机设计的要求。气动设计流程提升的重点在 CFD 能力、多学科分析与优化能力、精确的气动数据库构建等方面。

尽管 CFD 技术在近二三十年来取得了巨大进步，但还存在很多不足，离满足精益敏捷的要求还有很大差距，比如对于复杂的流场模拟仍然不准，CFD 使用者需要较高的技能、大批量计算的效率低等。今后在软件方面，要继续发展先进的湍流模型、转捩预测模型、高效高精度的求解器、误差量化的方法与程序、便捷的网格生成技术和后处理技术；在硬件方面，要发展高性能计算机，扩大计算资源。

在飞机设计中存在大量与气动设计相关的多学科分析与优化（MDAO）问题，包括气动/结构、气动/飞行控制、结构/飞行控制、气动/结构/飞行控制、气动/飞行力学、气动/隐身、气动/光学（航电系统）等，比如复材机翼的气动弹性剪裁就是一个气动/结构的多学科优化问题。由于技术手段和资源的限制，目前工程上基本能做到多学科分析，多学科优化还只是纸面上的东西。要提升多学科分析与优化能力，一方面，要提升单学科自身的分析能力，比如 CFD 的计算能力、结构仿真能力等；另一方面，要继续发展基于 CFD 和其他计算机辅助工程（CAE）手段的优化设计方法，涉及外形参数化方法、智能的优化策略、多可信度代理模型的构建和使用等，形成工程实用的多学科优化技术。

气动设计的一个重要任务是建立气动数据库，现代控制律的控制能力更强，需要构建逆系统；对气动数据库的精确性要求更高。提高气动数据库精确性的主要手段是提高 CFD 和风洞试验的精准度，发展便捷的相关性对比分析手段，重视 CFD、风洞试验和飞行试验的相关性分析，使气动数据库的建立、使用和验证三大环节能真正封闭起来。

三、减阻设计和阻力的精确确定

减阻设计一直是战斗机气动设计研究的重点，是最有可能带来战斗机飞行性能提升的手段之一。对于要求具有隐身、超音速巡航和全速域高机动飞行能力的先进战斗机，武器内埋，机身截面积加大，减阻设计更是一个巨大挑战。

在外部气动力设计上要充分利用成熟的减阻技术，如超音速面积律优化、机翼弯扭技术等，还要研发新型的减阻技术，如鼓包技术可以通过对激波区几何外形的优化，降低波阻；超音速层流技术可以使机翼在超音速飞行时保持大面积的层流区域，通过减小摩擦阻力来降低总阻力。进气道阻力（溢流阻力、放气阻力等）和尾喷口附近的后体阻力是重要的减阻目标。

准确了解和确定飞机的真实阻力对飞机设计具有重要意义，直到今天这个要求对 CFD、风洞试验和飞行试验都是难题。

尽管 CFD 可以直接计算真实尺寸飞机在标准大气下的飞行阻力，但由于湍流模型、数值算法和网格质量等原因，全机阻力计算还存在较大的不确定性，目前在气动设计上使用 CFD，更多的是用于评估外形变化后引起的阻力变化量，绝对阻力的获取还是要依靠风洞试验和飞行试验。

通过风洞试验获取全机阻力是一个复杂的过程，一般要进行全机测力试验、后体阻力试验和支撑修正试验，如果全机模型不是通气的，还要做通气修正试验，这些试验的数据合并处理后可以得到试验条件下的全机阻力数据，最后经过雷诺数修正得到在标准大气下的飞行阻力。这些环节有一个不准，都会对最后的结果造成影响。

通过飞行试验获取全机阻力，最关键的是如何准确地把发动机推力和飞机阻力分开。飞行时反映到飞机飞行性能上的是飞机的净推力（推力-阻力），需要建立规范的推/阻体系（图 2-5），准确确定飞行时发动机的推力和与推力相关的阻力，才能得到全机阻力。净推力通过试飞参数辨识的方法确定，发动机的推力可以通过发动机推力数学模型、直接试飞测量等手段获取，与推力相关的阻力需要用 CFD 和风洞试验确定，各种因素累加起来，最后得到的飞机阻力可能仍会不准。有资料表明，飞行试验阻力的误差有时会超过 5%。

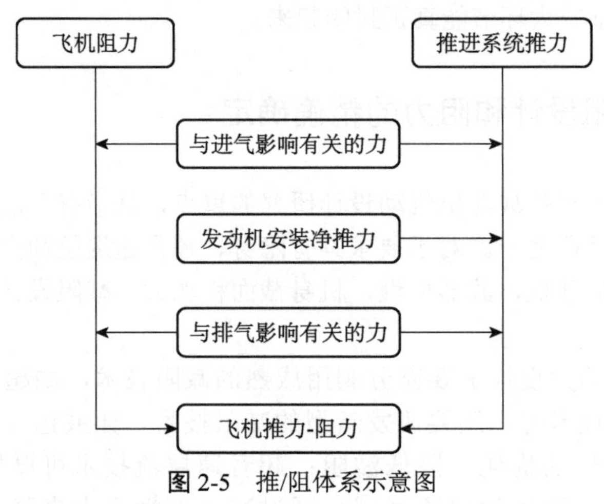

图 2-5 推/阻体系示意图

四、非定常气动力

过失速机动能力是先进战斗机的重要特征，过失速机动中的非定常气动力问题需要引起重视。

在过失速机动过程中，飞机处在超大攻角区间，机体上会出现大面积流动分离和旋涡破裂现象，空间流动的对称性遭到破坏，气动力呈现出强非线性、交叉耦合和时间相关性（迟滞），非定常气动效应显著增加。同时，飞行参数及舵面偏度等对气动力影响复杂，非定常气动力的获取和气动数据库的构建难度大。

在非定常气动力获取方面，根据目前 CFD 的发展水平，对于大攻角区动态气动力计算，常规的 RANS 方法是不适用的，DES 方法还在探索中。也许用 DES 方法会得到一些有价值的结果，但是这类计算对计算资源要求很高，用 DES 计算的代价会远比风洞试验大。有人尝试过，在高性能计算机上用 DES 计算一条动态气动力曲线需要一个多月的时间，而风洞试验只用几分钟就可以得到结果，花费不过几千元。

目前大迎角动态风洞试验是获取战斗机非定常气动力的主要手段，包括旋转天平试验、单自由度大振幅动态试验和多自由度大振幅动态试验等，这类试验的装置复杂，支撑干扰和洞壁干扰修正困难，试验精度远比常规测力试验的低。

在建立大迎角气动数据库时，对于非定常气动效应明显的战斗机构型，基于准定常假设的气动模型不再适用，需要发展非定常气动力建模技术，建立包含基于时域/频域动态特性和非线性/非对称性的气动库。传统的非定常气动力建模方法是根据物理现象和机理来建立气动力与飞行状态之间的数学关系的，如阶跃响应模型、状态空间模型、微分方程模型等。现代的建模方法是避开复杂的物理机理，将气动力的建立过程看成“黑盒”，利用新型边沿学科研究成果建立气动力与飞行状态之间的关系，如神经网络模型、模糊逻辑模型等。

对于舵面数量多的战斗机构型，不同的舵面组合往往会对非定常气动力产生很大的影响，这会增加很多试验量，如果需要进行多自由度大振幅动态试验，试验组合的参数会更多，试验量更是会大得惊人。需要发展工程实用的非定常气动力建模方法，做到数据精度适宜，试验成本可控。

五、流动控制技术

流动控制是通过对飞机周围的流场施加力、质量、热能、电磁等物理量（如声激励或吹、吸气），使其改变原来的流动结构，从而达到提高升力、减小阻力、控制分离和抑制噪声等目的。从数学的角度来看，流动控制技术的本质就是改变流体力学方程或改变边界条件，改变流体力学方程包括添加源项（如电场、磁场）和改变流体特性（如等离子体）等，改变边界条件包括改变几何外形、表面质量、零质量射流等。根据是否使用额外的能量输入，流动控制又分为主动控制和被动控制。

流动控制技术对改善战斗机的性能具有重要价值，合理使用流动控制技术可以起到事半功倍的效果。

很多战斗机在大迎角区域会出现偏航力矩，这是机头的非对称涡引起的，采用扰流片或射流控制技术，可以消除这种现象，这种手段同时还有作为改善大攻角偏航控制能力措施的潜力。

大 S 弯进气道对隐身有好处，但管道内容易出现分离现象，对进/发匹配特性以及进气道疲劳强度等都有影响，采用涡流发生器等措施可以改善和消除管道分离现象。

内埋弹舱在高速飞行时打开，舱内会出现恶劣的噪声环境，对舱内的武器、结构和系统会有不良影响。有研究表明，采用扰流板或射流控制等措施可以抑制舱内噪声，同时有助于内埋武器分离。

面对未来战斗机的需要，要继续发展流动控制技术，包括等离子体流动控制和零质量射流控制等新技术。

第四节 结 束 语

气动设计是战斗机研发的核心关键技术，气动设计技术的发展推动了型号发展，型号研制的需求带动了气动研发体系的发展。要满足先进战斗机的发展需求，当前的气动设计技术和研发体系尚有较大差距，面临着严峻挑战。

参 考 文 献

Peters W L，Langham T F，Skelley M L，2008. T&E Lessons Learned from Wind Tunnel Testing of the B-1 A/B Bomber in Preparation for Next-Generation Long-Range Strike（NGLRS）Development. AIAA 2008-1619.

Slotnick J，Khodadoust A，Alonso J，et al.，2014. CFD Vision 2030 study：A path to revolutionary computational aerosciences. Washington D. C.：NASA/CR-2014-218178.

第三章

空气动力学的新问题*

空气动力学是力学的一个分支，是航空航天技术的基础之一。自 20 世纪 30 年代开始，从当时的传统流体力学逐步分离出来。随着航空航天技术发展的需求，空气动力学的发展也十分迅速。在流体力学，甚至在整个力学领域的各个分支中，很多国家投入空气动力学研究的人力和物力，都是最大的，而空气动力学自身也已形成了一个庞大的体系。但近来，近空间飞行器的研发已经受到越来越多的关注，其飞行高度一般在 40～70km 的高空，飞行速度一般在 5～20 倍声速的范围，已超出人们熟知的范围。因此人们自然要问，是否会有新的重要的空气动力学领域需要我们去开发和研究，其核心科学问题又是什么。本章试图回答这一问题。

第一节 引　　言

空气动力学是力学的一个分支，是航空航天技术的基础，二者相辅相成。一方面，航空航天已形成了一个庞大的产业；另一方面，空气动力学也发展成了力学的一个重要分支，且其相对重要性还在上升。我国的空气动力学发展目前已达到很高的水平，这除了国家的重视和广大科技人员的努力外，和钱学森先生的作用是分不开的。钱学森先生在 20 世纪 50 年代回国

* 原文发表于《中国科学：物理学 力学 天文学》2015 年第 45 卷第 10 期。

时，对当时世界上空气动力学最前沿的情况有清楚的了解，他本身就是当时空气动力学的领军人物之一。因此回国后，他能对我国空气动力学的发展提出全面的规划建议。此后几十年，我国航空航天技术的发展，特别是航天技术的发展，与我国空气动力学在钱学森先生的前瞻性布局下的发展有密切的关系。一个学科的发展，需要大量的工作和长期的积累，没有前瞻性的布局，靠临时突击是不行的。

但也不可否认，在相当长的一段时间里，我国空气动力学的发展除个别领域外，基本上是对国外最高水平的追踪。近年来，在空气动力学领域的实验设备，如风洞的种类和规模，已和国外的最先进水平相当接近。但在实验技术上还有一定差距，主要表现为还缺乏针对需求而需要自己创新的方法和技术。在空气动力学的理论（包括计算）上，与国外最先进水平也相当接近。

同时，我们也应当看到，在空气动力学的一些重要方面，我国和国外最先进水平仍有一定差距，如在湍流计算和转捩预测方面。这主要是由于我们的积累少，特别是实验数据的积累少。国外多年来不但重视理论研究，还积累了很多试验资料（包括飞行试验），而我国在这方面特别欠缺。这种和国外先进水平的差距，应该引起我们的重视并尽快赶上。而目前空气动力学又面临一个新的问题，即如何应对由于近空间飞行器的发展而产生的新的空气动力学问题。近年来，近空间飞行器的发展越来越受到各大国的重视，但无论是国外还是我国，空气动力学界似乎还都没有人明确提出有哪些新的关键科学问题需要解决。本章将探讨什么是邻近空间飞行器发展中可能遇到的空气动力学新问题。

第二节　为什么会有新问题

自 20 世纪末起，我国开始了近空间飞行器的研制。实际上，美国在 20 世纪 70 年代就已经开始了马赫数为 6，飞行高度在 50 km 上下的高速飞行器的研制。但由于其技术难度很大，更有一些基础科学问题还不清楚，进展非常缓慢，迄今离实用还有很大距离。

邻近空间飞行器有两种形式，一种是带发动机的，一种是滑翔式的。但无论是哪一种，其设计飞行速度都在 5 倍音速以上。带发动机的飞行器需要有能在速度很高的条件下工作的发动机。由于发动机需要从空气中得到足够的氧，而随着高度的增加，空气会变得越来越稀薄，所以飞行高度受到限制，且其速度也不能太高，否则发动机的研制难度更大。

而滑翔式的飞行器，由于不带发动机，要远距离飞行，全靠初速高，且在较高的高度飞行以减少空气阻力。其初始马赫数最高可达 20 上下，飞行高度则从飞行距离考虑，越高越好。但如果要靠空气动力以控制飞行器的机动，那么又不能太高。因此，这两类飞行器的飞行高度一般在 40～70km。

在 40～70km 的高度范围内，随着高度的增加，空气变得更稀薄，于是就产生一个问题，即空气是否还能作为连续介质处理。如果能，则不存在新的空气动力学问题。20 世纪 40 年代，钱学森先生就注意到了这一问题。他提出用无量纲数 *Kn*[①]的大小界定从连续介质到稀薄气体的不同流态（Tsien，1946）。他建议，当 *Kn* 小于 0.01 时，气体可看成通常的连续介质；当 *Kn* 大于 0.01 但小于 0.1 时，仍可看成是连续介质，但不再附着于边界，而有一个相对于边界的滑移速度，相应的温度也有一个跃变；当 *Kn* 大于 0.1 而小于 10 时，称为过渡区，没有确定的处理方法；而当 *Kn* 大于 10 时，属于稀薄气体范围，要用气体分子运动论的方法处理。后来安德森（1989）提出另一种划分的办法，认为当 $Kn<0.03$ 时为连续流，$0.03<Kn<0.2$ 时为滑流，$Kn\geqslant 0.2$ 时是 N-S 方程成立的区域。按当时的认识，高度小于 70km 的区域（70km 高度的空气分子自由程约为 2mm，只要特征长度大于 20cm，*Kn* 就小于 0.01），空气都能视为连续介质。

现在看来，这种分区的方法是有问题的。在钱学森先生建议的区分流态的方法中，一个飞行器的特征长度只有一个，从而 *Kn* 是唯一的。只要特征长度大于 20 cm，在 70 km 以下的空间，空气就可视为连续介质，就不存在新的空气动力学问题。但实际上，更精细一些，对于马赫数很高的飞行器，其表面存在多个物理特征长度不同的区域。例如，飞行器前缘小钝头区存在高温热化学反应的低马赫数流，随后由于在低空的膨胀迅速转变为熵层与黏性干扰流，再后又转变为更稀薄的低密度流。由于这种变化迅速，甚至要取当地的某一物理特征长度为特征尺度［它不是当地的几何尺度，例如，有人认为可取为 $\rho/(\mathrm{d}\rho/\mathrm{d}x)$，这里 ρ 为密度］，即在飞行器的不同部位，要取不同的特征长度，从而 *Kn* 沿流向是变的。

实际上，对速度很高的飞行器来说，还有更复杂的情况。这类飞行器

① 克努森数，气体分子自由程和某一特征长度之比。

周围的流场，可以有很高的温度，而温度的升高导致分子自由程的增加（基本上和温度成正比），且沿流向和物面法向温度都可能是变的。综合考虑以上两个因素，沿流向和物面法向 *Kn* 就都是变的。对一个飞行器来说，其周围流场，有的部位可视为连续流，有的部位则应视为稀薄流。流态如何确定，是一个重要问题。例如，对于钝体前缘，原先在 50 km 高空，分子自由程并不大，约为 0.16 mm，而当温度升高为 1500 K 时，分子自由程就将为 1mm 的量级。对气动压力的计算，特征长度如取为飞行器的半径，这时 *Kn* 就可能小于 0.01；而当特征长度取为边界层厚度（当地的物理特征长度）时，对应的 *Kn* 就将大于 0.01。不同的 *Kn*，对应不同的计算模型，这对摩阻和热流的计算显然是重要的，至今也还没有可靠的处理方法。

我们可以举一个例子，这是一个长 1 m，在 70 km 高空以马赫数 15、零攻角飞行的零厚度平板的绕流问题。我们专门请中国科学院力学研究所的孙泉海和国家计算空气动力学重点实验室的李志辉，用现有的几种方法做了计算。孙泉海用了 2 种算法，李志辉用了 4 种方法。图 3-1 是李志辉的结果（孙泉海的结果和李志辉中同样算法的结果很接近，故没有单独给出）。其中分图的（a）～（d）是各个量沿平板的分布，（e）～（h）是接近平板后缘处各个量的法向剖面。图中 DSMC 是蒙特卡罗直接模拟方法，是目前计算稀薄气体流理论基础看起来最好的方法；GKUA 是叶友达等发展的能适应不同流态的算法；N-S/DSMC 是事先分好连续介质区和稀薄气体区，分别采用 N-S 方程和蒙特卡罗直接模拟计算的方法；N-S with slip 则是用 N-S 方程但有滑移的边界条件的方法。可以看到，无论是什么量，各种算法的结果都不相符，有的相差还很大，特别是在前缘，那里的温度最高，因此气体的稀薄效应也最大。

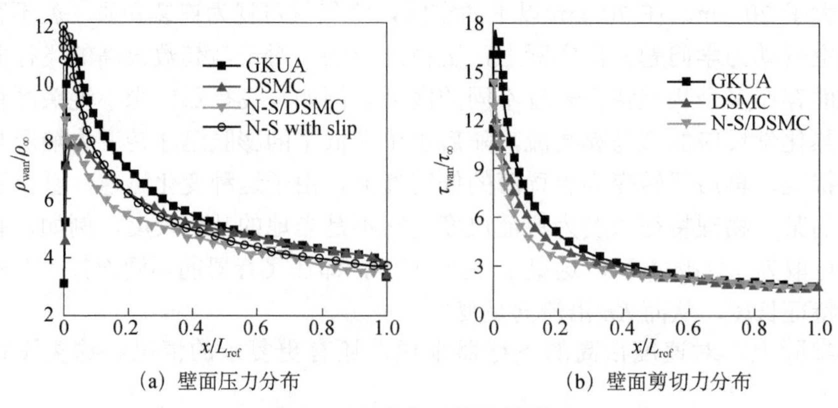

（a）壁面压力分布　　（b）壁面剪切力分布

图 3-1　零攻角平板计算结果

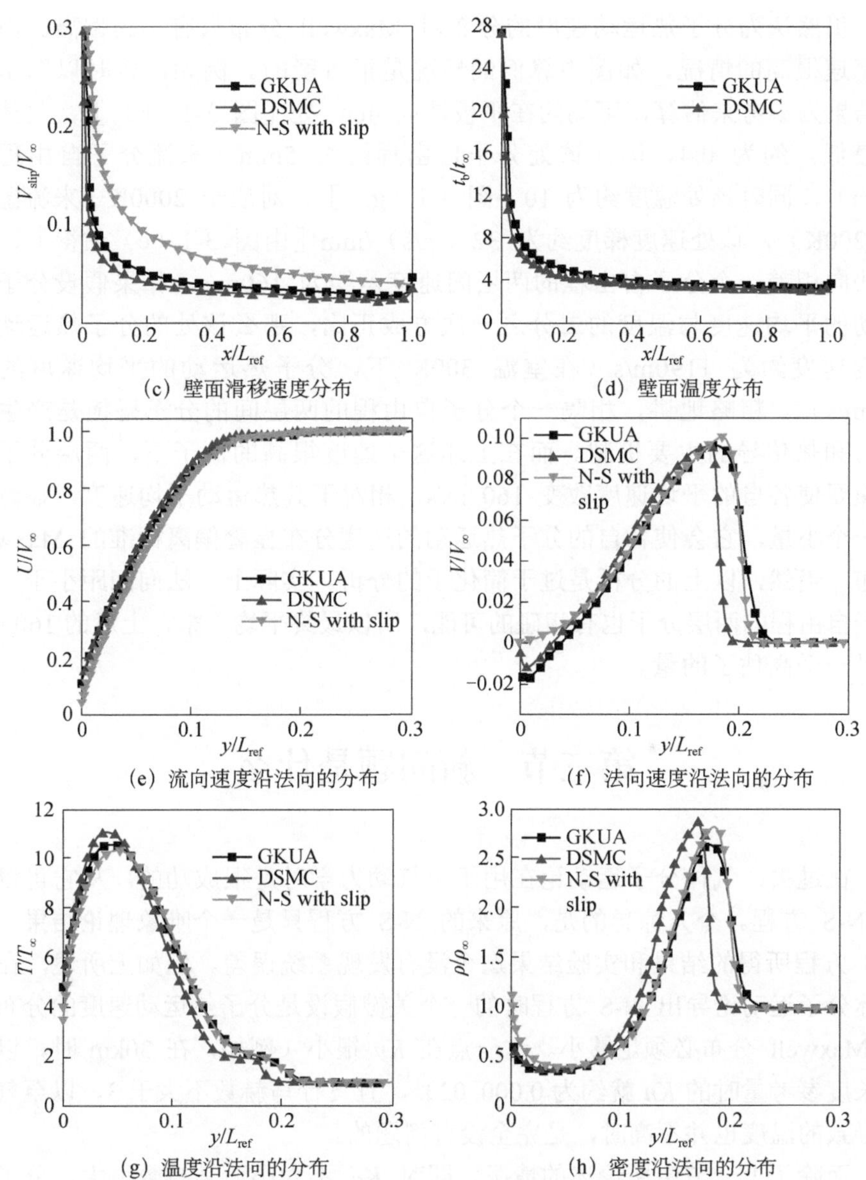

(c) 壁面滑移速度分布

(d) 壁面温度分布

(e) 流向速度沿法向的分布

(f) 法向速度沿法向的分布

(g) 温度沿法向的分布

(h) 密度沿法向的分布

图 3-1 零攻角平板计算结果(续)

符号下标∞表示来流值,参考长度 L_{ref}=1m,x 为沿平板流向坐标,y 为法向坐标

要注意的是,虽然 DSMC 方法直接源自气体分子运动论,但并不能保证其结果是最接近于真实情况的。因为气体分子运动论用于空气动力学

时，仍然认为分子热运动速度的分布对 Maxwell 分布只有小的偏离。而这在流速很高的情况，如图中算例的情况是很可疑的。例如，暂时以图示计算结果为参考来估算，可知约在平板法向 4cm 处［图 3-1（h）］，气体密度最低，约为 0.4，因而该处分子自由程约为 5mm（来流分子自由程为 2mm），同时该处温度约为 10［图 3-1（g）］，对应于 2000K（来流温度为 200K），该处速度梯度约为 32（m/s）/mm［由图 3-1（e）估得］，或在法向相差一个分子自由程的两层间速度差约为 160m/s。如果假设分子热运动的平均速度与温度的二分之一次方成正比，那么该处的分子热运动的平均速度约为 1190m/s（在室温 300K 下，分子热运动的平均速度约为 450m/s）。粗略地讲，相隔一个分子自由程的两层间的分子碰撞是产生剪切力和热传导的主要机制。而在上述这个速度很高的例子下，两层分子的碰撞要使各自的平均速度改变 160 m/s，相对于其热运动平均速度，显然不是一个小量，它会使各自的分子热运动的速度分布显著偏离标准的 Maxwell 分布。当然，以上的分析是过于简化了的分析。实际上，法向间距小于一个分子自由程的两层分子也有相碰的可能，所以最终平均下来，上述的 160 m/s 应是一个高估了的量。

第三节　新问题是什么

在过去，气体分子运动论在用于空气动力学时是很成功的，从它可以导出 N-S 方程。令人惊异的是，原来的 N-S 方程只是一个唯象理论结果，从 N-S 方程所得的结果和实验结果迄今没有发现系统误差。但如上所述，在从气体分子运动论导出 N-S 方程时的一个关键假设是分子热运动速度的分布偏离 Maxwell 分布必须足够小。这一点在 *Kn* 很小（例如，在 30km 时，以米为长度参考量时的 *Kn* 就约为 0.000 02），且飞行马赫数不大于 3，以至气动热导致的温度也并不高时，是完全没有问题的。

而除了上一节中所论述的情况，即对 *Kn* 不太小而马赫数很大，分子热运动速度分布可能显著偏离 Maxwell 分布的情况，分子运动论在应用于空气动力学问题时，还存在若干不确定性。例如，气体黏性和温度有关，而且还可能有化学反应，改变气体的成分。用气体分子运动论可以导出黏性和温度的关系，但结果却不是唯一的。用不同的模型处理分子间的碰撞，就得出黏性和温度的不同关系式（沈清，2003）。又如，在气体分子和物体表面发生碰撞时，其反射规律是什么并没有唯一的答案（沈清，2003）。这直接影响到气体在边界上到底有无滑移及滑移速度是什么，以及温度的跃变量是什么等问题，而这是处理空气动力学问题时必然会遇到的问题。

因此，我们认为，和临近空间高速飞行问题相关的空气动力学所面临的最主要的科学问题就是，气体分子运动论在空气动力学中的适用性问题。换句话说，即在空气较稀薄处，高速空气动力学的物理理论基础还不够坚实。为解决这一问题，除了在分子运动论的基础问题上要作新的探讨，更需要有相应的实验手段和方法。没有可靠的实验结果，理论结果的可靠性无从检验，更何况气体分子运动论本身的出发点就是无法直接验证的假设。而迄今为止，还没有精细而可靠的实验结果可用于检验理论或计算结果。有人曾把基于气体分子运动论的计算方法用于计算微器件中的流动（由于微器件的尺度很小，在常温常压下 *Kn* 可以变得较大），并和实验结果比较，基本证实计算结果可信。但那种流动与高空的高速流有本质的不同，不足以检验针对后者的理论或计算结果。

其次，即使有了可靠的理论，在应用于实际时，用什么相应的计算方法，也是一个需要下大力气探讨的计算空气动力学问题。对连续介质，相应的计算空气动力学已得到很大的发展，目前在大多数情况下已可满足工程计算的要求。但对基于分子运动论的空气动力学计算，目前的方法还无法满足工程计算的要求，必须要有可靠的简化方法。

还可以举一个气体变稀薄带来的问题。分子自由程大到一定程度，很可能就不再有连续介质中的湍流和转捩问题，而目前我们并不知道其临界值是什么，或即使仍有湍流问题，但湍流的性质和连续介质的湍流性质是否会有明显的不同等。

以上是我们目前认识到的在研制近空间飞行器时将会遇到的新的空气动力学问题。如果我们不能在这方面有所突破，那么在发展近空间高速飞行器时，将面临严重的不确定性。

参 考 文 献

沈清，2003. 稀薄气体动力学. 北京：国防工业出版社.

Anderson J D，1989. Hypersonic and High Temperature Gas Dynamics. New York：McGraw-Hill Book Company.

Tsien H S，1946. Superaerodynamics，mechanics of rarfied gases. Journal of Aeronautical Sciences，13：653-664.

第四章 高超声速飞行器气动特性与湍流问题

第一节 问 题 提 出

临近空间的开发利用已引起众多国家的重视，临近空间高超声速飞行器成为 21 世纪航空航天领域的制高点之一，体现了一个国家的科技实力和经济实力，也面临一系列极富挑战性的基础性问题。临近空间一般定义为 20～100km 空域，其中 30～70km 的空间走廊是实现高超声速长时间远距离飞行的理想空域，在这个“飞行走廊”进行滑翔机动飞行可有效降低气动加热、减少能量消耗。高超声速滑翔式机动飞行器的主要特点有两个。一是高空、高速、长航程；二是利用飞行器自身的空气动力和高速飞行的惯性离心力的耦合作用完成机动滑翔飞行。高超声速飞行器在飞行过程中将可能出现高温真实气体效应、稀薄气体效应、黏性干扰、边界层转捩、流动分离以及热辐射等复杂物理化学现象。

目前美国、俄罗斯等国加紧研制能在 30～70km 空域机动滑翔的高超声速飞行器，这类飞行器的优点是可以利用所处空域的空气产生的升力使飞行器进行远距离机动滑翔飞行，隐蔽性好，可以突破现有的导弹防御系统，HTV-2 就是这样一种典型的飞行器。以 HTV-2 为例，远程机动滑翔飞行的轨道一般可以划分为 5 个部分：助推分离、机动拉起、滑翔飞行、机动调姿、再入落地（图 4-1）。对于第 1、第 5 两个阶段，过去的航天飞行器都作过研究，其他 3 个阶段是在临近空间内长时间飞行时涉及的，例如，航天飞机、战略导弹等高超声速飞行器均是“途经”此空域，以往没有深入开展过相关空气动力学问题的研究。2010 年和 2011 年美国进行的 HTV-2 两次飞行试验均遭遇失败，说明了临近空间高超声速飞行存在很难解决的一些气动问题。Bertin（2006）曾说过：尽管过去数十年在高超声速流动研究方面取得了显著进展，但在设计研究高速飞行器方面仍然存在许多挑战，特别是对特定飞行条件下的流动机理了解不清楚，比如“哥伦比亚号”航天飞机的事故就非常清楚地显示在高超声速飞行领域的试验和计算分析方面还存在许多“未了解的未知问题”（unknown unknowns）。今天，当我们检讨 HTV-2 两次飞行失败的原因时，除了发现在高超声速滑翔飞行过程中仍存在很多的 unknown unknowns，在高超声速和低密度状态下的 known unknowns（已有的知识无法解释的未知现象或存在）还有许多没有研究清楚，比如高空局部流动转捩、层流分离、非定常流动、动稳定性等。

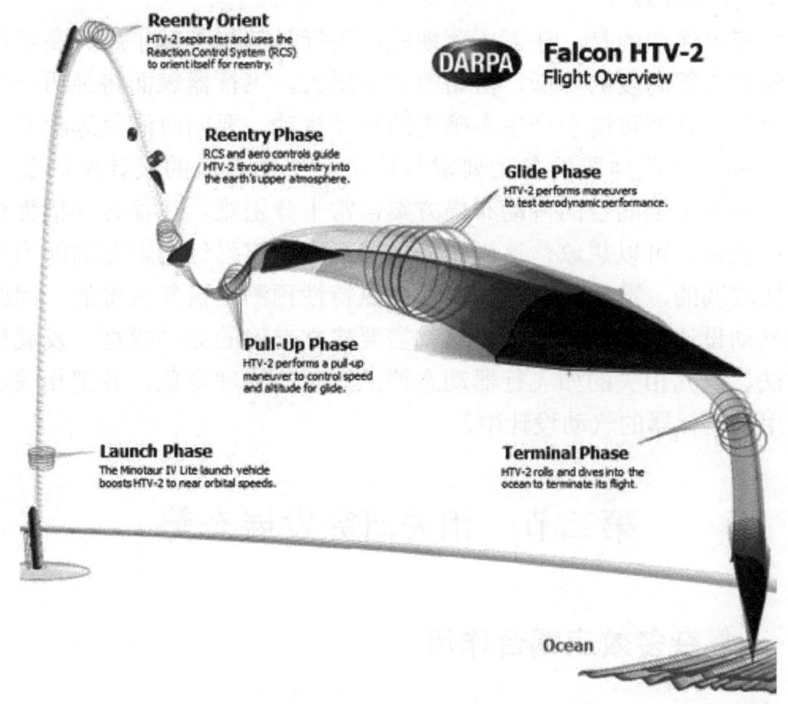

图 4-1　HTV-2 飞行器及其飞行轨迹

图片来源：https://www.geek.com/wp-content/uploads/2011/08/darpa-htvz-580X397.png

临近空间高超声速飞行器气动布局设计受到来自诸多方面的要求与约束的限制，包括飞行参数范围广、技术指标方面的要求、飞行器飞行稳定性和操纵性方面的考虑、高超声速条件下防隔热能力的制约、低空大动压飞行时舵面铰链力矩的限制等，相对一般的航空飞行器而言，临近空间高超声速飞行器气动布局的形式和气动设计的选择所受的限制更加严格。高超声速远程机动滑翔飞行的飞行器其气动布局设计需要同时兼顾高超声速巡航飞行和下压落地段马赫数与飞行动压急剧变化这两种情况，设计参数的选择需在这两种彼此矛盾的状态之间进行权衡。在远程高超声速巡航飞行段，飞行高度很高、雷诺数小、黏性与黏性干扰的影响显著，同时存在高温真实气体效应及局部稀薄流效应的影响。此外，高超声速飞行伴随严重的气动加热，远程飞行要求具有足够高的升阻比，运载能力的限制则制约着飞行器的质量规模。在这种情况下，气动布局的制约主要体现在升阻比与容积率之间的矛盾、复杂的高超声速气动特性及受制于内部装填空间的飞行器质心位置与飞行器稳定性/操纵性设计之间的矛盾、恶劣的气动热环境与气动布局形式之间的矛盾等（叶友达，2015）。

特别应该注意的是，在下压落地段，飞行马赫数跨越了超、高超声速的范围，随着飞行高度的降低，雷诺数逐渐增大，飞行器表面将经历一个流动转捩的过程，其间可能会产生不确定的气动扰动。要同时满足远程高超声速巡航飞行和下压落地段的各种要求与约束，气动布局的设计空间变得很狭窄，找到一个完全闭合的气动布局方案常常十分困难，往往必须牺牲相关方面的某些指标。可以想象，这样的气动布局方案容忍气动误差的能力一定也是相对比较弱的，准确的飞行器气动力热特性预测是极其关键的，因此“精细”的气动设计必须予以重视，这就需要建立准确的流动模型、发展精细的计算方法、研究相关的如飞行器动态特性等新的物理现象，并把相关的流动机理应用于飞行器的气动设计中。

第二节　相关研究发展态势

一、复杂多效应耦合作用

对发展航空航天先进飞行器来讲，获得每秒千万亿次计算能力的计算机系统是必要的，在大规模计算能力唾手可得的今天，需要拥有高效利用大规模并行计算能力的软件，拥有复杂、多学科应用的鲁棒算法。同样重要的是，需要提高对基本物理现象的理解与建模能力，以及发展可进行系统验证和确认的工具与方法。对飞行器气动特性研究面临的经典挑战是湍流模型、边界层转捩和流动分离问题，而高超声速飞行带来了另一范畴的物理建模的挑战。在高超声速条件下，高温气体效应、耦合传热、壁面催化、激波和激波之间的干扰等将对科学计算与工程设计提出许多难题。物理建模面临的问题是，缺乏能胜任试验和测试的设备来探索物理机理，提供足够高品质的数据来验证和确认模型。比如，研究非常基本的高超声速边界层转捩现象的试验，涵盖范围广泛的雷诺数、马赫数、攻角、钝度、顺压和逆压梯度、表面粗糙度、波纹度、壁面温度、横流现象、表面催化以及一系列的气体化学反应。还需要发展可以在高温、高压（或低压）的高超声速飞行状态应用的先进流场诊断的工具。

CFD 如何真实复现高超声速飞行，在很大程度上取决于物理模型反映真实情况的程度。目前，工程应用领域一般按飞行高度划分流域（通常对应克努森数），例如，60km 以下连续流假设成立，该区域的数值模拟可基于连续流假设的 N-S 方程组求解。60～90km 为滑移流区，可利用添加滑移边界条件的 N-S 方程组进行计算，而 90km 以上连续流假设失效，需采用直接模拟的蒙特卡罗（DSMC）等方法求解，还有发展的从稀薄流到连续流的统一算法等，但这样主要以飞行高度或速度划分流域然后采用不同的流动模型进行飞行器气动特性研究的办法是不全面的，图 4-2 给出了临近空间典型的飞行环境（Miller，2005）。

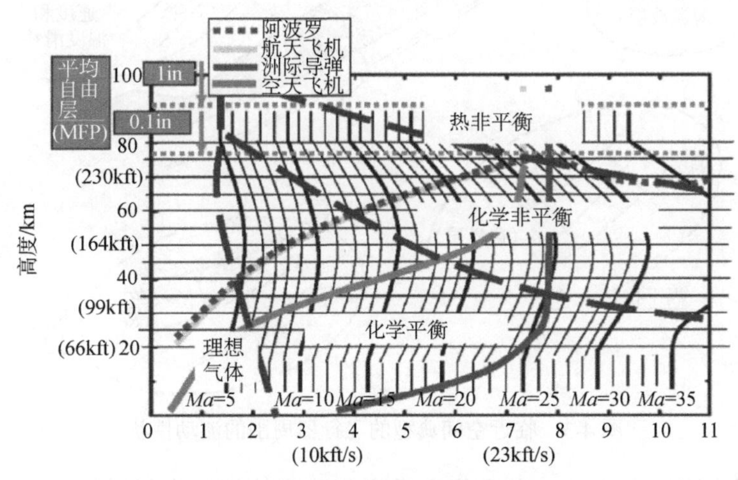

图 4-2　临近空间典型的飞行环境

1in=2.54cm；1ft=30.48cm

临近空间高超声速飞行器绕流流动结构复杂，在严酷的气动加热环境下，当采用烧蚀防热时飞行器热防护材料也会与高温流场相互作用，产生各种复杂的烧蚀产物，从而影响流场特性，化学反应与可能出现的局部湍流的耦合效应更增加了流场数值模拟的难度。图 4-3 给出了临近空间典型的飞行器周围的流动性状（Anderson，1989）。在 30～70km 空域以高超声速飞行时，一方面，随飞行高度和飞行速度的变化，飞行器经历不同的流域；另一方面，更为重要的是，在某一状态下飞行器本身不同部位周围的流动会出现不同的流动性态，例如，头部出现高温热化学非平衡流、身部出现黏性干扰、尾部出现稀薄气体滑流等。在飞行器表面三种不同的流动性态条件下，如何能正确、连续地计算出飞行器表面承受的气动力和热流？这是以往研究者所没有重视的，而对研究临近空间远程高超声速的滑翔飞行来说，其重要性便凸显出来了。

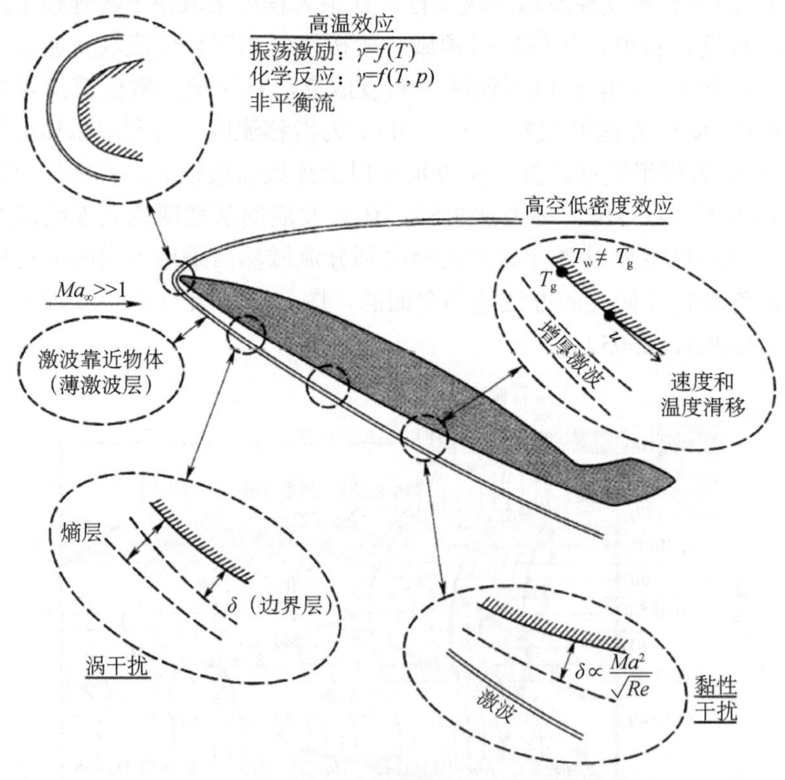

图 4-3　临近空间典型的飞行器周围的流动性状

特别应该注意的是，高温化学反应和湍流的相互作用过程及其对流场的影响机理至今仍然处于探索阶段，考虑不同流域飞行器表面与高温流场相互作用时，其表面催化、氧化烧蚀甚至热解等现象导致飞行器热防护材料表面化学物理过程和高温流场之间存在强烈的耦合，为保证数值模拟过程的稳定性，需要对表面化学物理过程与飞行器周围气体流场特性的耦合求解技术进行更深入的研究。化学反应模型的研究是高温流场特性研究中的重要环节，国内没有建立完整的大气空气参数和高温气体反应动力学模型及其物理化学参数，现有的数据基本上是引用国外的数据，更没有防热材料烧蚀产物、控制和冷却喷流气体与空气的高温化学反应模型及其物理化学参数。热力学非平衡的参数更加复杂，分子组分的振动松弛特征时间和特征温度等物理化学参数缺乏，特别是防热材料烧蚀产物的分子组分的数据。由于设计的高超声速飞行器外形越来越复杂，需要开展缝隙和干扰区气动热环境数值模拟与计算网格生成技术的研究，既要捕捉流动的化学反应和非平衡特性，又要精确模拟缝隙和干扰区气动热环境，对计算方法和计算网格的要求更加严格和精细，计算网格不仅有飞行器绕流流场的计算网格，还有热响应温度场的计算网格和烧蚀动表面的动态计算网格。

在考虑多效应耦合作用时，飞行器表面不同区域的流动性态的判断随飞行高度的不同以及飞行状态的不同将出现巨大的区别。比如，以往通常采用来流条件计算克努森数，按照其大小区别滑移流区，但在高空高速飞行条件下，飞行器壁面附近的分子自由程在表面法向方向有较大变化，因为表面的高温效应严重影响了分子的运动。因此，通常在低空高密度条件下研究湍流获得的诸如大小尺度的湍流结构，对于分子自由程的剧烈变化导致的壁面附近的湍流小尺度结构是否能够形成都存在疑问，大尺度湍流结构在分子密度稀薄时的形式和特性与低空时的不同点也需要进一步研究，特别是高空状态的试验较难进行且很难获得高精度的结果，如何对理论研究获得的结论进行验证？

高超声速飞行器绕流流动结构复杂，化学反应与湍流的耦合效应增加了流场模拟的难度，现有的流场模拟方法还不能较好地模拟高超声速湍流流动情况，而不同的湍流流场对光电特性的影响十分明显。如何正确模拟存在复杂化学反应的湍流流场还需要开展大量的研究工作，关于湍流反应流模拟数值方法大体上分为三类：一是 DNS，包括 LES，在工程应用中尚处于起始阶段；二是模式理论，如 k-ε 两方程模型和雷诺应力模式等，解决了大量的工程问题；三是概率密度函数（probability density function，PDF）方法，该方法对湍流输运有关的项以封闭形式出现，可以精确计算而不需要进行模式化处理。DNS 和 LES 方法对计算机速度和存储空间的要求远大于第二种方法。对于第二种方法，为了封闭控制方程，引入 Boussinesq 涡黏性假设，并由此得到湍流模型，现有的湍流封闭模型种类繁多，适应性和复杂程度各不相同，其共同点是都包含一定程度的经验性假设。到目前为止，湍流模型本身已相当丰富，但要确定哪个模型最好并不容易。对比研究表明，目前还不存在对各种流动情况都十分有效的模型，甚至还不能绝对地说哪种模型总是优于其他模型。

对于基于 N-S 方程组求解的高超声速流动数值模拟，高温真实气体效应建模涉及多组分化学反应混合气体控制方程（包括总质量守恒、总动量守恒、总能量守恒、各组分守恒、不同内部分子模式之间的能量守恒以及热状态方程），以及与这些物理现象相对应的边界条件（包括允许速度和温度滑移的气/固界面动量输运，允许组分生成和消耗的气/固界面质量输运等）等。目前，国内外主流高超声速 CFD 软件在模拟高温真实气体效应时，普遍根据求解问题的特点，采用包含 5、7 或 11 组分空气化学反应源项的 N-S 控制方程组，考虑平动、振动和电子能量激发模型，以及可能的电离效应等影响。实验和数值模拟结果表明，高温真实气体效应对激波脱体距离、驻点热流峰值、表面摩擦阻力分布以及飞行器气动力和力矩产生了较大的影响。在湍流模拟中，高超声速边界层转捩是非常重要但又难度很大且是当前最为关注的研究课题之一。对于航天飞机、高速导弹、临近空间再入飞行器等，采用全层流、全湍流或局部转捩，假设在摩阻和热流的计算结果上的差异很大，最大峰值会相差数倍，所以高超声速边界层转捩的建模与模拟研究是飞行器发展的迫切需求，美国 2014~2030 年的 CFD 技术路线图将转捩预测作为物理建模研究中的一项重要工作（Slotnick，2014）。

关于临近空间高速飞行的天地数据换算问题，由于临近空间特殊的飞行环境，目前地面试验设备不能完全“复现”相应的环境，飞行试验由于其代价昂贵，也只能进行有限的次数，并且每次获得的数据也极其有限，因此主要采用数值手段进行模拟。但由于临近空间的复杂物理环境需要进一步探索，目前研究临近空间高速飞行器的气动特性还需要进行大量的地面风洞试验，然后将实验结果和数值模拟结果进行综合分析，应用到天上的飞行环境中，将地面实验数据外推到实际飞行环境时，有一个相似律的问题。对可压缩流，一般要求实物和模型的马赫数和雷诺数相等。但对高超声速流这是不够的，高超声速流的温度变化很大，影响到黏性系数。马赫数和雷诺数满足了相似条件，模型和实际飞行器的无量纲 N-S 方程和能量方程从形式上看就相同了。但真正要求解它，还要补充确定黏性系数的公式，并要无量纲化。只有参考温度相同时，对模型和实物的公式才可能相同。也就是说，二者的参考温度必须相同。当然，温度边界条件也要相同。在一般的实验中，并不考虑参考温度相同的要求，而边界条件中，也很难在模型中做到和实际一致。因此从实验值简单地按相似律推出实际值一般来说是不准确的，特别是对摩擦阻力。如果边界层的厚度和激波层的厚度相当，即黏性干扰层较大时，那么连升力的计算精度都可能存在问题。

二、流动转捩与层流分离问题

对于高超声速飞行器的设计与优化，准确的气动特性预测是极其关键的，湍流是气动力热特性数值模拟预测不准确的主要因素之一，Roy 和 Blottner（2006）总结了 2006 年以前开展可压缩湍流实验和理论研究的主要结果，给出了典型流动算例的实验和计算结果的比较分析，探讨了不同湍流模型的计算结果的差别。周恒等（2015）研究并总结了超声速/高超声速边界层的转捩机理及预测，介绍了近年来在转捩过程的机理、转捩预测、抛物化稳定性方程在转捩问题研究中的应用等几个方面取得的成果。解少飞等（2015）回顾了高超声速边界层转捩机理及其应用的若干进展。

高超声速边界层转捩对飞行器的热传递、表面摩阻和流动分离等有重要影响，尤其是再入飞行器和吸气式巡航飞行器，飞行器的外形、弹道和飞行姿态不同，出现的边界层转捩问题也不尽相同，由于问题的复杂性，现有方法的局限性以及风洞试验的高难度，边界层转捩中的很多问题认识还不清楚，或有争论，甚至还存在没有认识到的问题。特别是飞行器表面凹坑或缝隙填充物的突起会促使机身表面边界层转捩提前。

对于高超声速飞行的升力体类飞行器，国外许多飞行试验结果都表明，分离和转捩将产生复杂的不确定的横侧向气动扰动（余平等，2015），对飞行器的气动稳定性和操纵性产生影响，设计中如考虑不全面会导致丧失飞行稳定性，造成飞行失利。当飞行器进行有攻角巡航飞行时，在背风面和局部物面折转处（特别是由于控制舵面的偏转所造成的外形折转）通常会造成流动分离，对飞行器的气动特性产生明显的影响，包括引起流动再附点的热流增加和导致飞行器气动力矩特性的变化等，在一定的条件下，流动分离还会呈现出非定常的特点，流动分离与转捩现象相互耦合带来了所研究问题的复杂性。由于高空飞行时雷诺数较低，流动分离属于层流流动分离，其特点是分离区大、对各种干扰因素更为敏感，由此可能会对飞行器气动特性带来更大的影响。对于高超声速流动，影响流动分离的因素很多，包括当地流动参数变化、姿态角和舵面偏转角的变化、化学反应、表面温度分布变化、表面粗糙度、因严重气动加热所导致的表面质量引射效应、力/热载荷作用下飞行器的变形、烧蚀外形变化等影响。

在高超声速飞行器的气动特性研究中，应关注层流流动分离问题，建立精细的理论分析与数值模拟手段来准确预示层流流动分离的发生、发展与影响，开展相关的理论分析、风洞试验研究，转捩影响、表面质量引射影响等问题的最终解决仍有赖于飞行试验。只有这样，才能保证高超声速飞行器气动设计的可靠性，使飞行器能够在预定的设计条件下稳定飞行并具有所需的气动性能。在实际的高超声速飞行中，需针对表面温度分布的影响开展相关的数值模拟研究，分析表面温度分布的变化对气动特性的影响规律和影响量级，在高超声速飞行严重的气动加热环境下，表面防热层会因烧蚀产生明显的粗糙度，导致流动提前分离和分离的不对称。为研究表面粗糙度的影响，需开展相关的地面风洞试验，在严重的气动加热环境下，表面防热层会因热解和烧蚀向流场内部释放气体，出现表面质量引射现象，需要分析表面质量引射相关参数的变化对流动规律特征的影响；受力/热载荷作用和烧蚀的影响；飞行器的外形会发生小的变化，产生变形和烧蚀，导致对层流流动分离的影响。

转捩问题是高超声速飞行需要格外关注的一个重要问题（周恒等，2015），但转捩的诱因多、机理复杂，存在很多不确定性的因素。首先，转捩是强非线性问题，外部来流条件的微小变化均可引起流场结构产生较大的改变。其次，转捩的诱因很多，可以来源于飞行器表面，也可来自于大气。表面的扰动包括粗糙度、凸起物、缝隙、波纹、突变曲率、烧蚀产生的气化干扰、表面振动、加热与抽吸等。来流扰动则包括大气湍流、悬浮粒子、阵风、声波以及静电辉光等。对于高超声速的自然转捩要注意两类问题：一是高超声速条件下流场高温特性的影响，二是边界条件如温度分布、质量引射等的影响。转捩过程引起边界层的变化，会带来黏性干扰效应的改变，并与局部的激波干扰、流动分离等复杂流动现象相互耦合，从而影响到飞行器的气动力特性，包括产生横侧向的气动扰动等。从工程设计的角度考虑，除应继续开展相关的基础研究外，还需加强关于转捩的试验研究，特别是开展一定数量的飞行试验研究，在相关理论的指导下，基于试验数据针对具体的工程问题，构建合适的计算模型，解决高超声速飞行中的转捩预测与转捩影响问题。

目前，关于高超声速边界层转捩预测的方法主要包括：基于稳定性理论

的 e^N 方法、基于转捩准则的工程估算方法、基于转捩模型的雷诺平均 N-S（RANS）计算方法、LES 方法和 DNS 方法。e^N 方法属于半经验半理论方法，能够处理飞行器大面积部分的附着流情况，其方法的准确性主要取决于扰动放大因子 N 的选取，而该值通常根据试验数据确定。基于转捩准则的工程估算方法计算效率高，但是，转捩准则的建立以大量地面试验和飞行试验数据为基础，每一转捩准则通常只能适用于某一种或某一类飞行器。基于转捩模型的 RANS 计算方法是目前工程中使用最多的方法，它借鉴了湍流 RANS 计算的建模思想和计算方法，但建立有效的转捩模型难度很大。LES 与 DNS 属于精细的数值计算方法，从理论上讲，可以获得精度很高的结果，最大的困难在于计算量太大，目前无法模拟实际的高超声速飞行器流场。

三、飞行器气动布局与动态特性

高超声速飞行器的气动设计面临许多实际的困难，包括多种复杂气动效应的作用与影响，气动学科与相关学科的紧密耦合，地面风洞设备的模拟能力不足，由于实际飞行环境认识的缺失，飞行试验技术方面的制约等，难以建立有效的气动模型和对气动模型与气动数据进行有效的验证。因此，高超声速飞行器的气动设计还有很长的路要走。对在大气层中飞行的采用复杂升力体外形的高超声速飞行器来说，虽然防/隔热、材料与工艺等方面存在许多亟待攻克的技术问题，但气动研究与气动设计依然是一项十分关键的技术，气动设计的水平直接影响到飞行器总体性能的优劣。

临近空间高超声速飞行器一般采用翼+控制舵布局方式，这样布局具有较大的气动升阻比，强大的气动舵面操控能力和横向机动能力，较好的再入飞行热、力学环境条件和可重复使用能力。传统的以弹头和飞船为代表的高超声速再入飞行器气动外形基本上采用简单的旋成体形式，基本上没有气动操纵面，采用弹道式或半弹道式再入。有翼高超声速再入飞行器不仅气动布局形式复杂，控制舵面多，飞行弹道也采用升力式模式，气动设计的复杂程度和难度都非常大，出现了一系列新的气动难点问题（杨勇等，2015），其气动布局设计要综合考虑飞行器总体、气动力/热、弹道、控制等多专业约束，再入过程环境复杂，高温真实气体效应改变了飞行器表面的压力、温度分布，对气动力系数产生较大影响，通过马赫数、雷诺数以及壁面温度等参数对气动力的敏感性进行分析，得到天地换算外推公式，可获得高空高马赫数飞行条件下的气动数据。

对于高超声速飞行器，其气动布局设计受到诸多方面的要求与约束的限制，包括飞行参数范围广、技术指标方面的要求、主动段运载能力的制约、飞行器总体装填方面的限制、飞行器飞行稳定性和操纵性方面的考虑、高超声速条件下来自防隔热方面的制约、低空大动压飞行时舵面铰链力矩的限制等。因此相对于一般的航空飞行器，高超声速飞行器气动布局的形式和气动设计的可选择空间十分有限。

以远程飞行的高超声速飞行器为例，气动布局设计需要同时兼顾高超声速巡航飞行和下压落地段马赫数与飞行动压急剧变化这两种情况，在这两种彼此矛盾的状态之间进行权衡。在远程高超声速巡航飞行段，飞行高度很高、雷诺数小、黏性与黏性干扰的影响显著，同时存在高温真实气体效应及局部稀薄流效应的影响。此外，高超声速飞行伴随严重的气动加热，远程飞行要求具有足够高的升阻比，运载能力的限制则制约着飞行器的质量规模。在这种情况下，气动布局的制约主要体现在升阻比与内部装填之间的矛盾、复杂的高超声速气动特性及受制于内部装填的飞行器质心位置与飞行器稳定性/操纵性设计之间的矛盾、恶劣的气动热环境与气动布局形式之间的矛盾、当前技术工艺水平与飞行器质量约束之间的矛盾及由此带来的对气动布局的影响等。这些因素往往在很大程度上制约了气动布局的设计空间，导致飞行器的制导与姿控能力有限。

在下压落地段，飞行马赫数跨越了超、高超声速的范围，相应地，飞行器的气动特性会发生很大的变化。随着飞行高度的降低，雷诺数逐渐增大，飞行器表面将经历一个边界层转捩的过程，其间会产生不确定的气动扰动。更重要的是，随着飞行高度的降低，飞行动压急剧增加，最大动压甚至高达百万帕，由此可能产生与气动弹性相关的一些问题。同时，舵面铰链力矩急剧增大，给伺服机构的驱动能力带来了挑战。显然，飞行器的气动布局设计还需适应下压落地段这种马赫数与飞行动压的大幅度变化及各种气动不确定性的影响。特别地，来自舵面铰链力矩方面的约束常常给气动布局的设计带来很大的难度，制约了舵偏角的可用范围，使姿态控制能力进一步降低。

显然，由于要同时满足远程高超声速巡航飞行和下压落地段的各种要求与约束，气动布局的设计空间很狭窄，找到一个完全闭合的气动布局方案常常十分困难，往往必须牺牲相关方面的某些指标。可以想象，这样的气动布局方案容忍气动误差的能力一定也是相对比较弱的。

从流动主动控制思路出发，利用激波、膨胀波相互作用的基本原理，通过设计和控制强激波和飞行器表面的交互作用，可以获得飞行器气动设计预期的气动力特性以及对热环境的响应。特别是考虑到由于复杂的飞行器构型，发生流动分离时，流动结构变得复杂，出现分离、再附、剪切层、回流区等流动特征，在超声速条件下，流动分离还伴随着与激波、膨胀波的相互干扰，在一定的条件下，流动分离会呈现出非定常的特点，流动分离与转捩现象相互耦合更带来了问题的复杂性。对于复杂升力体外形的高超声速飞行器，当进行有攻角巡航飞行时，在背风面和局部的物面折转处通常会造成流动分离。当局部出现流动分离时，可能会对飞行器的气动特性产生一定的影响，包括再附点的热流问题和引起飞行器气动力矩特性的变化等。图 4-4 给出了利用力作用面的设置进行滑翔飞行器气动的布局设计示意图，通过基于高超声速来流条件下流场中激波膨胀波作用位置和强度的设计，利用流动结构的相互作用及对飞行器气动特性的影响机理，在获得气动外形的拓扑后，可以选择不多的几何参数作为设计变量描述此外形并用优化设计方法确定这些几何参数。笔者提出的这种基于流场结构的高超飞行器设计概念已成功应用于实际气动外形的设计中并获得了飞行试验的验证。

图 4-4　基于流场结构的力作用面设计的高超飞行器设计

现代飞行器的高机动性要求须发展相关的非定常数值模拟方法及动态网格生成技术。预示滑翔机动飞行过程中飞行器的动态特性的难点在于：滑翔机动时飞行器要做滚转、侧滑、俯仰相互耦合的运动，表面边界是运动的，需要研究动边界条件下气体模型的数值模拟方法，研制相应的计算软件。特别需要指出，动网格生成是研究滑翔飞行器动稳定性必需的技术，需要解决动网格涉及的网格生成的质量和效率两大关键问题。数值模拟结果需要验证和确认，数值模拟结果验证不是一个 CFD 代码的结果与一个试验结果的比较，而是在不同条件下两者比较的集合，特别是对计算结果体现出的流动规律的再认识。同时，代码与代码的比较、对风洞试验数据修正的理解等也能帮助我们了解 CFD 结果的不确定度，并验证其作为工程工具使用的有效性，验证还包括预测的 CFD 结果与后来获得的试验数据的比较。现在的问题不是当由能胜任的工程人员运行时，对一两个试验案例 CFD 能否给出很好的结果，而是对一系列案例 CFD 程序是否能给出很好的结果？这就是验证的全部预期目的。近年来，笔者所在的课题组开展了大量的飞行器动态特性研究，建立了飞行的动稳定性判则（Ye et al.，2014，2015）。高超声速飞行器动稳定性的研究开展得很晚，飞机的动稳定性的研究已进行了半个世纪以上，它在滚动、侧滑、俯仰及其相互耦合的结果可以借鉴。但应注意两个重要区别：一是飞机在低空飞行，空气的密度较大，耦合力矩是二阶小量，被忽略，只有飞机在高空飞行，才考虑耦合力矩的影响修正。高超声速滑翔机动飞行在 40～60km 高空，这里空气密度低、有化学反应，耦合力矩的贡献很重要，必须要考虑。二是在飞机的动稳定性研究中，力和力矩用 N-S 方程计算，经过半个多世纪的工作，通过大量理论分析、地面实验、飞行试验，力矩、动导数已有很好的线性/非线性公式表达，并常采用解耦的方法。高超声速滑翔飞行器的力、力矩需用考虑临近空间特殊物理环境下的控制方程进行计算。目前，尚未有成熟的动导数的计算方法，地面实验和飞行试验也很难提供相关结果，但现在有高度发展的计算机硬件和 CFD 技术，因此动态系数和动导数可用数值解给出，并且采用很难解耦的分析，与飞机的动态特性研究方法是不同的。

第三节 当前面临的需求和挑战

如果以马赫数 10 以上的速度在临近空间飞行，高超声速飞行器周围绕流流场的空气最高温度可达 4000K 以上，在这样的条件下，飞行器周围绕流流场中高温空气的氧分子和氮分子存在不同程度的离解和电离等化学反应，分子和原子的内能模式被不同程度地激发，这种化学/物理现象就是高温气体效应。同时，飞行器表面的防热材料会对高温空气的化学反应产生催化效应，使流场中高温化学反应生成的氧原子和氮原子在飞行器表面附近发生复合反应，而流场中的氧组分和氮组分也会使飞行器表面的防热材料发生氧化和氮化等热化学现象。若飞行马赫数非常高或外形特征尺寸非常小，气动加热严峻，飞行器表面的防热材料还会发生微烧蚀或烧蚀现象，烧蚀产生的气体组分又会与流场中的气体组分发生化学反应。因此，实现准确模拟高超声速飞行器的流场，需要解决高温气体流动的非平衡效应和湍流效应问题，解决表面防热材料热传导以及微烧蚀或烧蚀问题，解决表面防热材料催化问题，研究飞行器绕流流场与飞行器内部热传导温度场之间的相互耦合。

同已有的航空航天飞行器相比，黏性干扰、真实气体和稀薄气体效应已经成为决定未来空天飞行器能否实现安全飞行、精确控制的重大基础科学问题，但到目前为止这一领域的理论分析、地面试验和计算手段尚不完备。

理论分析上，主要面临真实物理建模的挑战。高超声速流动本质上可以是一种处于非平衡热力学和热化学反应状态介质的非定常流动。高温条件下的空气实质上成为一种随着温度变化而组分不断发生变化的反应介质，流动伴随着分子解离能和复合能的吸释。高温给高超声速流动带来的变化是基础性，流动介质的非平衡状态导致由传统的物性方程描述其热力学参数很困难，介质微团的解离、电离、热辐射及其松弛过程的尺度突破了传统气动实验的相似性准则，气体介质的微观变化通过介质热力学状态与宏观的高超声速流动产生强关联。高温空气的热力学性质必须重新确定，介质与壁面发生的物理化学效应等需要新的物理模型，进一步提出不依赖于实验数据的物理模型是非常重要的。

地面试验上，主要是模拟方法、模拟能力以及信息获取技术的挑战。高温气体动力学正朝着精细化方向发展，流动机理等基础研究需要考虑流动物理现象的多样性。近年来，计算机硬件技术得到了快速的发展，数值模拟技术也取得了长足进步，但数值模拟并不能预测所有的流动现象。设计人员要真正弄清每一种流动现象对飞行器性能产生的影响，还必须借助先进的高焓风洞设备和飞行试验等手段。通过实验模拟、理论建模和数值计算之间的综合分析，达到对复杂外形相关联的基本流体现象机理的理解。目前的高超声速试验设备和测量技术依然存在许多问题，试验流场的均匀性和稳定性需要关注，验证流动模型时所应用实验数据的不确定性必须评估，需要有效地验证物理模型问题。

计算手段上，主要是算法和计算能力的挑战。高超声速飞行器绕流涉及湍流、非定常激波等复杂流动现象，燃烧过程中两相流动的引入是对计算方法研究的挑战。在流动非平衡条件下的强激波和非定常湍流/激波相互作用还不能很好地把握，需要提高流动转捩到湍流和再层流化的自动预测能力。全耦合、多物理场耦合，这些物理场包括非定常变形、结构热响应、烧蚀、辐射、稀薄和连续流区域、磁流体动力学等，改进部件级模拟的效率和时间精度。

对涉及湍流流动的模拟技术来说，如下方面在能力上还需要明显的改进。①高长细比、四面体网格上的激波捕获和驻点区域加热预示的精确化；这项技术的发展可能需要本质上多维性的流场重构算法，这方面的进步将大大增强复杂高超声速外形的完全自动化网格适应的可能性，而不再受到棱柱形单元的限制。长期的目标是能够在一个快速生成、合理的网格基础上开始模拟，对关键的设计参数自动修改，达到指定的网格收敛水平。②LES 需要发展低耗散、低离散的方案，以及可能更高阶精度的方案。期望大大降低预测在马赫数小于 5 的情况下对钝体有影响底阻的不确定性。LES 也有希望改进分离流动和激波边界层交互作用等更为复杂环境下的湍流的模拟。期望经典问题的 DNS 将指导所需亚格子网格模型的发展。③对转捩到湍流过度保守的预测将导致热防护系统质量的增加，提高转捩到湍流和再层流化的自动预测能力。

第四节 未来发展建议

为解决临近空间高超声速飞行相关的空气动力学与湍流问题，仍需进一步发展物理建模和相关的气动特性预示手段，研究精细的数值算法，重视方法的验证和确认，开展风洞试验和飞行试验研究。未来发展的重点建议如下。

（1）对远程、长时间超高速机动飞行的飞行器，其阻力、气动热的准确预测需要深入研究。在发生流动转捩的飞行高度和速度范围内，转捩机理及湍流计算仍是需要研究的重要问题之一，特别是飞行器表面附近分子自由程受到壁面附近流动参数的影响出现较大变化的情形下的局部流动转捩问题。需要发展相应的飞行和地面试验的手段和方法，开展验证和确认研究。

（2）开展高温非平衡气体物理化学模型研究，国内目前没有建立完整的大气空气参数和高温气体反应动力学模型及其物理化学参数，现有数据基本上都是引用国外文献中的数据，更没有防热材料烧蚀产物的物理化学参数。开展飞行器表面的气/固耦合计算模型研究，准确预测飞行器的表面温度分布，解决表面防热材料催化问题、飞行器绕流流场与飞行器内部热传导温度场之间的相互耦合问题。

（3）滑翔飞行过程中采用大机动飞行动作时出现的动稳定性问题的分析与控制研究要引起足够的重视，需要进一步开展耦合高温气体非平衡、烧蚀和热响应的非定常计算方法和动态计算网格生成方法的研究。

（4）从工程技术角度讲，要研究如何从外形气动设计角度减少再入过程中作动件承受的高动压和高热流。飞行器外形越来越复杂，既要捕捉流动的分离、转捩及化学反应和非平衡特性，又要精确模拟缝隙和干扰区的气动热环境。

以上这些问题，既有需要研究的新的空气动力学科学问题，也有如何将空气动力学研究成果与实际应用相结合的问题，后者也并不是一个容易解决的简单问题，特别是要得到规律性的结果。前面曾提到，临近空间飞行器的前、中、后三部分会对应不同的流态。实际上，当与飞行高度对应的来流已接近于非连续流时，在局部温度很高的地方，气体分子自由程的影响已不可忽略，这对空气动力学计算来说是一个新的挑战，它会影响所有上述问题的解决，是其他类型飞行器不会遇到的问题。

致谢：本章在写作过程中得到张涵信院士和周恒院士的指导和帮助，在此表示衷心的感谢。这里还引用了部分文献的材料和观点，在此向有关作者表示衷心的感谢。

参 考 文 献

杨勇，张辉，郑宏涛，2015. 有翼高超声速再入飞行器气动设计难点问题. 航空学报，36（1）：49-57.

叶友达，2015. 高超声速空气动力学研究进展与趋势. 科学通报，60：1095-1103.

余平，段毅，尘军，2015. 高超声速飞行的若干气动问题. 航空学报，36（1）：7-23.

周恒，苏彩虹，张永明，2015. 超声速/高超声速边界层的转捩机理及预测. 北京：科学出版社.

解少飞，杨武兵，沈清，2015. 高超声速边界层转捩机理及其应用的若干进展回顾. 航空学报，36（3）：714-723.

Anderson J D，1989. Hypersonic and High Temperature Gas Dynamics. New York：McGraw-Hill Book Company.

Bertin J J，Cummings R M，2006. Critical hypersonic aerothermodynamic phenomena. Annual Review of Fluid Mechanics，38:129-157.

McGinley C B，Berry S A，Kinder G R，et al.，2006. Review of orbiter flight boundary layer transition data. AIAA 2006-2921.

Miller J H，2005. Computational aerothermodynamic datasets for hypersonic heat transfer on reentry vehicles.AIAA 2005-5911.

Roy C J，Blottner F G，2006. Review and assessment of turbulence models for hypersonic flows.

Progress in Aerospace Sciences，42: 469-530.

Slotnick J P，Khodadoust A，Alonso J J，et al.，2014. Enabling the environmentally clean air transportation of the future: a vision of computational fluid dynamics in 2030. Philosophical Transactions of the Royal Society A，372:20130317.

TinocoE N，2008. Validation and minimizing CFD uncertainty for commercial aircraft applications. AIAA 2008-6902.

Ye Y D，Tian H，Zhang X F，2015. The stability of rolling motion of hypersonic vehicles with slender configuration under pitching maneuvering. Science China Physics，Mechanics & Astronomy，58（6）：064701.

Ye Y D，Zhao Z L，Tian H，et al.，2014. The stability analysis of rolling motion of hypersonic vehicles and its validations. Science China Physics，Mechanics & Astronomy，57（12）：2194-2204.

第五章 高超声速气动热力学问题

高超声速气动热力学又称为气动热力学或高温气动动力学，是空气动力学与化学热力学、化学动力学、统计物理和量子物理相结合所形成的交叉学科，针对新型高超声速飞行器的环境特征，主要包括高温气体物理化学特性研究、高温气体与材料耦合效应研究以及热防护材料的传热传质研究。

第一节 背景需求

人类生活依赖于对时间和空间的运用，借助知识和科技的进步，那些最先掌握克服空间障碍手段的族群成了文明和历史建构者。高超声速技术不仅可以大幅度提高人类进入、控制和利用空间的能力，而且在系统开发、利用临近空间中发挥着关键的作用，对未来国家安全、政治和经济利益具有革命性影响和重大应用价值。随着高超声速技术的不断突破，其战略作用越发突出，国家需求越发强烈，成为 21 世纪国际空天技术竞争的战略制高点，许多国家都将发展新型高超声速飞行器技术作为国家战略目标。我国《国家中长期科学和技术发展规划纲要（2006—2020 年）》中设立了“载人航天与探月工程”等多项与高超声速飞行密切相关的重大专项，18 个基础问题之一“航空航天重大力学问题”也提出了重点研究高温气体热力学这一重要科学问题。

大气层内高超声速飞行被认为是最复杂和危险的飞行区域，“热障”

是必须首先克服的问题。出现所谓的“高温气体效应”，不仅会对飞行器表面产生严重的气动加热，而且这种“非平衡效应”明显的高温流动，与机体表面材料发生强烈的非线性耦合作用，会对飞行器气动热/力特性和热防护产生严重的影响，是发展各类高超声速飞行器所面临的共性难题和“任务杀手”。

高超声速飞行时，由于飞行器周围的气体受到剧烈的压缩从而形成激波层，激波层内的气体因激波层的压缩加热而发生分子振动激发和离解、电离等物理化学过程。飞行器在整个再入过程中，飞行器周围激波层内的高焓气体流动由飞行走廊确定，气动物理效应随速度、高度的变化如图 5-1 所示。对于再入大气层或在大气层内飞行器的高超声速飞行器，飞行器与大气层相互作用，在头部周围形成一个强的弓形激波。由于黏性耗散效应和激波强烈压缩，巨大的动能损失中的一部分转变成为激波层内气体的内能。来流空气在穿过激波时被加热到几千摄氏度甚至上万摄氏度而形成高温气体层，气体分子的平动、转动和振动自由度受能量作用激发、解离甚至电离，使得普通空气变成一种不断进行热化学反应的复杂流体介质，如图 5-2 所示。

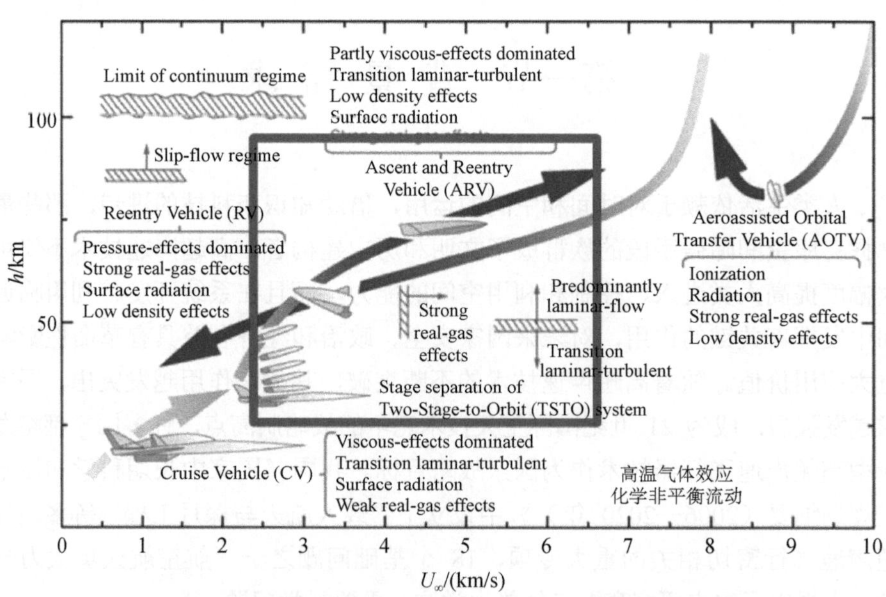

图 5-1 高超声速飞行器热环境（Bertin，Cummings，2006）

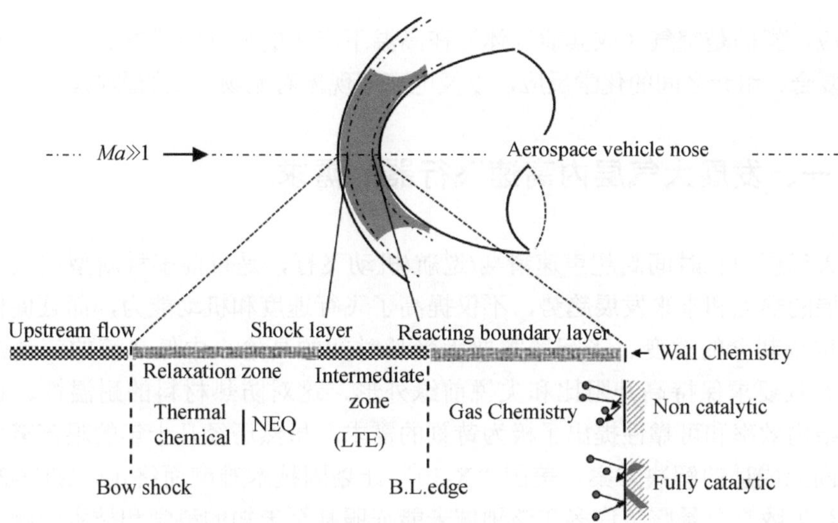

图 5-2 真实飞行环境（驻点线）

对于飞行器大气层再入情况，气体主要由 N_2 和 O_2 组成，在 1 个大气压下空气温度上升到 800K 左右时，分子振动激发，升至 2500K 左右时 O_2 开始离解，4000K 左右时 O_2 几乎完全离解，N_2 开始离解，当温度达到 9000K 时，绝大部分氮分子已经离解完毕，氧原子和氮原子开始发生电离，形成部分电离的等离子体。同时在 4000～6000K，由于化学反应形成少量 NO 分子，其中部分电离成 NO^+ 和自由电子 e^-（图 5-3）。在高超声速流领域，统称为高温真实气

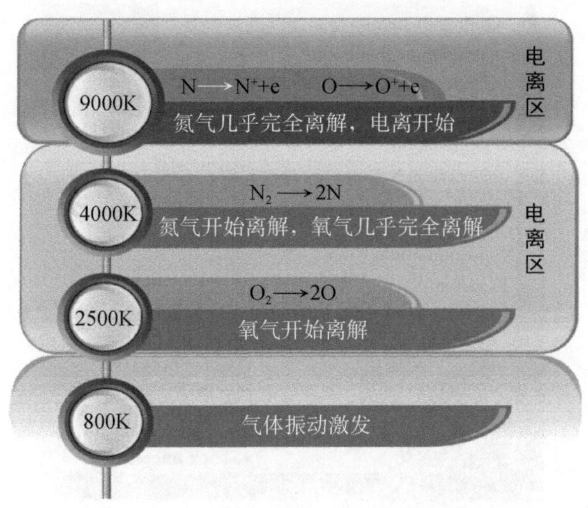

图 5-3 空气的振动激发、离解、电离示意图

体效应，指的是空气（或其他气体）在高温下产生的振动能激发、分子离解、原子复合、组元之间的化学反应，以及电离等现象对流场参数的影响。

一、发展大气层内高速飞行器的需求

大气层内长时间高超声速滑翔/巡航/机动飞行，是目前多种新型空天飞行器发展的热点和未来发展趋势，不仅提高了飞行速度和机动能力，而且促使了许多传统观念的改变。飞行器需要承受长时间的高焓、中低热流的气动热环境，而且要求保持高升阻比和尖锐前缘外形，这对防热材料的耐温性、耐久性、结构效率和可靠性提出了极为苛刻的需求，虽然历经几十年的艰苦努力，迄今尚无成功的解决方案。美国“X-30”计划因技术难度而终止，HTV-2 两次飞行失败充分暴露了许多在该领域未能征服甚至未知的科学和技术问题，尤其是 2011 年 8 月 HTV-2 第二次飞行失败，其原因是防热材料烧蚀超出预期，因大块脱落引起的连续性激波扰动导致飞行器超出控制能力，发生滚转，而终止飞行，昭显对大气层内高超声速飞行气动热环境和防热材料性能的认知和掌控能力的局限性。高超声速气动热力学涉及的“高温气体物理化学特性”、“高温气体与材料耦合效应”以及“热防护材料的传热传质”等问题的解决成为发展该类飞行器最为急迫的需求，直接影响气动热环境的准确预测和热防护系统的有效设计。图 5-4 为高超声速飞行器。

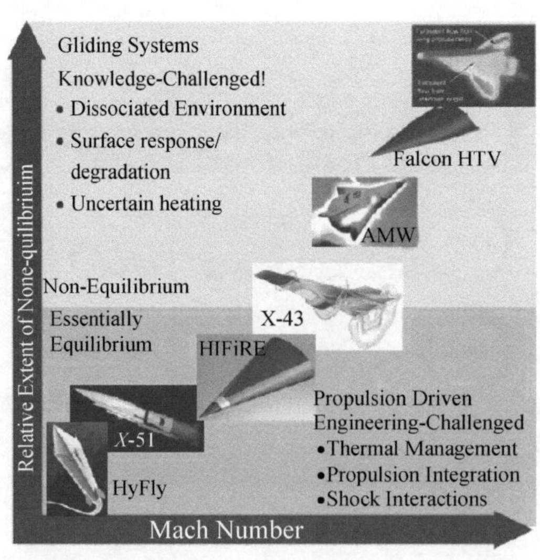

图 5-4　高超声速飞行器（Schmisseur，2013）

二、可重复使用天地往返运输系统的需求

可重复使用天地往返飞行器是显著降低航天运输成本、提高可靠性和多任务能力最有效的技术途径。在 STS-1 飞行试验中发现没有考虑高温气体效应，导致出现了配平攻角高出风洞预测值一倍多的异常现象，STS-235 飞行试验证明了高催化材料防热瓦热流明显高于低催化防热瓦，证实了飞行试验热流值低于预测值是因为没有考虑高温气体与材料耦合的催化效应。虽然经历了上百次飞行，对高温气体效应和热防护材料耦合响应的认识依然存在很大的局限性。也正因热防护系统可重复使用能力、成本、周期和可靠性等方面的因素，导致 2011 年航天飞机全部退役。图 5-5 为可重复天地往返飞行器。

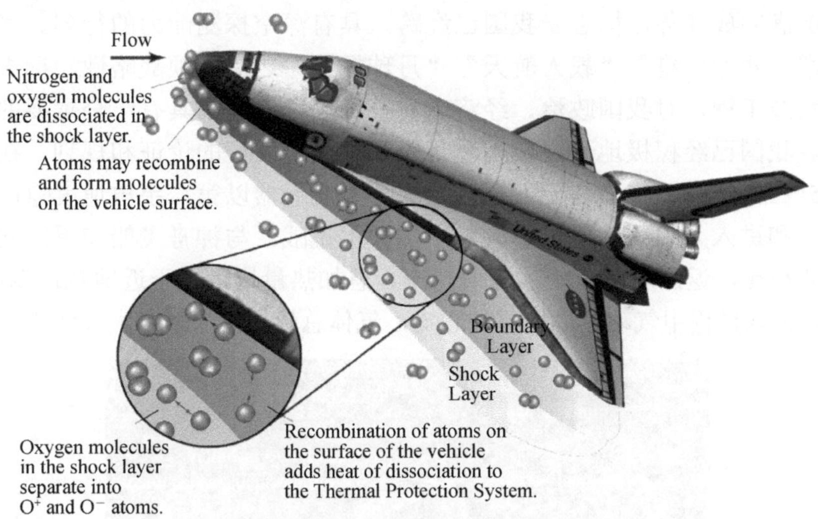

图 5-5 可重复天地往返飞行器

图片来源：https://www.nasa.gov/centers/johnson/pdf/584728main_Wings-ch4b-pgs182-199.pdf

长期以来，我国重点发展了再入弹头和返回式航天器的烧蚀防热材料体系，并获得了成功应用，但在非烧蚀或可重复使用热防护材料及大气层内长时间高超声速飞行热环境方面缺乏足够的技术积累，也没有成功的飞行试验。在理论研究和工程应用中，热环境和防热设计按照解耦的串行方式进行，忽略了防热材料与高温非平衡气体流动存在的耦合效应，没有建立有效的研究手段，导致热环境预测和防热材料设计能力不足，而严重制约了新型高超声速飞行器的研制，直接影响对新战略空间的征服。深入研究高超声速气动热力学涉及的关键科学问题，对高超声速关键技术的突破将起到革命性的作用。

三、载人航天和深空探测未来发展的需求

飞船返回舱采用钝体小升力式再入大气，其经历的热环境也具有高焓、低热流密度、低压、长时间的特点，焓值超过 25MJ/kg。“阿波罗 2 号”“阿波罗 4 号”“阿波罗 6 号”的飞行试验结果发现指挥舱的配平攻角与风洞预测值有较大差异，美国利用有/无化学反应气体模型的模拟结果解释了出现差异的原因，在后续设计中不得不考虑强烈的高温气体效应的影响，包括非平衡热化学、电离化、气体层对飞行器表面的辐射和从表面返回激波层的辐射等。

“神舟”系列飞船返回舱多次无人/载人成功返回，标志着我国在大钝体再入返回技术领域具备了相当的能力和技术储备；“嫦娥一号”“嫦娥二号”圆满完成任务，标志着我国已经跨入具有深空探测能力的行列。深空探测是继“两弹一星”“载人航天”“月球探测”之后一项战略性、标志性重大的科技工程，对我国政治、经济、科技和国家安全都具有十分重要的战略意义。我国已经积极地开展载人登月及深空探测工程的论证和规划，在未来的 15～30 年内，将面临无人探测器或载人航天器以第二宇宙速度返回地球大气层和进入太阳系其他星体大气层的技术挑战。与神舟飞船和返回式卫星回收舱相比，返回舱所承受的峰值热流、总加热量均远大于近地轨道返回的情况，再入过程中气动热环境更加恶劣，气体总焓也将显著增大（图 5-6）。

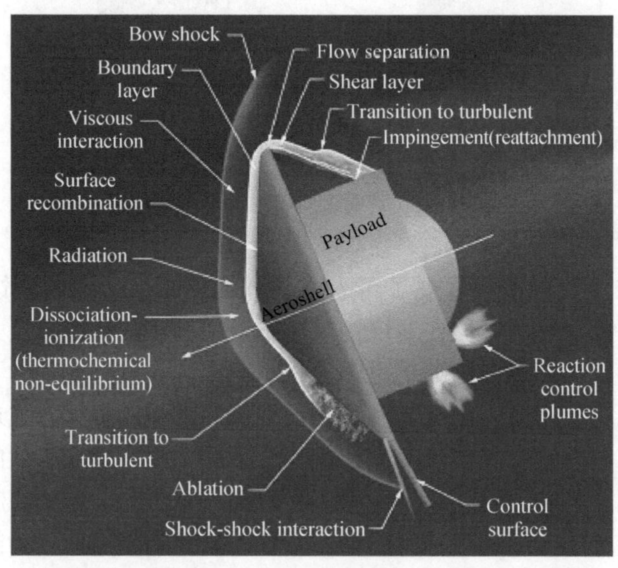

图 5-6　返回舱的气动热环境特征（Manuel，2007）

迫切需要在“气动热环境特征”“新型高性能热防护材料与环境耦合”等问题上获得深入的认识，为我国未来的载人登月和深空探测工程研究提供技术储备。

第二节 国外研究现状和发展态势

进入 21 世纪以来，高超声速技术的国际竞争进入白热化状态，美国、欧洲、日本等国家和地区制订了一系列国家级高超声速技术的基础研究计划。2007 年，美国实施了基础宇航项目（FAP），高超声速部分包括了提高高速飞行和行星大气层再入能力所有学科的基础研究；2008 年，组织实施了国家高超声速基础研究计划（NHFRP），研究的重点在于飞行器周围气动热力学环境的建模和模拟、高温材料的设计方法和飞行器表面与周围流场环境间复杂相互作用的建模和控制，旨在为更多技术/系统性研究或物理现象提供基础性理解。在这些研究计划的支持下，基础研究取得了很大进展。

（1）虽然高焓非平衡物理化学模型和数值模拟方法经过了飞行试验验证和完善，但仍需要在理论建模和分析方法上深入研究，以摆脱对试验和经验的依赖。

非平衡过程的本质是化学非平衡、热力学非平衡及二者的耦合效应，主要包括化学非平衡反应、原子分子内禀态（平动、转动、振动、电子）激发、高温辐射及其相互作用，是一个典型的多尺度多物理场耦合问题。高速高温气体同时经历振动激发和化学非平衡过程时，两种过程会出现强烈的耦合效应。为了描述这种耦合作用，已经提出了许多在不同假定条件下的物理化学模型。例如，涉及振动-路换反应耦合和振动-平动能量交换过程的 Laudau-Teller 模型，通过耦合因子修改化学反应速度公式来考虑振动对离解反应影响的 Hammerling CVD 模型，离解反应对振动影响的 Treanor 和 Marrone CVDV 模型等；Park 提出了建立在经验拟合曲线基础上的双温模型以描述振动-离解耦合关系，2010 年，Park 在总结双温度模型的发展时指出，目前普遍用于非平衡流动计算的双温度模型，存在两方面的限制：一是不能应对高温下的慢转动松弛过程，二是不能描述存在电离反应时的辐射吸收效应。因此，多种温度模型的表达和适用性，仍是目前高超声速气动热环境非平衡流动研究的热点。

（2）地面试验模拟和测试技术一直是非平衡流动研究的重要手段，模拟能力和在线诊断技术得到了大幅度提升。

多个国家发展各种地面模拟设备及方法，以复现不同状态的非平衡流动特征，实现高超声速非平衡流动热环境的预测、物理化学模型的验证以及化学动力学数据的甄别。大量激波管实验研究表明：几乎所有关于高温气体非平衡特性的研究均可以在该设备中进行。弹道靶模拟试验可以实现模型在真实气体环境中以真实飞行速度飞行，但其试验时间短、模型尺寸小的特点决定了它们只能作为原理性研究。用于高焓气体流动规律和气动物理研究的风洞主要有两类：一类是自由活塞驱动高焓激波风洞，如澳大利亚国立大学的 T3 和昆士兰大学的 T4、日本国家航天实验室的 HEK 和 HIEST、美国加州理工学院的 T5、德国宇航中心的 HEG；另一类是爆轰驱动高焓激波风洞，如中国科学院力学研究所的 JF-10、NASA 的 HYPULSE（GASL）、德国亚琛工业大学的 H2，这些高焓流动模拟设备为研究高超声速流动和高温气体效应提供了有力的模拟手段。弹道靶、激波管以及高焓激波风洞的实验时间短（毫秒量级或更短），对流场测试技术提出了巨大挑战，流场关键参数的在线测试及数据获取能力成为评价模拟能力的重要指标。随着近年来激光技术和光谱测量技术的突飞猛进，世界各国都在发展发射光谱、吸收光谱和激光诱导荧光等光谱诊断技术和光学流场显示技术，研究激波波面后极端非平衡条件下的能量传递过程，获取流场中组分的浓度分布。利用多通道组合式热成像和传感技术，可实现流场温度、压力以及形貌等关键参数的在线测试。

（3）气动热环境与热防护材料的耦合问题得到了充分重视，但在理论体系和试验表征方法上急需多学科交叉的努力，以期获得突破。

随着高超声速飞行器对高焓、中低热流、长时间热环境下热防护技术的需求提升，非平衡流动、环境与材料的交互作用及新型高温材料成为发展高超声速技术亟待解决的重大基础问题，也已在美国、俄罗斯、欧洲、日本等国家和地区达成共识。目前研究的重点主要放在材料催化特性对气动热环境的影响，催化特性测试、表征和建模方面。考虑到地面模拟能力的局限性，俄罗斯科学院力学问题研究所 Kolesnikov 教授等建立了局部热交换模拟理论和方法（LHTS），将飞行环境与地面模拟环境下的总焓、驻点压力以及驻点速度梯度相关联，提出了总焓、驻点压力、驻点速度梯度三个参数的试验模拟技术。

基于“能量法”，NASA 艾姆斯研究中心利用激波管、电弧风洞对航天飞机、X 系列高超声速飞行器热防护材料表面的催化特性开展了大量的试验研究，针对等离子风洞试验中材料表面温度突变的现象，Marchall 等利用催化/氧化/辐射特性在线测试技术，分析温度的跳跃与气-固表面相互作用的化学反应、富二氧化硅氧化层演化、被动-主动氧化转变及流场重构有关。基于“原子耗散法”相继建立了以高频-溢出反应舱、高频-化学荧光管、法国国家科学研究中心过程、材料和太阳能实验室（PROMES-CNRS）MESOX、NASA 微波-边臂反应管以及日本太空发展署射频-反应管为代表的低焓低压实验室模拟试验装置，结合光谱诊断技术开展了考虑材料氧化效应下 SiC、SiO_2 以及 ZrB_2-SiC 等陶瓷材料高温催化性能的评价研究。

第三节 国内研究现状和发展态势

气动热力学体系的建立可以追溯到 20 世纪 50 年代初期，在战略弹头、返回式卫星等航天飞行器热防护技术需求的牵引下，于 20 世纪 50 年代中后期得到突飞猛进的发展，建立了高温平衡气体的物理化学理论模型和高温平衡气体与防热材料烧蚀特性耦合的传热传质模型。20 世纪 70 年代到 80 年代初，在航天飞机热防护系统设计的需求牵引下，迎来了高超声速气动热力学理论发展的又一个机遇期，建立了高温非平衡气体物理化学特性模型及高温非平衡流动与防热材料催化特性耦合的传热传质模型。另外，在登月探测及星际探测热防护系统设计的牵引下，开展了高温非平衡气体辐射特性以及对流、辐射及防热材料特性多重耦合条件下的传热传质研究，并建立了相关模型。

从气动热力学理论研究主体和我国在该领域的实际研究内容、研究手段及研究结果的比较分析中可知，我国在高超声气动热力学领域主要存在以下三方面的问题。

（1）研究内容“厚此薄彼”。气动热力学研究的重点主要集中在“高超声速飞行器热环境预测”和“高超声速飞行器热防护设计”两个方面，而对高温气体物理化学特性的研究几乎处于空白状态。

（2）研究方法相对单一。目前气动热力学的研究主要以“气动热力学理论研究成果的直接引用”与“N-S 方程近似求解的数值模拟”，并辅以地面模拟试验的方法为主，而热力学模型、化学动力学模型、输运特性、计算方法和网格五个方面的数据相对匮乏，对材料热响应与高温流场的物理本质认识不清。

（3）定量化研究手段相对缺乏。针对“气动热环境与材料耦合作用下的传热传质”这一科学问题，开展了初步的试验和理论研究，受限于高超声速气动热环境的限制，缺乏直接、有效的测量与表征手段，无法原位获取材料传热、传质的响应特征。

这些现存的现状，制约了高超声速飞行器热环境的精确预测以及可用于新型高超声速飞行器热防护材料的设计、制备的研究，其中涉及的科学问题，是现阶段高超声速气动热力学亟待解决的关键力学问题。

第四节 关键问题和挑战

一、高温气体与非平衡效应及其建模

在高超声速流场中，高温气体与非平衡效应显著，如何认识这些关键物理效应，建立更为科学、合理的模型，对热环境准确预测和热防护设计起着至关重要的作用，成为高超声速技术发展中的关键科学问题之一。

高温气体效应使得空气比热比、分子量、雷诺数和普朗特数等发生重要变化，导致高温下气体的宏观动力学特性会发生改变，而高温非平衡流的挑战在于高超声速流场中存在粒子碰撞特征时间与流场特征时间尺度相比不可忽略，其本质是特定时间控制条件下的、有化学反应的流动，流动中组元浓度分布由化学反应动力学模型、动力学数据和“特定时间”这三个过程控制，通常采用达姆科勒数定义流动的化学状态，但该定义是一种宽泛（8 个量级，图 5-7）的定性认知。因此，对于非平衡流的定量化研究中，建立模型和流动模拟时必须考虑分子内部和化学反应过程中有限能量传递速率的影响。相对于平衡态性质与输运特性，非平衡领域缺乏从微观到宏观的研究，非平衡化学反应动力学从微观分子参量预估动力学参量的理论方法难以完全定量化，还要在一定程度上依赖于实验，缺乏足够的依据去预测和外推高温下的动力学过程数据。

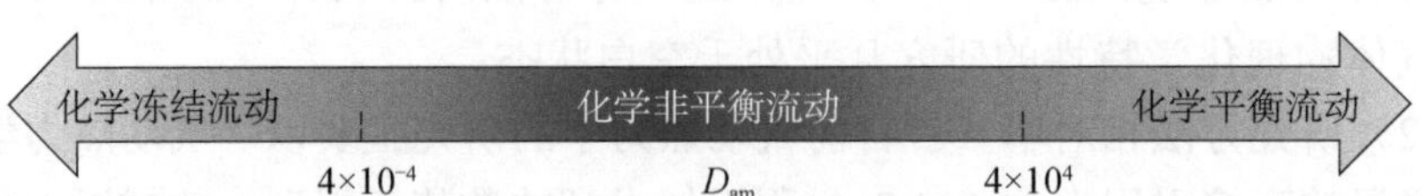

图 5-7 高焓流动化学状态的达姆科勒数定义示意图

目前国际上主要采用 Park 建立的双温模型来描述振动-离解耦合关系，考虑了非平衡导致的离解速度的降低以及振动能的消耗，但给出的非平衡因子数值在温度小于 10 000K 时偏高，还不能很好地解释马赫数在 8～15 的热化学过程；在实际非平衡反应中，氮分子的化学反应离解温度远小于热力学离解温度，这表明高温空气中化学反应路径直接控制着反应速率，由于缺乏对高温下化学反应路径的认识，在处理物面条件时，往往采用热力学状态替代非平衡动力学过程。随着飞行速度的提高，辐射传热成了决定气动热力学环境的一个主要因素，高温气体辐射输运特性与气流组分和不同能量模式内的能级分布密切相关，这要求对于非平衡热化学反应机制、辐射能转换机理、激波层内辐射能吸收和再辐射机制有更深入的了解，而在这个领域同样还存在很多未知。

由于地面上难于创造合理尺度的真实高超声速飞行环境，热环境预测往往依赖于数值模拟方法，因此高置信度的物理化学模型和高效计算方法成为关键，但随着模型复杂性的提高，给考虑高温非平衡效应的数值模拟方法带来了巨大的挑战，例如，解决不同反应速率相差很大时所遇到的求解“刚性”方程的困难。特定模型的适用性取决于流动的状态，而包括内在假设、知识缺陷、数据缺乏或误差以及有效区域等因素会带来模型的不确定性，引起预测结果的更大偏差。

综上所述，对于高温气体和非平衡效应问题，需要进一步获取有效描述分子振动自由度激发与离解相互作用的振动-离解耦合模型和关键动力学数据，发展和验证高温气体的化学反应模型和反应速率常数，加强对高温空气化学反应路径的认识；通过量子力学与宏/微观统计力学分析，实现高温气体辐射特性及其输运过程的建模；明确物理模型的适用性和不确定性，发展考虑复杂高温化学反应和热力学非平衡的数值模拟方法，提高对高超声速气动物理效应的认识和气动热环境的预测能力。

二、非平衡流场的地面模拟与流场重构

在化学非平衡流动传热传质问题的试验模拟研究中，现有的模拟准则和模拟方法难以有效量化“化学非平衡”这一突出特征，造成这一局面的主要原因有两个：一是受模拟设备的运行条件所限无法有效模拟“非平衡”这一特征，例如，通常所采用的高焓激波风洞、高焓电弧风洞以及高

焓感应加热风洞所提供的高焓流场在“驻室”内已经采用激波、直流电场或高频电磁场加热并形成热化学平衡或非平衡的高焓气体，该高焓气体通过喷管加速之后形成超声速射流，这种方式产生的高焓射流的非平衡度与飞行环境下的非平衡度之间存在本质上的差异（图 5-8）；二是缺乏可靠的方法弥补和修正地面高焓非平衡流模拟环境与飞行环境之间“非平衡度”差异所带来的影响。

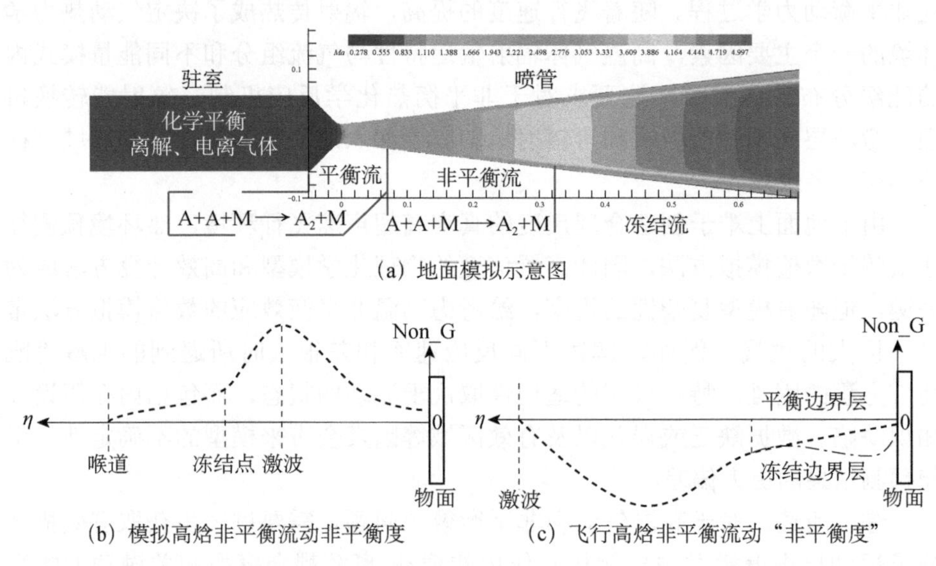

(a) 地面模拟示意图

(b) 模拟高焓非平衡流动非平衡度　　(c) 飞行高焓非平衡流动“非平衡度”

图 5-8　高焓非平衡流

由于受到地面高焓模拟设备能力的限制，地面模拟热环境不可能完全复现真实飞行热环境，对于气动热力学研究存在两方面的问题。

（1）试验模拟流场有效性问题。飞行环境中的高焓非平衡流动是通过激波之后才形成的，各类化学反应滞后于由当地温度、压力和压力所确定的平衡状态参数，是一种从低焓无离解、电离的平衡向高焓离解、电离的非平衡过程的转变；而在地面高焓模拟设备中，高焓非平衡流动在激波前的喷管中已经形成，是一种从高焓离解、电离的平衡向高焓离解、电离的非平衡流动转变的过程。化学非平衡形成过程的不同导致二者之间存在较大差异，致使高温边界层内流场参数和流动化学状态控制着高超声速飞行器表面的气动热载荷，在驻点压力、热流和总焓相一致的条件下，模拟与飞行热环境之间存在不同程度的差异。常规的热、压、焓“三参数”模拟虽然可以获得完全催化材料性能，但对于有限催化速率材料，“三参数”模拟准则难以满足催化与流场化学非平衡度耦合对气动热载荷的影响，将面临如何将模拟结果有效地应用于飞行预测的挑战。

（2）试验模拟方法有效性问题。飞行与模拟热环境之间存在较大差异，需要在地面模拟试验的基础之上，依据气动热力学相关理论并结合数值模拟手段，对非平衡流场进行重构、修正。

三、气动热环境与材料表面的多物理场/多尺度耦合作用机制

介于平衡边界层理论和冻结边界层理论分析的区域之间，尚存在一个处于严重的化学非平衡状态流动“盲区”，气动热载荷的大小直接受控于化学非平衡流场与防热材料之间的耦合效应。对于典型的弹道再入飞行器，其跨越该盲区的时间非常短，而对于在此区间的长时间高超声速飞行，除了要解决高温非平衡流场参数的有效预测问题，还要解决材料表面特性与非平衡流场耦合影响的准确把握。高焓非平衡流动气体与防热材料表面之间存在温度场、浓度场、速度场、化学势场等多物理场的耦合作用，在不同时间和空间尺度上发生复杂的物理/化学反应，使现有基于宏观平均特性壁面温度和浓度边界条件的边界层简化模型处理方法变得较为粗糙，难以满足高超声速热环境和材料热响应的精确预测要求。气动热环境带来的对流、辐射和化学热等热载荷，使得防热材料发生氧化、烧蚀、相变等物理化学反应，生成新的气/液/固相产物，不仅直接导致材料表面辐射、催化、导热等特性发生非线性变化，还引起了材料表面宏、微观结构的改变，出现边界层质量引射、液态层阻挡/流失等效应，对流场组分、浓度分布和能量状态产生影响，使得气动热环境与防热材料响应产生了强烈的耦合。同时，材料氧化烧蚀产生的多孔介质反应层，又提高了材料内外传热/传质机制的复杂性，导致传热传质研究发生由宏观到微观的历史性转变，这些问题的理论和方法亟待进一步发展。

其中材料催化、氧化特性对空气离解化学能的影响是一个非常特殊的问题，高焓非平衡流动中离解原子在材料表面的复合速率直接影响着激波层对飞行器表面的化学加热，热环境对化学非平衡流能量尺度和表面材料的催化性能具有很大的依赖性，构成了环境与材料耦合影响的一个最为重要和关键的因素。与此同时，离解的氧、氮原子还与非氧化物热防护材料（UHTC、

C/C、C/SiC、SiC/SiC 等）发生氧化反应，改变了材料表面的物理化学特性，对催化、辐射特性产生了严重的影响，涉及的关键问题主要包括以下三方面。

（一）防热材料表面催化特性耦合对传热传质影响的定量表征问题

高焓化学非平衡流动与防热材料表面催化特性耦合对传热传质产生了较大的影响。这一强烈非线性耦合过程对有效预测热环境带来了较大的困难。防热材料表面催化效应的物理实质是，高温时氧和氮分子离解为原子，消耗了很大一部分（最高达 75%）总能量，当密度很小时，原子气体在飞行器表面很薄的边界层内来不及在三体碰撞中复合就到达物面；如果物面促进原子复合为分子（高催化性），离解所消耗的化学能就会释放出来，并传给物面（全部或部分）；如果物面上不发生复合反应（低催化性），携带着离解能的原子就被吹向下游。防热材料表面催化特性对飞行器表面气动热的影响不仅具有其理论依据，同时地面模拟试验和飞行试验均得到证实（图 5-9），由于流动的化学非平衡特性与防热材料表面的催化特性相互耦合直接影响着飞行器表面的气动热载荷，如何准确可靠地获取高焓非平衡流与防热材料表面催化特性耦合对传热传质影响的定量表征关系，是有效开展高超声速飞行器热环境预测的前提。

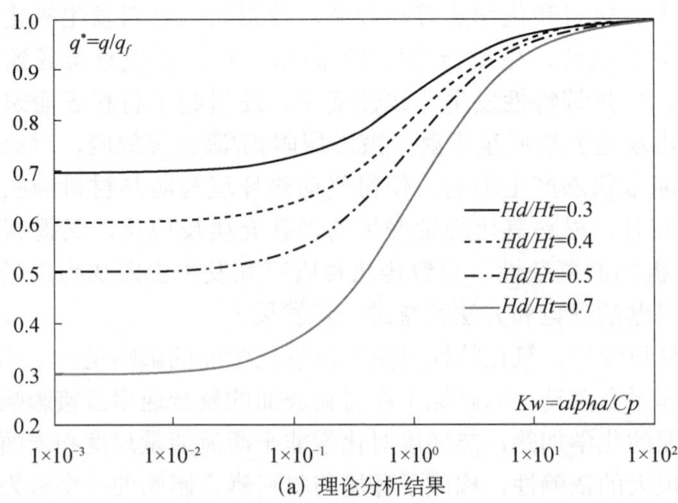

(a) 理论分析结果

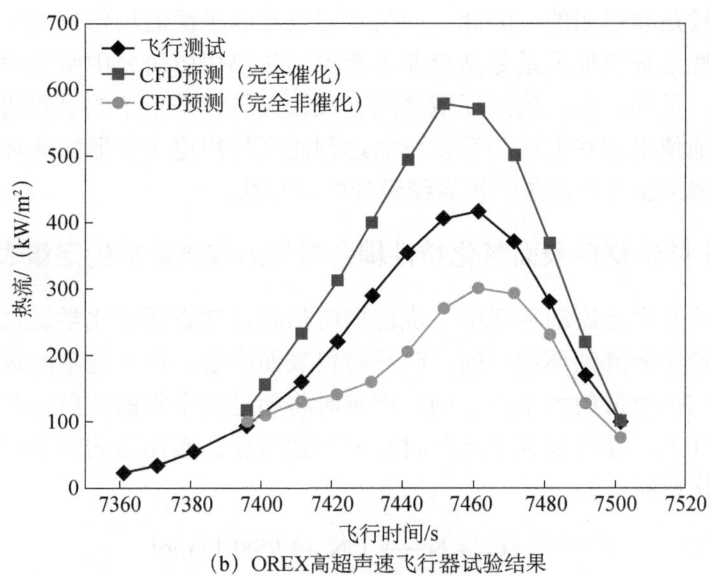

（b）OREX高超声速飞行器试验结果

图 5-9　化学非平衡流动与防热材料表面催化特性耦合对传热的影响

目前，通常采用表面温度表征防热材料的表面催化复合效率［$\gamma = f(T_w)$，见图 5-10］，该表征关系中不包含任何非平衡流场信息，这与表面催化的物理

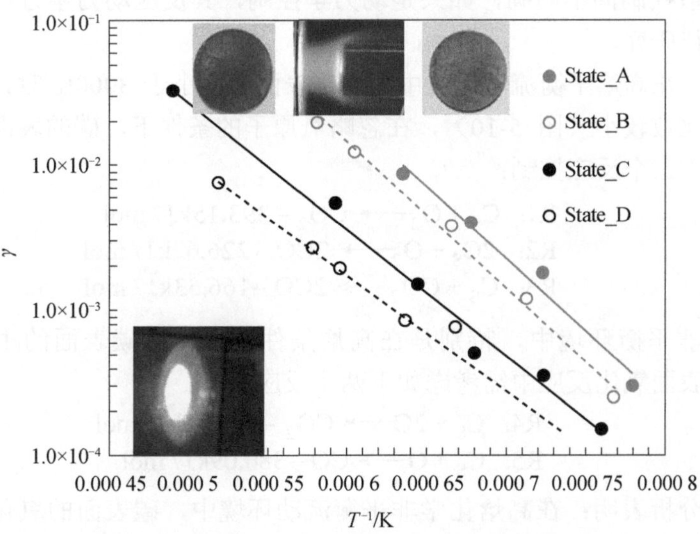

图 5-10　防热材料表面催化复合效率随温度变化曲线

定义相比较是非封闭的，因此，如何建立包含非平衡流场信息的防热材料表面催化特性定量表征关系是高焓非平衡流动传热传质研究中亟须解决的基础问题之一。另外，在天地热环境之间存在较大差异是不争的事实的条件下，如何有效地使用这些表征关系以可靠地预测高超声速飞行器的热环境，直接考验着高超声速飞行器热防护系统设计的可靠性。

（二）防热材料表面氧化特性耦合对传热传质影响的定量表征问题

在高焓非平衡流动环境中，烧蚀型防热材料的表面热化学烧蚀机制可能不同于高焓平衡流动环境中的，防热材料表面将会存在一定量的氮原子（其质量比数依据焓值的大小而不同，严重时将超过整个氧的质量比数），由于氮原子的介入，导致以碳基防热材料或烧蚀后存在碳化层的防热材料表面出现如下氮化反应：

$$C_S + N \longrightarrow CN - 37.58\text{kJ/mol}$$

该反应不仅带来碳的氮化损失，同时 CN 的存在急剧增加了高焓非平衡流场对飞行器表面的辐射加热，因此在以第二宇宙速度再入的高超声速飞行器热防护设计中应重视该反应。目前对上述氮化反应的控制机制是动力学控制还是扩散控制尚不明确，如果是动力学控制，其反应动力学方程及其速率是多少有待研究。

此外，在高焓平衡流动环境中，当碳表面温度小于 3000K 时，氧原子的质量浓度比数较小（图 5-10），在忽略氧原子的条件下，碳的表面氧化烧蚀主要由如下三个反应控制：

$$\begin{aligned}
&\text{R1:}\ \ C_S + O_2 \longrightarrow CO_2 - 393.15\text{kJ/mol}\\
&\text{R2:}\ \ 2C_S + O_2 \longrightarrow 2CO - 226.62\text{kJ/mol}\\
&\text{R3:}\ \ C_S + CO_2 \longrightarrow 2CO - 166.53\text{kJ/mol}
\end{aligned}$$

而在非平衡环境中，特别是在高焓条件下，到达碳表面的主要为氧原子，碳的表面氧化反应中需考虑如下两个反应：

$$\begin{aligned}
&\text{R4:}\ \ C_S + 2O \longrightarrow CO_2 - 886.71\text{kJ/mol}\\
&\text{R5:}\ \ C_S + O \longrightarrow CO - 380.09\text{kJ/mol}
\end{aligned}$$

上述分析表明：在高焓化学非平衡流动环境中，碳表面的氧化烧蚀可能在温度小于 2000K 的范围内均由动力学机制控制，但具体动力学方程及其速率尚未知。对于组成简单的碳材料，都有如此复杂的反应机制和模型；而对于多成分复合材料（如硅基复合材料、低密度烧蚀材料等），在高焓化学非平衡环境中氧化机理及其机制将显得更为复杂，并为传热传质分析带来更大的困难。图 5-11 为压力 $p\in$[1kPa，100kPa]条件下平衡空气中 CO 含量随温度变化曲线。

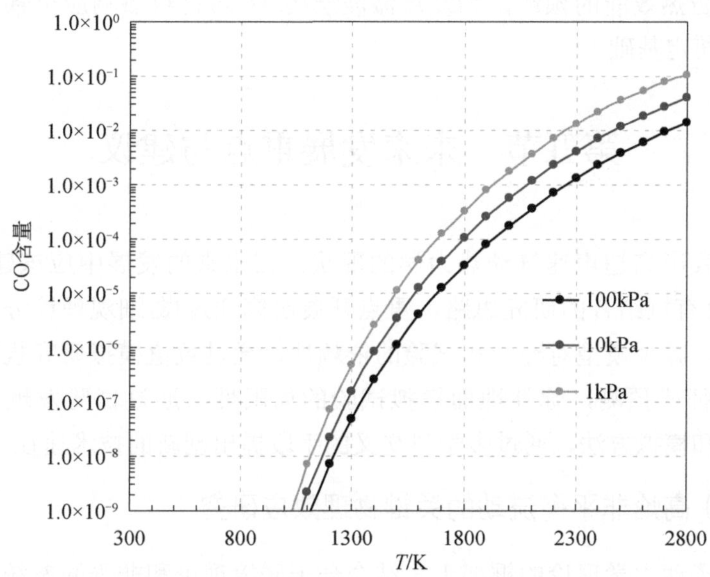

图 5-11　压力 $p\in$[1kPa，100kPa]条件下平衡空气中 CO 含量随温度变化曲线

（三）防热材料表面氧化–催化耦合对传热传质影响的定量表征问题

虽然氮原子、氧原子在防热材料表面出现氧化、氮化烧蚀，在动力学控制机制下，其烧蚀速率取决于材料表面的各类原子分压。影响材料表面原子分压的主要因素是材料表面的催化特性，若表面对原子复合呈现出完全催化效应，即催化复合速率远大于氧化、氮化速率，则表面反应将退化到分子的氧化反应；若表面对各类原子的复合呈现出非催化或有限催化，即催化复合速率小于或可比于表面氧化、氮化速率，则不可忽略原子在表面的氧化或氮化过程。由于目前缺乏对这一现象的有效描述，我们将采取“安全保守”的概念开展飞行器热防护系统设计。

综上所述，必须从本质上认识这一区域复杂的耦合作用机制，发展能够模拟这一复杂过程关键因素的理论和方法，从微/细观层次揭示防热材料的氧化烧蚀机理，建立与非平衡流动和材料响应相关的材料表面层/内部反应层传热/传质理论模型和分析方法，利用等效模拟试验技术、非平衡化学反应流场/材料响应信息在线测试诊断技术和流场重构技术，发展与热环境状态相关联的材料表面催化/辐射/氧化特性的测试、表征和评价方法，实现防热材料质量损失和防热效能的预测，为发展激波层/边界层/材料热响应全耦合模拟理论和方法奠定基础。

第五节 未来发展重点与建议

针对我国高超声速气动热力学的现状，在未来的发展中应该建立理论-试验-数值有机结合的研究思路，重点开展研究通过微/细观理论分析阐明原理和机制，减少模型对经验和试验的依赖性，通过数值模拟研究规律，实现定量化表征或预测，弥补地面模拟试验的局限性，通过试验发现和验证现象、模型和模拟方法，通过多学科交叉的手段提出创新的技术途径。

（一）高焓非平衡流动的关键物理效应研究

在分子动力学理论的框架下，结合分子碰撞理论和非平衡态统计力学，提出新的非平衡振动态近似分布函数，开展化学反应速率常数、振动弛豫时间、多温度模型以及振动-离解耦合效应建模研究；以高温非平衡空气粒子多能态跃迁和能级数密度变化等微观物理过程的量子力学、统计力学分析为基础，构造适于高超声速非平衡气动热环境计算、简洁有效的高温非平衡空气介质热辐射特性和输运的数学物理模型，实现热、化学非平衡流动与热辐射的耦合模拟，揭示辐射能量的输运机制及耦合作用机制，进而探索高速高温非平衡流动中气体热辐射与热防护材料表面相互作用的机理。利用激波管高分辨率光谱测量技术和弹道靶高精度光学流场显示技术，对强激波后非平衡过程和钝体激波形状进行测量，并与模型计算进行对比校验，有针对性地修正和评价。分析高超声速气动热环境中耦合非平衡效应及高温辐射输运的诸多时空特征尺度效用，通过引入试验验证的物理化学模型，借鉴现有数学研究中刚性问题的求解策略，建立对流传热、化学反应热和辐射传热及其耦合作用的气动热环境数值模拟方法，并利用弹道靶、激波管和激波风洞进行一到三维试验验证，进一步分析高焓非平衡热环境与材料耦合的作用机制。

（二）高超声速飞行的气动热环境特征研究

基于 JF-12 复现高超声速飞行条件的激波风洞（喷管出口直径 2.5m /1.5m，马赫数 5～9，速度 1.5～3km/s，总温 1500～3500K，时间 100ms），选取大尺度（1.5m 量级）的平板流动及流动相互作用区域作为研究对象，通过壁面热流对比分析和流场结构测试，进行模型尺度、材料特性对高温气体非平衡效应及气动热环境的影响研究；以中国科学院力学研究所 JF-10 氢氧爆轰驱动高焓激波风洞（喷管出口直径 500mm，马赫数 10～20，速度 4～7km/s，总温 5000～8000K，总焓 6～18MJ/kg，总压 80MPa，试验时间 4～5ms）为基础，针对性地采用尖劈作为试验外形，分别采用不同材料作为尖劈上下对称表面的材料（或应用涂层），通过对比热流、光谱特性分析不同材料与高焓离解热环境的耦合作用，探究对流/化学耦合下的能量输运规律。

以中国科学院力学研究所 JF-16 爆轰驱动高焓膨胀管（马赫数 20 以上，速度 8km/s 以上，总焓 40MJ/kg，总温 8000～12000K）为基础，采用不同材料的钝头体模型，对比研究驻点热流、绕流气体光谱特性和流场结构，分析不同防热材料下的辐射/对流耦合加热效应及其对气动热环境与特征的影响。以气动热环境与防热材料耦合效应研究的典型实验为对象，开展化学反应流动数值模拟，基于不确定性因素，比较分析数值模拟结果与实验结果的差异，以实验测量结果、规律和机理来验证相关物理化学模型、数值模拟方法的适用性和置信度。

（三）高温气体与热防护材料表面的传热传质机制研究

利用材料分析方法对新型低密度防热材料在典型气动加热环境下电弧风洞模拟试验前后烧蚀区域的物相分布、组织结构进行分析，建立反映材料细观尺度氧化烧蚀行为规律的物理模型；基于第一性原理、分子动力学及氧化动力学模型，实现高温气体在材料表面氧化层细观尺度氧化、扩散耦合机制的模拟分析，进一步完善细观烧蚀机理及特征物理模型。基于烧蚀机理、烧蚀预测模型和流场解算的 CFD 算法，提供外部热环境与材料烧蚀响应过程的数据传递路径；发展考虑表面质量引射、外形变化以及外部流动的非平衡数值模拟方法和质量损失–输运的边界层多尺度传热/传质的耦合求解方法，针对驻点区域和大面积区域，分析不同烧蚀量以及不同烧蚀组分对气动加热环境关键参数的影响。通过对模型试件碳化区和热解区微结构特征的测量，建立反映微结构特征的单元体模型；将热解动力学模型引入传热基本方程，并结合地面试验结果实现对材料热解传热过程的耦合计算分析，针对材料氧化、热解和传热过程耦合的基本特征，建立具有较强适应性的最优化参数辨识方法，获得低密度材料传热的关键参数。分别考虑表面气动加热、气体辐射等不同机制和材料表面的细观尺度的烧蚀行为对材料的质量损失的影响，基于有线速率表面化学反应与 CFD 结合的数值模拟方法，实现材料质量损失和防热效能的预测方法。

参 考 文 献

Bertin J J，Cummings R M，2006. Critical hypersonic aerothermodynamic phenomena. Annual Review of Fluid Mechanics，38: 129-157.

Herdrich G，Lein S，et al.，2011. The flight of EXPERT: Assessment of nonequilibrium effects with IRS Payloads PYREX，PHLUX and RESPECT. AIAA 2011-3625.

Kim J G，Boyd I D，2013. Modeling of rotational nonequilibrium in post-normal shock flows analyses. AIAA 2013-0191.

Kovalev V L，Kolesnikov A F，2005. Experimental and theoretical simulation of heterogeneous catalysis in aerothermochemistry（a review）. Fluid Dynamics，40（5）：669-693.

Manuel D S，2007. A review of hypersonics aerodynamics，aerothermodynamics and plasmadynamics activities within NASA's fundamental aeronautics program. AIAA 2007-4264.

Park C，2010. Thc Limits of Two-Temperature Kinetic Model in Air. AIAA 2010-911.

Schmisseur J D，2013. Hypersonics into the 21st century: A perspective on AFOSR-sponsored research in aerothermodynamics. AIAA 2013-2606.

第六章 飞行器流动控制问题

第一节 问题提出

流动控制通过施加外来扰动改变流场的自然发展路径，以达到人们所需要的控制目的，包括增升、减阻、减振、降噪等。流动控制技术是伴随航空工业的发展而发展起来的，先进的流动控制技术为 20 世纪航空工业的发展做出了重要贡献，并且在飞行器研发设计过程中扮演着越来越重要的角色。

近年来，为了满足不同领域的应用需求，发展了多种新型飞行器。具体到不同类型的新型飞行器，流动控制技术的应用方向及关键技术有所差异。对于大型宽体客机，流动控制的目标是减阻及降噪，以提高客机的经济性及环保性；对于战斗机，需要提高升阻比，以提高机动性能；对于舰载机，需要进行增升控制，以缩短起降距离；对于高空长航时无人机，需要进行减阻控制，以提高巡航时间；对于微小型飞行器及临近空间飞行器，面临低雷诺数流动对应的层流分离泡控制问题，以提高其气动特性及飞行安全性；对于变体飞机，涉及不同布局状态下的气动特性保障问题，以提高其可靠性；对于高超音速飞行器，需要对激波边界层干扰进行控制，以改善流动状况。从总体上看，通过延缓流动分离、推迟转捩等，流动控制技术可以极大地改善飞行器性能，提高安全性以及减小环境影响。

可见，高效流动控制技术是新型飞行器设计所涉及的关键科学问题之一，它决定了民用飞机的起飞着陆性能、安全性、经济性、承载能力以及航程等；对于军用飞机，它决定了短距起降能力、机动性、作战半径等。因此，开展飞行器流动控制研究具有重要的应用前景。

第二节　相关研究发展态势

按照是否需要添加能量，流动控制技术一般可以分为两大类：被动控制技术和主动控制技术。被动控制技术不需要额外能量，装置比较简单、易于安装，它包括鼓包、涡流发生器、格尼襟翼、翼尖小翼、沟槽、粗糙元、正弦前缘等。被动控制技术只能针对特定状态实施控制，面临着控制参数不能实时调节的问题。主动控制技术需要添加能量，机构较为复杂，实现起来相对比较困难，它包括吹气、吸气、环量控制、合成射流、等离子体激励器等。主动控制技术可以根据需要调节激励参数对流场进行控制，通常比被动控制技术的效率更高。

目前，一些被动控制技术已经在飞行器上进行了应用，如涡流发生器、翼尖小翼等，但是主动流动控制技术的实际应用还存在若干困难。由于主动流动控制技术的若干优点，其在飞行器上的实际应用具有更重要的意义，实现飞行器增升减阻的主动流动控制是未来发展的重要方向之一。下面介绍一些典型流动控制技术的发展情况。

一、格尼襟翼

格尼襟翼（Gurney flap）（图 6-1）是一块垂直放置于翼型后缘压力面的小扰流片，尺度通常为 0.5%～3%翼型弦长，可以有效提高翼型的升力。相关研究表明，高度为0.5%弦长的格尼襟翼即可增加最大升力系数 10%。相比于襟翼、副翼等复杂的增升装置，格尼襟翼具有几何外形简单、重量轻、易于安装等优点。因此，自从被引入航空领域以来，格尼襟翼被广泛用于改善低速翼型、高升力翼型、超临界翼型、矩形机翼、三角翼以及飞行器模型的气动性能（Wang et al.，2008）。

格尼襟翼在其应用中显示了高效的增升能力，与此同时也带来了额外阻力的增加。尤其是在巡航状态下，格尼襟翼带来的阻力损失是不可避免的。解决该问题的一个有效途径是进行主动控制，但是实现传统格尼襟翼的主动控制需要复杂的机械机构，并且会增加飞机的额外重量，同时也会带来结构强度等问题。基于此，Traub 等（2004）提出了射流式格尼襟翼的方案，通过在机翼压力面靠近后缘位置开狭缝作为连续射流出口，可以形成一个虚拟的气动格尼襟翼，研究表明，动量系数 1%的连续射流等同于 0.75%根弦长格尼襟翼的控制效果。

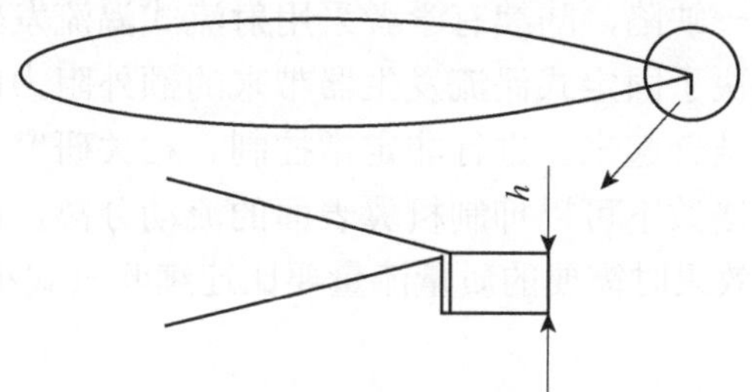

图 6-1 格尼襟翼示意图（Wang et al.，2008）

二、涡流发生器

涡流发生器（vortex generator）（图 6-2）基于放置于物体表面的扰流片，在来流作用下产生流向涡，对流场进行控制。传统涡流发生器的高度一般与当地边界层厚度相当，在控制流动分离的同时会带来很大的额外阻力。20 世纪 70 年代开始，陆续有学者研究微型涡流发生器，它的高度仅为边界层厚度的 27%～42%，利用 Taylor-Goertler 不稳定性可以在边界层内形成流

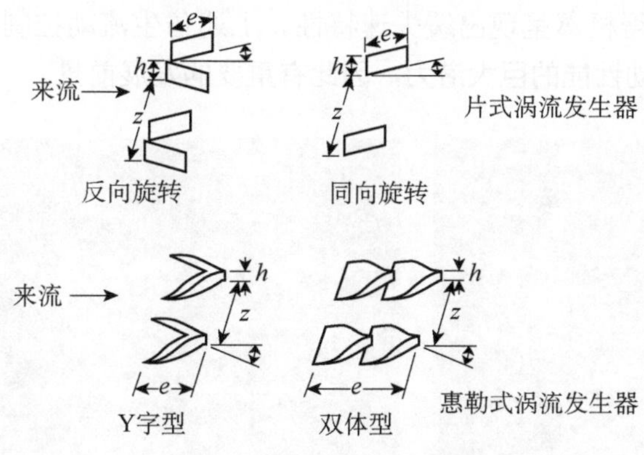

图 6-2 涡流发生器示意图

图片来源：Panaras A G, Lu F K. Micro-vortex generators for shock wave/boundary layer interactions. Progress in Aerospace Sciences, 2015, 74: 16-47.

向涡，从而达到和传统涡流发生器同样的效果。其尺度较小不会产生卡门涡街，因此减小了传统涡流发生器引起的尾迹速度亏损，并且有效减小了涡流发生器本身带来的噪声。此后，微型涡流发生器在低雷诺数翼型、高升力翼型、跨音速翼型、大后掠机翼、进气道、飞行器等方面的应用得到了广泛的研究。

但是，机械式涡流发生器会在一定程度上引起飞行器巡航状态下的阻力增加。为了克服这一缺陷，陆续有学者采用射流式涡流发生器实施控制，它的优势在于不仅解决了固定式涡流发生器带来的额外阻力问题，而且还可以与边界层的稳定性结合起来，进行非定常控制。相关研究表明，连续射流式涡流发生器在低雷诺数下可以抑制机翼表面的流动分离，而脉冲射流式涡流发生器在达到同等效果时需要的质量流量要比连续吹气式小一个量级。

三、仿生流动控制技术

一些鸟类、鱼类特有的器官或布局形式可能有助于提高其飞行、游动能力，促使我们对其进行研究，因此发展了若干基于生物学仿生原理的流动控制技术，如仿鸟类翼尖的翼尖小翼（winglet）、仿鸟类羽毛的柔性材料（self-adaptive hairy flaps）、仿鲨鱼皮肤的沟槽（riblets）、仿座头鲸鳍的正弦前缘（sinusoidal leading edge）等，如图 6-3 所示。翼尖小翼可以通过控制翼尖涡强度，减小诱导阻力并提高飞机升力。柔性材料可以根据流动结构发展自适应变形，从而改善流动状态。沟槽结构通过控制湍流边界层拟序结构的发展，可以有效减小壁面摩擦阻力。正弦前缘可以改善大攻角流动状态，从而提高最大升力系数，并且使得机翼呈现出缓失速特性。上述仿生流动控制技术呈现出了提高新型飞行器气动性能的巨大潜力，因此有重要的发展前景。

（a）翼尖小翼（Barnes，2015）

（b）柔性材料（Brücker，Weidner，2014）

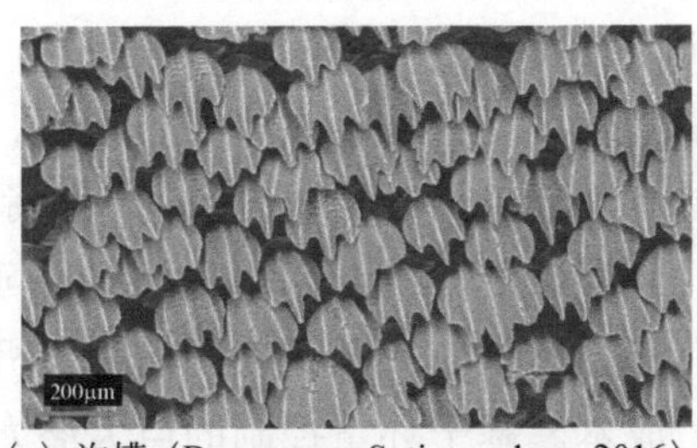

（c）沟槽（Boomsma，Sotiropoulos，2016）（d）正弦前缘（Levshin et al.，2006）

图 6-3 仿生流动控制技术及相应参考工作

目前，翼尖小翼流动控制技术已经广泛应用于民航客机上，但是其他流动控制技术目前主要处于实验室研究阶段，距离实际应用还存在科学或技术难题。例如，机翼表面加工成沟槽形式，其制造成本较高、工艺难度较大，此外还面临不易清洁、维护成本高等问题，限制了实际应用。

四、环量控制

环量控制（circulation control）利用流体在曲面外形上的科恩达（Coanda）效应实施控制，通过在翼型圆弧后缘上表面放置切向射流，推迟边界层流动分离，增加翼型环量，进而提高翼型的升力，如图 6-4 所示。环量控制单位射流动量系数的升力系数增量可以达到 80 以上，从而可以将飞机起飞着陆的速度降低一半，并且不会带来传统增升装置产生的噪声增加的问题。由于这种独特的优势，NASA 在飞行器系统（vehicle system）项目中提出了 6 种未来新概念飞行器，其中有 3 种飞行器拟采用环量控制技术实施控制，包括超短距起降飞行器、私人航空飞行器以及超音速飞行器，另外 3 种飞行器也可采用环量控制技术进行降噪控制以及控制旋翼等。

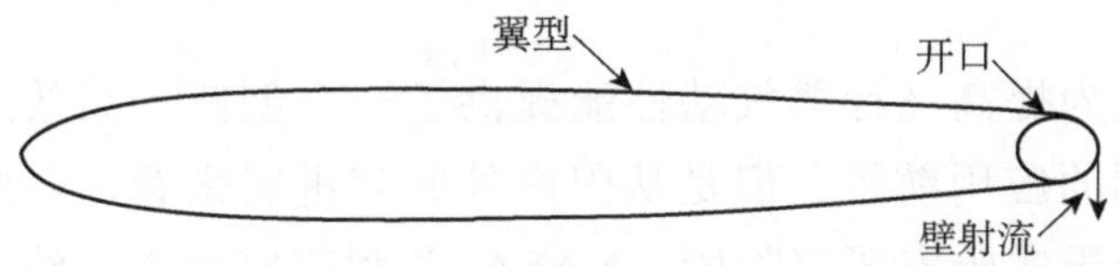

图 6-4 环量控制示意图

若干学者对环量控制及其应用进行了研究，但是 John（2004）指出，1974～2004 年，仅有两架采用环量控制技术的飞机实现了飞行验证。这主要归因于实施环量控制的两个难题。首先，环量控制需要复杂的气源系统，在实际应用中可能会涉及从飞机发动机引气而影响到发动机效率的问题；其次，环量控制系统需要机翼后缘具有科恩达效应的圆弧表面，对飞机制造工艺提出了很高的要求，同时也增加了成本。基于环量控制的巨大潜力及实际应用遇到的难题，有必要探索新的环量控制实施方案。

五、合成射流

合成射流（synthetic jet）是借助微机电系统发展起来的一种新型主动流动控制技术，它基于周期性的吹吸气诱导产生旋涡，对流场实施控制（图 6-5）。与传统连续射流相比，合成射流需要消耗的能量更小，并且控制效率更高。基于微机电系统发展起来的合成射流激励器具有无气源、无铰接、结构微型化以及响应迅速等若干优点，可对外部流场以及内部流场进行控制，因此被应用到流动控制的诸多方面，如进行分离控制、增升减阻、矢量控制、增强掺混、抑制噪声等。

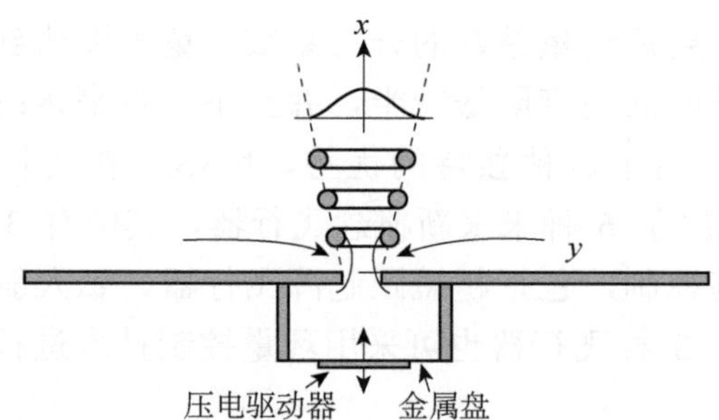

图 6-5 合成射流示意图（Smith，Glezer，1998）

合成射流为提高飞行器气动性能提供了一个创新、高效的技术手段，具有十分广阔的应用前景。但是从国内外研究进展来看，合成射流在飞行器的应用还处于实验室研究阶段，NASA 兰利研究中心、波音公司等做了大量研究工作，包括利用合成射流控制无人机、V-22 鱼鹰倾旋翼飞机等。合成射流实际应用面临的一个问题是其诱导速度，提高合成射流激励器的诱导速度可以提高其实际控制能力。美国通用电气公司生产的压电陶瓷合成射流激励器的出口速度可高达 250 m/s，并且在 F16 战斗机上进行了控制短舱尾流的飞行实验，初步验证了其控制能力。上述研究进展可以参考 Zhang 等（2008）的综述论文。

六、等离子体激励器

介质阻挡放电等离子体激励器（plasma actuator）是 20 世纪 90 年代开始发展起来的一种主动流动控制技术。通常等离子体激励器包含裸露电极以及绝缘材料之下的覆盖电极，在高频高压电源的控制下，电极表面空气被电离形成离子，在电场力驱动下，离子由裸露电极流向覆盖电极，由于黏性作用，带动周围流体运动，从而可以形成壁面射流，如图 6-6 所示。等离子体激励器具有若干独特的优点：①等离子体激励器易于安装，只需将等离子体电极和绝缘材料贴附于控制体表面即可，并且可以采用柔性绝缘材料制作的激励器贴附于曲面上；②电极以及绝缘材料很薄，通常可以做到 200μm 左右，因此几乎不会改变控制体的外形；③通过施加电源控制，可以随时开启和关闭，实现实时、主动控制；④等离子体流动控制技术具有频带响应宽、响应迅速、功率消耗低等特点。由于等离子体流动控制技术的这些优点，等离子体激励器被用来控制平板边界层、圆柱、鼓包、涡轮叶片、翼型、三角翼、无人机等。

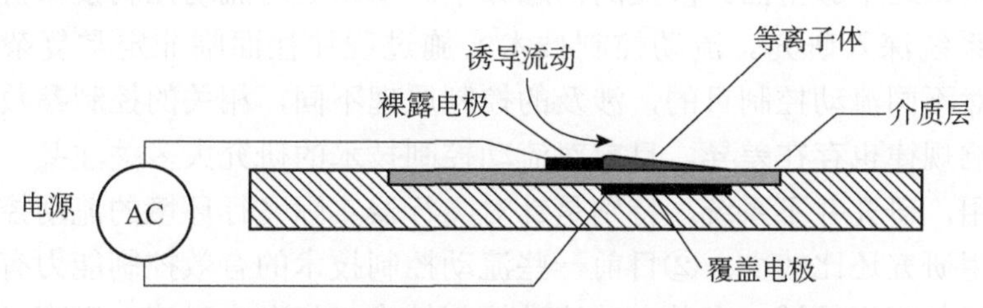

图 6-6 等离子体激励器示意图（Corke et al.，2010）

等离子体激励器的本质特点是可以诱导产生壁面射流和起动涡，基于这些特点，通过与其他流动控制技术的作用机理相结合，可以发展基于等离子体激励器的新的流动控制技术，如等离子体涡流发生器、等离子体格尼襟翼、等离子体环量控制、等离子体合成射流、等离子体矢量控制、等离子体展向振动等（Wang et al.，2013）。由于等离子体激励器较为简单，上述新的技术实现起来要比传统方案更容易，同时也可以解决传统被动控制技术不能实施主动控制的难题。但是目前大部分采用的介质阻挡放电等离子体激励器诱导流场速度有限，制约了该项技术的应用。纳秒等离子体激励器以及电弧放电等离子体激励器是最新发展起来的激励器类型，前者通过快速加热激励器的周围气体诱导产生压缩波和旋涡，后者通过快速加压腔体里的气体产生高速射流，均可以对超音速流动进行控制，因此具有较大的发展前景。

第三节　当前面临的需求与挑战

发展流动控制技术的目的之一便是在飞行器上应用，以提高其气动性能。目前，多段高升力翼型已经在飞机上进行了广泛应用，涡流发生器、翼尖小翼等被动流动控制技术也已经用到了飞机上。但是因为技术性、可靠性、工艺性等问题，大部分流动控制技术，特别是主动流动控制技术还处于实验室研究阶段，距离在飞行器上的实际应用还存在一定的差距。

一、技术性问题

掌握流动控制技术特性及规律是实际应用的重要前提，但是目前对某些技术的认识还不够全面。涉及的问题如下。①缺乏对流动控制技术机理及其应用的系统深入研究。流动控制技术实施过程往往面临非定常复杂流动问题，针对不同流动控制目的，涉及的控制原理不同，相关的控制参数、来流参数影响规律也存在差异。目前对流动控制技术的研究大多关注某一特定状态的应用，研究并不系统，特别是针对飞行器实际飞行环境的流动控制机理及其应用研究还比较少。②目前一些流动控制技术的有效控制能力有限，严重影响了其应用领域。多种主动流动控制技术，如合成射流、等离子体激励器等，都是基于其诱导产生的射流对流场进行控制，因此射流速度成为影响流动控制技术实际控制能力的重要因素。目前实验室研究中的合成射流、等离子体激励器等诱导射流速度普遍偏低，特别是等离子体激励器，其诱导速度大概在每秒几米到十几米的范围，因此其能够有效控制的来流速度范围有限，严重制约了流动控制技术在飞行器实际飞行环境中的应用。

二、可靠性问题

控制能力、控制效率、可靠性等是流动控制技术实际应用需要考虑的重要问题。相比被动流动控制技术，主动流动控制技术面临更严峻的可靠性问题。①首先需要保证主动流动控制技术的鲁棒性，亦即使其在设计的工作状态能够实时、有效地进行流动控制。当来流或飞行状态发生变化时，现有的控制方式依然能够对流场实施有效控制，或者即使流动控制失效，通过实时调节流动控制参数，也能够及时、有效地对流场进行控制，以达到所需的控制状态，维持飞行器的气动性能。上述要求涉及流动控制技术的两个重要研究内容，亦即闭环控制技术以及动态控制过程，但是目前对该领域的研究较少。特别是，由于对主动流动控制技术及其应用缺乏系统全面的认识，没有掌握外界环境及控制参数对实际控制效果的影响规律，因此难以建立一套针对实际应用的有效闭环控制系统。②主动流动控制技术应用的重要保障是保证控制系统工作过程的可靠性。主动控制技术由于涉及电子、电路、机械、材料、控制等复杂系统，如何保障流动控制系统安全、有效的运行是一个挑战，目前对该问题的关注还较少。

三、工艺性问题

大部分被动控制技术结构简单，可以在设计成型的飞行器上直接安装应用，并且不会破坏飞行器的原有气动布局和结构。主动流动控制激励器涉及复杂系统，实际应用的要求很高，难度很大。例如，环量控制需要飞行器机翼后缘具有科恩达效应的圆弧表面，合成射流激励器需要嵌入飞行器部件以内并且需要在控制面开槽或者开孔，因此主动流动控制技术难以在成型的飞行器上直接安装使用。主动流动控制技术的实际应用，需要提升到飞行器总体设计的高度战略性考虑。在飞行器设计之初，就需要考虑是否采用主动流动控制技术以及如何设计、安装、操作等问题，提出主动控制技术的应用方案，进行飞行器总体及主动流动控制技术应用的一体化设计。但是目前流动控制技术在飞行器设计中的地位还没有提升到该高度。

第四节　未来发展建议

不管是军用飞机还是民用飞机，增升减阻控制都是其追求的目标，未来新型飞行器的研发设计越来越离不开流动控制技术，特别是主动流动控制技术的支持。为了提高在新型飞行器上的应用程度，不仅需要进一步研究流动控制技术，还需要发展完善相关的实验技术和数值方法。

一、先进实验技术及数值方法研究

先进的实验技术及数值方法是推进流动控制技术在飞行器上应用的重要手段。①发展先进的实验测试技术，包括体视 PIV、层析 PIV 等三维流场测速技术以及压力敏感漆全流场测压技术等，以更好地理解流动控制技术的物理机理及其应用规律；②发展完善能够精确模拟流动控制技术在飞行器上应用的数值方法，以节约成本，提高效率。

二、流动控制基础研究

开展流动控制技术的基础研究是其实际应用的重要前提。以飞行器流动控制为背景，开展流动控制技术的基础研究工作，分析控制位置、控制参数、来流条件等的影响规律，掌握流动控制技术机理，建立流动控制技术主控参数及其基本特性、控制效果的数据库。

三、流动控制应用研究

开展流动控制技术的应用研究是其实际应用的重要途径。①根据量纲分析、相似准则等原理提取飞行器实际飞行的相关参数，于风洞中开展流动控制技术在飞行器上应用的实验研究；②开展流动控制技术在飞行器上应用的飞行实验研究，验证其控制效果，掌握控制参数影响规律，为实际应用积累经验。

四、流动控制新方法研究

完善现有的流动控制技术并且发展新概念流动控制技术，为其在飞行器的应用提供新方法。①改进现有的流动控制技术，提高其控制能力以及可靠性等；②根据已有的流动控制技术的基本机理，将不同流动控制技术结合起来实现新的控制功能，以克服单一流动控制技术的某些缺点；③与其他学科相结合，发展新型、高效的流动控制技术。

五、飞行器总体及流动控制应用一体化设计研究

流动控制技术在新型飞行器上的应用离不开飞行器总体及流动控制应用一体化设计。提升流动控制技术在飞行器设计中的地位，在飞行器总体设计阶段就需要考虑增升减阻等需求，找准流动控制技术的定位，实现飞行器总体及流动控制技术应用的一体化设计。

六、发展路径及可行性分析

目前一些被动控制技术，如涡流发生器、翼尖小翼等，已经广泛应用于大型飞机上。其他一些被动、主动控制技术也显示出了高效的控制能力，具有较大的应用潜力。在实际发展及应用过程中，可以遵循从简单到复杂、从无人到有人、从局部到整体的原则。首先，随着技术发展及相关问题的逐步解决，一些相对较为简单的流动控制技术逐渐成熟，完全可以在飞行器上进行应用测试，例如，格尼襟翼可以在舰载机等布局上进行应用验证。其次，考虑到可靠性等问题，一些流动控制技术可以首先应用到无人机上，在应用过程中进一步发展完善，例如，等离子体流动控制技术可以首先应用于微小型飞行器或无人机上。再次，一些流动控制技术可以在飞行器局部气动部件上进行飞行测试及应用，然后再推广到全机，例如，层流控制技术已经应用于波音 787 进气道入口。通过上述技术发展及测试应用，推进流动控制技术应用于飞行器并且提高其气动性能。

参 考 文 献

Barnes J P，2015. Aircraft energy gain from an atmosphere in motion: Dynamic soaring and regenelectric flight compared. AIAA paper 2015-2552.

Boomsma A，Sotiropoulos F，2016. Direct numerical simulation of sharkskin denticles in turbulent channel flow. Physics of Fluids，28（3）：035106.

Brücker C，Weidner C，2014. Influence of self-adaptive hairy flaps on the stall delay of an airfoil in ramp-up motion. Journal of Fluids and Structures，47：31-40.

Corke T C，Enloe C L，Wilkinson S P，2010. Dielectric barrier discharge plasma actuators for flow control. Annual Review of Fluid Mechanics，42：505-529.

John L L，2004. Why have only two circulation-controlled STOL aircraft been built and flown in years 1974-2004.//Proceedings of the 2004 NASA/ONR Circulation Control Workshop，Part 1，NASA/Office of Naval Research，603-622.

Levshin A，Custodio D，Henoch C，et al.，2006. Effects of Leading Edge Protuberances on Airfoil Performance. AIAA paper 2006-2868.

Wang J J，Choi K S，Feng L H，et al.，2013. Recent developments in DBD plasma flow control. Progress in Aerospace Sciences，62：52-78.

Wang J J，Li Y C，Choi K S，2008. Gurney flap-lift enhancement，mechanisms and applications. Progress in Aerospace Sciences，44（1）：22-47.

Zhang P F，Wang J J，Feng L H，2008. Review of zero-net-mass-flux jet and its application in separation flow control. Science in China Series E: Technological Sciences，51（9）：1315-1344.

第七章 飞行器低雷诺数流动问题

第一节 问题提出

雷诺数（Re）是飞行的一个十分重要的参数，常规飞行器飞行雷诺数一般在 10^6 量级或更高。针对低速飞行器，若在高空及临近空间大气密度较低的环境下飞行，如临近空间太阳能飞行器和飞艇，或是本身尺寸较小，如微小型飞行器，则飞行雷诺数将处于 10^4～10^5 量级，与之相应的螺旋桨推进器也将面临相同或更低的雷诺数范围。航空领域将雷诺数在 10^4～10^5 量级或更低定义为飞行器低雷诺数范围。从雷诺数的理论定义上可见，在低雷诺数范围气体惯性力同黏性力之比减小，黏性力占比将增大。研究和飞行试验发现，飞行器在低雷诺数下飞行，升阻比大幅降低，相应螺旋桨效率也大幅下降；其气动特性还表现出非定常非线性以及流动结构稳定性差等现象。同低雷诺数飞行器紧密相关的另一个共性问题是低翼载，这一共性特点导致这类飞行器运动响应和气动弹性同常规飞行器存在很大不同。由上分析，低雷诺数飞行器面临的气动特性恶化和飞行控制两个主要问题，已成为这类飞行器研制的主要技术瓶颈。虽然低雷诺数流动在空气动力学领域是一个分支，由于以往在低雷诺数环境下飞行的飞行器较少，工程应用需求不足，加之低雷诺数流动较常规雷诺数流动复杂，所以国内外针对飞行器低雷诺数空气动力学方面的研究相对较少。目前低雷诺数空气动力学领域的理论基础是 Horton 等的经典层流分离泡理论，其核心思想是由于层流抗逆压梯度能力较弱，升力面上发生层流分离，通过转捩引入能量发生再附，形成较大尺寸的层流分离泡，从而引起气动特性的较大改变。笔者项目团队的长期研究发现，层流分离泡物理上是不存在的，它是流动时均化的结果；另外，低雷诺数流动还存在另一种新的结构，即时均化的后缘分离泡，这一新的流动结构同经典流动结构有着明显差异，因此这一经典理论尚存在一些可深入探讨的地方。

进入 21 世纪，随着临近空间低速飞行器和微小型无人机成为热点，飞行器低雷诺数空气动力学的研究逐渐增多，但目前尚未有此领域的综合性论著。本书的写作目的是，根据笔者此方面的大量工作，论述相关的最新进展和探索，同时结合国内外相关成果，对飞行器低雷诺数空气动力及相关问题进行系统的阐述，为从事该领域研究的学者和工程技术人员提供参考。

第二节 相关研究发展态势

雷诺数表示流体微团所受的惯性力与黏性力的比值，可表示为

$$Re = \frac{\rho VL}{\mu} \propto \frac{惯性力}{黏性力} \tag{7-1}$$

式中，ρ 为来流密度；V 为来流速度；L 为飞行器特征尺度；μ为流体黏性系数。低雷诺数流动是流体力学的一个分支学科，且于近 30 年来发展成为一个活跃的分支领域。它一般指特征尺寸小、速度缓慢或环境密度低的流动。

低雷诺数并不是一个唯一确定的概念，不同研究领域，雷诺数的高低区分大不相同。对于在化工、环境、采矿、物理化学、生物力学、地球物理和气象学中的某些问题，常需要讨论微小粒子、液滴或气泡在黏性流体中的缓慢运动，其关心的雷诺数范畴为 1 附近，甚至远小于 1 而接近于 0，相应的流动问题称为欧辛（Oseen）流动和斯托克斯（Stokes）流动。此类问题具有专门的研究方法，Happel 和 Brenner 的专著很好地总结了此类问题在 20 世纪 60 年代中期以前的工作。严宗毅教授则在其著作中以此类低雷诺数问题在 70 年代之后发展的四种新方法为重点，系统介绍了此类低雷诺数流动的基本理论、精确解和各种半解析半数值近似解法。

对航空航天而言，常规飞行器雷诺数范围基本都在 10^6 量级或以上，其定义的低雷诺数范围与 Happel、Brenner、严宗毅等的定义不同。Lissaman 曾在 1983 年撰文指出飞行器雷诺数范围在 10^4～10^5 量级为低雷诺数。在此范

围内由于黏性力所占的比重增加，飞行器气动效率急剧恶化，流动非定常非线性效应显著。临近空间低速飞行器和微小型飞行器的飞行雷诺数就在这一范畴。对临近空间低速飞行器来说，其主翼、安定面的雷诺数范围大致为 10^4～10^5 量级，推进系统螺旋桨雷诺数范围也基本如此。对微小型飞行器而言，雷诺数也在这一范围，甚至更低。与此同时，低雷诺数飞行器通常翼载较小，比常规飞行器小 1～2 个量级，图 7-1 为飞行器雷诺数和翼载分布示意图。飞行器翼载低一般也具有轻质结构的特点，这种质量分布特点同大升阻比大展弦比气动外形特性耦合，会使相关飞行力学和流固耦合问题变得十分复杂。

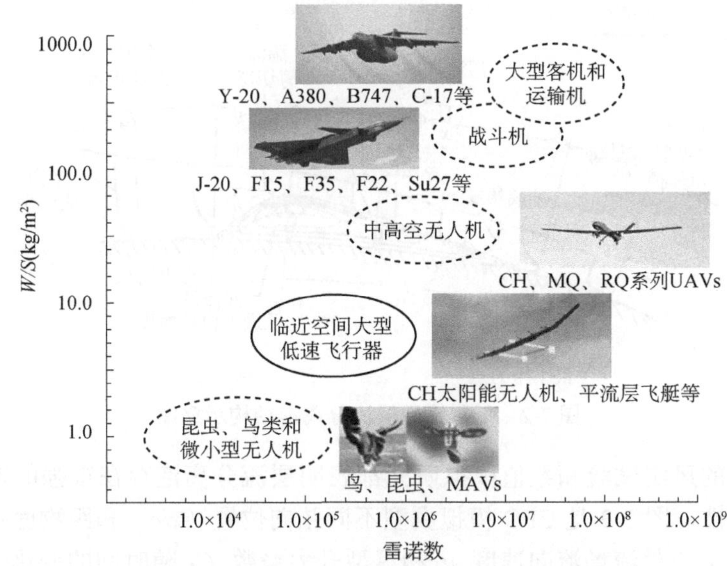

图 7-1　飞行器雷诺数和翼载分布示意图

一、经典层流分离泡理论及相关的新发现

层流分离（laminar separation）和转捩对低雷诺数气动特性和流场结构演化至关重要。正是由于它们的存在造成翼型和机翼阻力系数快速增大，升力系数和升阻比急剧下降，飞行器升阻特性和螺旋桨推进效率大幅下降。同时，由于操纵面一般布置在机翼后缘，处于层流分离影响显著的区域，低雷诺数流动对于舵面的气动特性和操纵效率也会产生很大影响。

低雷诺数流动机理研究的奠基性和开创性工作可以追溯到 20 世纪 60 年

代 Horton 和 Gaster 等提出的经典层流分离泡模型，他们首次系统地提出层流分离泡理论。该理论认为低雷诺数情况下层流附面层在逆压梯度的作用下产生分离，离开物面，层流流动在空间发生转捩，演化成为湍流，将外层高能量的气流引入附面层从而产生再附，形成层流分离泡(如图 7-2 所示)。并认为层流分离泡再附点后的附面层是湍流附面层。层流分离泡按位置和长度可分为短泡和长泡，短泡发生在翼型前缘附近，长度为弦长的百分之几；长泡发生在翼型后部，长度占翼型弦长的百分之十几至百分之几十。他们指出，正是层流分离泡的存在造成光滑机翼低雷诺数气动特性急剧变坏，升力系数快速下降，阻力系数快速增大，最大升阻比急剧下降。

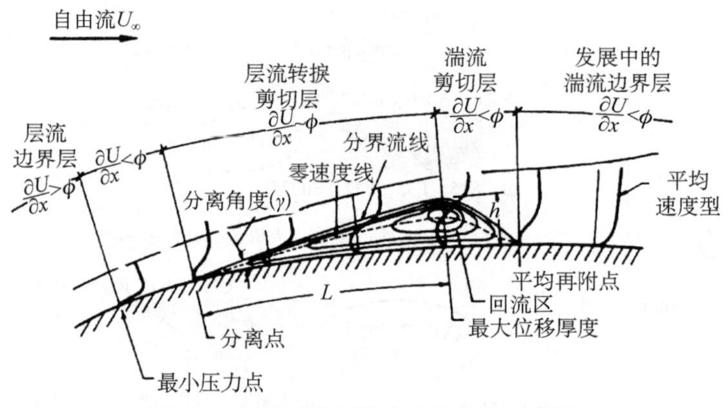

图 7-2　低雷诺数层流分离泡结构示意图

随后的风洞试验和数值模拟研究都表明层流分离泡存在很强的非定常和非线性特性，图 7-3 是 CFD 模拟翼型不同弦向位置（x/c）和距物面不同法向距离（y/c）点处流场流向速度 u 和翼型升力系数 C_L 随时间的变化。从图中可见在分离点之前（x/c=0.30），流动基本为定常，而在分离点之后的位置（x/c=0.54，0.65）流向速度分量产生周期性脉动。速度脉动幅值会随着弦向位置后移和距物面法向距离增大而增加，同时升力系数也呈现周期性变化的规律。同样试验观测所获得的再附点区域往往存在很强的压力脉动。国内外大量的风洞试验和 CFD 获得的结果显示，层流分离区存在一系列脱落的层流分离旋涡，证实低雷诺数流动实质上是一种非定常流动。对该非定常流场进行时间平均可以获得明显的层流分离泡流场结构和压力分布形式，这同 Horton 和 Gaster 等提出的经典层流分离泡理论一致，但对层流分离泡存在很强的非定常和非线性特性的认知，显然是对经典层流分离泡理论认识的进一步深化。笔者团队在研究低雷诺数流动翼型小攻角非线性特性时发现了一种新的流动分离结构，即后缘层流分离泡结构，图 7-4 为经典层流分离泡同后缘分离泡的对比。这一分离结构同经典层流分离泡存在显著的不同，主要区别表现在两方面：第一，时均化后缘分离泡始终停留在后缘上方，不随攻角变化，同时不存在像经典层流分离泡一样的再附点；第二，对应时均化后缘分离泡的非定常结构不同于经典层流分离泡，它的非定常区域较小，只是在后缘附近呈现非定常，而经典层流分离泡对应的非定常区域较大。基于这一新发现，通过大量的研究，表明这种时均化后缘层流分离泡具有普遍性，广泛存在于低雷诺数流场结构之中。更深入系统的研究结果表明，低雷诺数条件下这两种层流分离泡结构随攻角和雷诺数的变化发生演化，后缘层流分离泡的出现使翼型的升阻特性进一步恶化，简言之，经典层流分离泡主要使阻力增加，

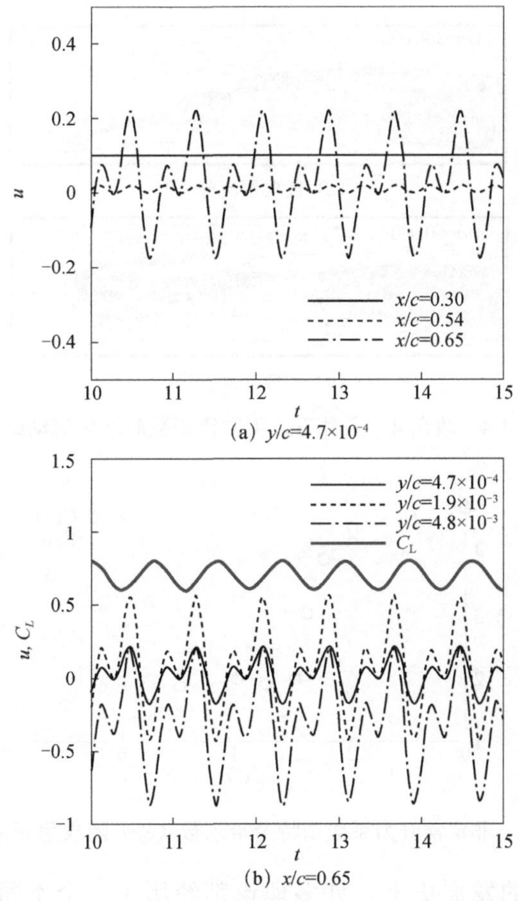

(a) y/c=4.7×10^{-4}

(b) x/c=0.65

图 7-3 雷诺数=6×10^4，$\alpha = 4^\circ$ 翼型上表面不同占位流向速度及升力系数时间脉动曲线

而后缘层流分离泡使升力大幅下降同时阻力急增。图 7-4 表明随雷诺数的下降，经典层流分离泡演化为后缘层流分离泡。同样，相同雷诺数下随攻角的变化，经典层流分离泡与后缘层流分离泡之间也会发生演化。两种不同流动结构之间的演化除导致升阻力特性差异较大外，也使得演化前后流场的非定常特性差别十分明显，图 7-5 为非定常升力系数的斯特劳哈尔数。从图中可见，演化前流动结构为后缘分离泡，在某一攻角突然演化为经典层流分离泡，流场的脉动频率突然降低。利用这一新发现很容易解释低雷诺数流动的很多特殊现象，例如，小攻角升力系数的非线性和升力及阻力恶化对应的攻角及雷诺数不同等。关于这一发现的相关研究内容，经典理论未曾论述，这可以说是经典理论的拓展和完善。

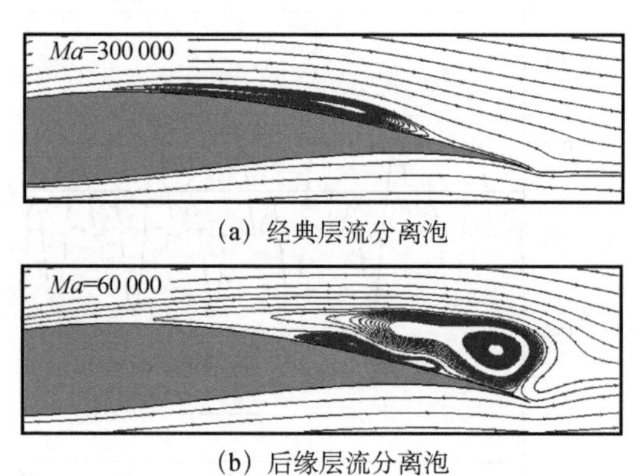

(a) 经典层流分离泡

(b) 后缘层流分离泡

图 7-4　攻角 4° 条件下，不同雷诺数时均化流动结构

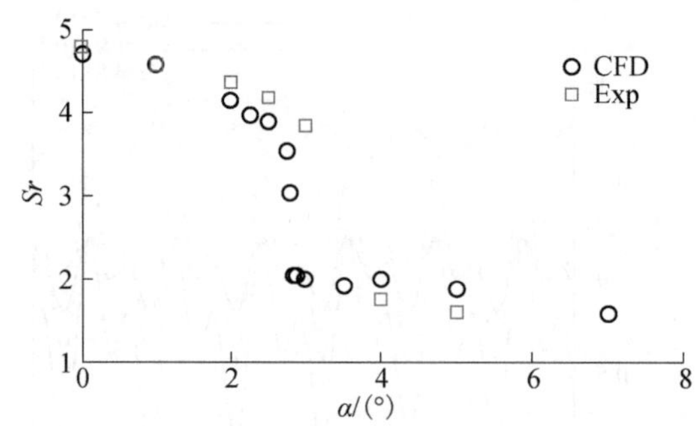

图 7-5　非定常升力系数斯特劳哈尔数（*Sr*）随攻角变化情况

在科学技术的发展史上，许多理论都经历了一个不断完善和发展的过程，低雷诺数流动理论上的进步也正在经历这一过程。低雷诺数经典层流

分离泡理论在低雷诺数流动领域无疑起到了奠基性的作用，其时均层流分离泡概念仍是指导低雷诺数流动研究的基础和工具。然而随着研究的不断深入，经典理论也需拓展和完善。实际上低雷诺数流动是一种非定常流动，不存在经典理论描述的层流分离泡，它是非定常流时均化的结果；低雷诺数流场存在两种不同特征的流动分离，以时均化概念则表征为经典层流分离泡和后缘层流分离泡，这两种不同的分离结构会随攻角和雷诺数变化而相互演化。

在层流转捩效应研究方面，前人已经发展了不同的数值模拟和试验研究方法，同时开展了大量的研究工作，但对低雷诺数流动的转捩机制并没有完全认识清楚。一般来说转捩机制主要可以分为自然转捩、旁路转捩和分离诱导转捩三种类型，人们往往将低雷诺数的转捩机制归结为分离诱导转捩。层流分离和分离诱导转捩的并存及相互影响使得低雷诺数转捩流动的机理研究非常复杂，截至目前，大量的文献都仅是提出分离诱导转捩的术语或概念，真正对低雷诺数条件下的转捩机制开展机理性研究的工作还基本空缺，但正是这部分机理研究工作的不足，造成低雷诺数流动转捩位置难以准确预测。

近期关于低雷诺数流动结构稳定性的研究工作已逐步展开，Wang 等采用高阶谱差分方法，计算了 SD7003 翼型在中等攻角时的绕流。他们的研究发现，附面层存在的低频振荡是导致流动失稳的一个主要因素，这种低频振荡不稳定性的增长不同于平行流的稳定性理论，也不同于前缘的感受性理论，具有比 T-S 波更高的增长率。这部分的工作刚刚开展不久，不够系统，但对于研究低雷诺数层流分离和转捩流动的作用机制很有意义。

二、低雷诺数气动特性的非线性特征

在低雷诺数情况下，对称翼型在 0° 攻角附近升力线斜率不再保持 2π，升力系数随攻角变化曲线会出现平台甚至反向，可能造成小攻角气动特性的非线性从而引起操纵反效。翼型在中等至大攻角范围，气动力系数出现与层流分离泡发展密切相关的“静态滞回”现象（图 7-6）。与翼型“动态滞回”为飞行器提供更高失速攻角及升力和力矩系数不同，“静态滞回”效应会影响翼型的最大升力系数和最大升阻比，并使之在很大的范围内变化，会造成低雷诺数飞行器机动能力和失速改出的困难及延迟恢复。

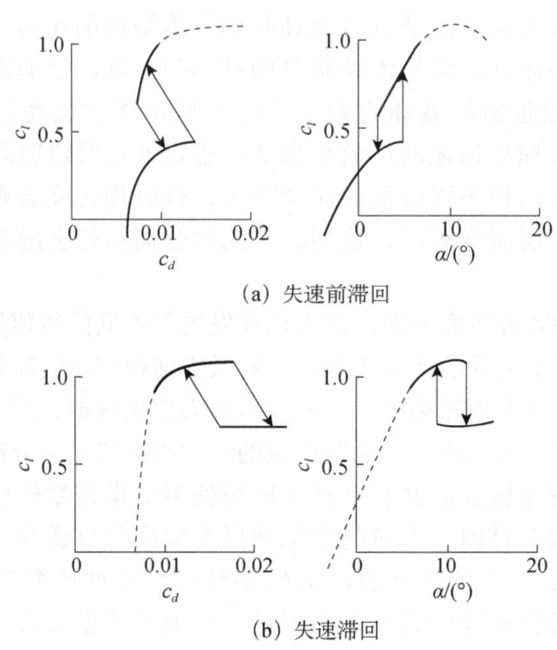

图 7-6 静态滞回效应

小攻角非线性效应的研究工作开展得较晚，2006 年，白鹏等采用非定常数值模拟和水洞 PIV 流动显示试验相结合的研究手段，以 SD8020 对称翼型为对象，较为系统地研究了翼型低雷诺数中等攻角以下的时均化和非定常层流分离效应与气动力特性，提出了一种不同于经典的“长层流分离泡”（long laminar separation bubble，LLSB）模型的时均化“后缘层流分离泡”（trailing-edge laminar separation bubble，TLSB）模型。其外部形态、内部结构和演化规律均与经典层流分离泡模拟存在显著差异。后缘层流分离泡的外形为棒槌形，显著特征为随着攻角增加，分离点前移、分离区变大，主涡的中心位置始终停留在翼型后缘点上方，不存在分离再附点，其层流分离时均化结果使翼型等效弯度发生改变，带来了升力随攻角增加的非线性。正是由于上述两类层流分离涡结构之间的演化造成了对称翼型低雷诺数小攻角升力系数非线性效应，细致研究表明，其非定常气动特性和压力分布也存在显著差异。2013 年，日本的 Kojima 等采用 LES 方法模拟了在雷诺数=2.3×10^4下的 NACA 0012 和 NACA 0002 翼型流动并进行了分析。计算显示较厚的 NACA 0012 翼型会出现升力的非线性，而薄翼型 NACA 0002 则不会出现。

翼型低雷诺数气动特性的另一个非线性效应方面突出表现在中等到大攻角的“静态滞回”效应。Mueller 在 20 世纪 80 年代中期针对静态滞回开展了较为细致的研究工作，发现存在两种形式：顺时针形式，研究发现其与长分离泡有关，一般发生在最大升力下，又称为失速滞回；逆时针形式，与短分离泡和长分离泡都有关，一般发生在中等升力下，也称为失速前滞回。“静态滞回”效应对应攻角不断增加和下降的不同行程中，相同攻角下的流态存在很大差别。

失速前滞回是在攻角增加时，位于弦中部的长分离泡变长并最后进入尾流，这如同尾缘失速，升力系数趋于变平，阻力系数突然增加；再增加攻角，尚未达到静态失速的翼型上长泡受压制变成近前缘的短泡，使阻力系数明显下降而升力系数提高，长泡压制成短泡。减少攻角到原应有长泡的攻角处并未出现长泡，再减少攻角，长泡出现，升力系数急减，阻力系数突增，形成逆时针方向。由长泡增长形成一个高阻力的弯头是失速前滞回的特征。失速滞回则是攻角已增至翼型的失速攻角附近，再增加攻角，升力系数突降，阻力系数突增，流动从经典时均化层流分离泡状态突变为大区域大尺度失速分离状态。当攻角减小时，这种状态将保持一定攻角范围，直至某个攻角时恢复经典层流分离泡状态，这时升力系数突增，阻力系数突降。不同方向行程，这两个临界攻角不同，前者攻角较大，后者攻角相对小些，形成顺时针方向。失速前滞回和失速滞回比较，两者发生流动结构突变的攻角不同，相应的升力系数一个由低到高，一个由高到低，从而滞回线回转方向不同。

三、低雷诺数流动的数值模拟和风洞试验

雷诺数处于 10^4～10^5 量级，流场中可能存在层流附面层、层流分离、转捩、湍流附面层和湍流分离。流动容易受来流湍流度、背景噪声和表面粗糙度的影响，使得其流态、流动结构和气动特性发生很大变化。也就是说流动本身稳定性较差，易受外界各种因素的干扰，这给风洞试验和 CFD 预测低雷诺数气动特性带来了很大困难。同时，低雷诺数条件下的动压低，作用在模型上的气动力小，难于在风洞中精确测量，对于风洞试验条件和测试设备的能力提出严苛要求。这些因素导致不同风洞获得的低雷诺数试验结果差异较大，存在很大的不确定性。数值模拟方面受特征矩阵刚度、方程性质、数值方法、网格黏性、低雷诺数转捩模型和湍流模型发展程度的限制，精确预测低雷诺数的气动特性也存在较大困难。

数值预测是低雷诺数气动特性和流场结构研究的重要技术手段，便于研究人员对流场结构的演化进行细致的时空结构分析，以及对其形成机理进行深入研究。低雷诺数气动问题数值求解的有效性、时空精度和所研究问题的复杂程度，是随着数值求解技术和计算机技术的不断发展而深入的。从早期的简化流动方程、面元法到 RANS 方程发展到 LES、DNS 等高精度模拟方法，同时结合相应的湍流/转捩模型，用于研究低速低雷诺数气动问题的数值方法也在不断进步。

20 世纪 70 年代 Roger Briley 采用涡量和流函数形式的简化二维 N-S 方程，数值模拟了平板上的层流分离，模拟到了层流分离泡的现象。20 世纪 80 年代德国斯图加特大学的 Eppler 教授发展了适用于低速翼型气动分析和设计的考虑边界层修正的面元法 Eppler 计算程序。80 年代后期至 90 年代，随着针对低速不可压流动的拟压缩方法和预处理方法的发展和完善，以及计算机技术的飞速发展，基于 N-S 方程数值模拟的层流分离研究开始蓬勃发展。代表性的工作如宾夕法尼亚州立大学的 Pauley 采用拟压缩的数值模拟方法，较为系统地研究了二维层流分离，集中于分离泡的非定常特性，特别分析了分离泡的时均化特性同试验结果的比较。随后，90 年代中后期至今，LES 和 DNS 等高精度数值模拟方法的成熟度不断提高，同时也为了更细致地了解研究层流分离的流动结构、时空演化规律和分离流动的稳定性，这些方法开始应用于低速低雷诺数气动问题的研究工作之中，例如，德国的 Rist 对人工强制扰动下的层流分离泡作了直接数值模拟，计算了平板上的层流分离泡，考虑了不同的二维、三维扰动波的发展。

早期的转捩流动预测技术可分为两类：一是经验近似方法，二是基于稳定性理论的方法。前者通过大量试验，将转捩的起始位置与来流湍流度和压力梯度等参数联系起来，完全不考虑转捩的内在物理机制，因此它只能大致判断出转捩的起始位置。与之相对，基于稳定性理论的方法是通过对层流扰动的发展进行分析，包括线性稳定性理论方法（LST）和抛物化稳定性方程（PSE）方法等。

20 世纪五六十年代 Smith 在分析总结大量测量数据后，提出预测边界层转捩的扰动空间增大理论，即 e^N 方法。随后结合边界层方程，进行翼型的平均流场求解，结合 e^N 分析方法，进行翼型转捩流动的预测，其中的 N 值由大量风洞试验结果进行分析后标定给出，根据流场的品质分成不同的取值范围。该方法是一种半经验的方法，可以较准确地分析不同流动环境下的翼型转捩位置。随着 RANS 方程的广泛应用，开始出现采用湍流模式理论研究转捩流动的方法。例如，Langtry 在 2004 年提出了基于当地关联的 $\gamma\text{-}Re_\theta$ 转捩模型，该模型通过转捩动量厚度雷诺数 Re_θ 控制边界层内间歇因子 γ 的生成，再通过间歇因子来控制湍流的生成，该模型可以较好地模拟各种外形的分离转捩与自然转捩现象，是目前低雷诺数转捩流动较为主流的模拟方法。LES 和 DNS 等方法可用于对低雷诺数转捩流动进行精细化模拟，但由于受到计算机发展水平的限制，只能应用于简单流场的模拟。

国内低雷诺数流动数值模拟工作起步较晚，但近些年国内不同研究团队也取得了较大进展，主要体现在使用 N-S 方程求解二维和三维低雷诺数流场方面，数值模拟精度有了较大提高。另外也发现了一些新的流动现象，如后缘层流分离泡结构，通过对经典分离泡和后缘分离泡之间演化的细致刻化，系统地揭示了不同涡结构之间的演化引起的气动特性变化规律，为低雷诺数空气动力学经典理论的发展和完善做出了重要贡献。

总的来看，对低雷诺数层流分离效应进行数值模拟研究的发展过程是随着数值模拟和计算机技术的发展不断深入的。虽然数值模拟可以很方便地开展层流分离流动的研究，并且相应的方法也经过了相关的风洞试验定性和定量的校验，但是，更精细的定量模拟能力（小参量如阻力模拟能力）还有待验证。同时低雷诺数流动存在较大的不确定性，易受不同因素的干扰发生变化，虽然目前基于 CFD 技术开展了大量的低雷诺数流动结构和机理的研究工作，但是通过 CFD 技术准确模拟低雷诺数的气动特性还是存在一定的难度，特别是对于雷诺数 $<3.0\times10^5$ 以下的情况。图 7-7 为 E387 翼型气动特性 CFD 结果的散布度分布，表明不同方法之间的 CFD 结果的散布较大。

低雷诺数风洞试验是低雷诺数数值模拟和机理研究的基础和前提。低雷诺数的基础理论和数值模拟研究工作往往首先源于风洞试验的观测，在其基础上进行深入分析，并最终通过风洞试验对理论发现和数值结果完成验证。低雷诺数风洞试验技术同常规低速风洞试验技术并没有本质的不同，其主要难点是流动稳定性差，易受风洞湍流度、噪声等因素的干扰。气动力测试有直接天平测力和测压法积分，气动力试验由于受模型尺寸和来流风速的限制，所受气动力或压力为小量，常规试验所用的测试设备和传感器的测试精度及量程难以满足要求。图 7-8 给出了国外不同研究机构采用不同风洞和试验方法给出的低雷诺数升阻极曲线，表明随着雷诺数的降低，试验数据之间差异较大，风洞试验同样存在不确定性。研究流场结构常采用烟/油流和 PIV

等非接触技术，这些流场显示技术可以很好地展现流场结构，是目前的低雷诺数流动常用的研究方法。

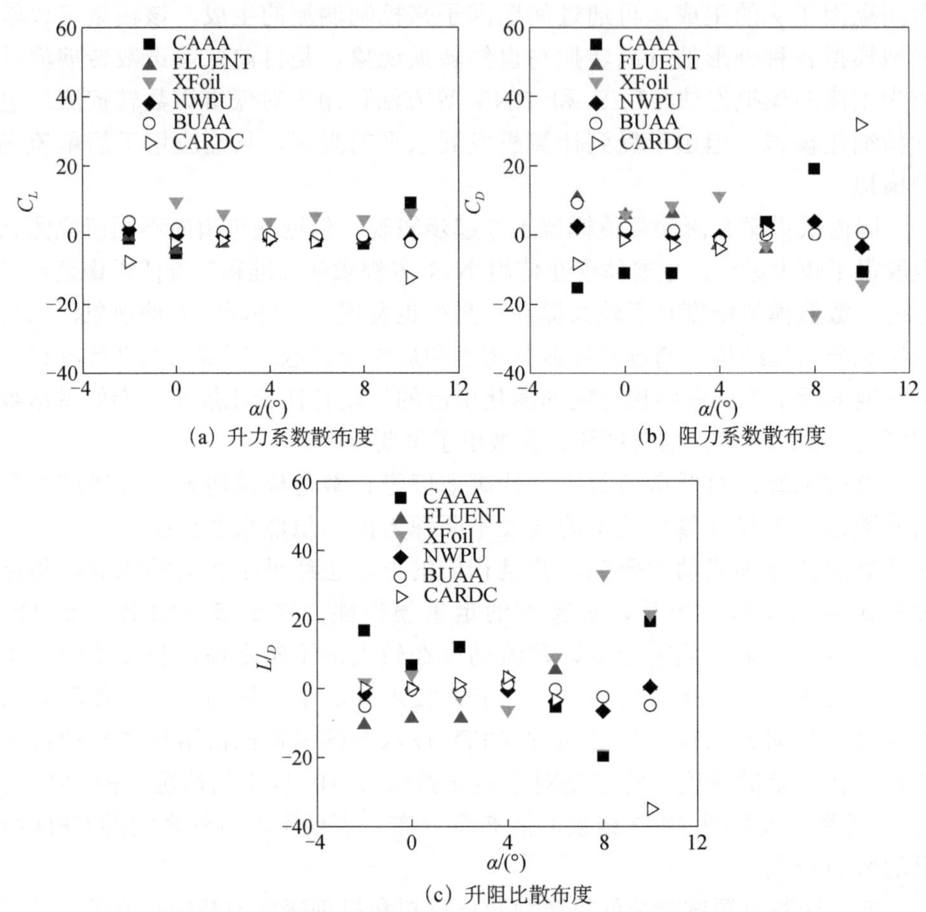

(a) 升力系数散布度 (b) 阻力系数散布度

(c) 升阻比散布度

图 7-7 E387 翼型雷诺数=1.0×10^5 气动特性数值计算散布度

截至目前，低雷诺数风洞试验技术主要是围绕精细测量二元翼型升阻特性、力矩特性，研究翼型表面层流分离、湍流再附特性等问题开展的。国外以 Mueller、Lissaman、Zimmerman、Liebeck 等为代表的学者对低雷诺数层流分离现象开展了较多的风洞试验研究，但由于低雷诺数气动特性的不确定性、模型缩比、粗糙度、来流湍流度等原因，不同的风洞和测试技术获得的气动特性曲线之间有一定的差别，且差别随雷诺数下降而增加。

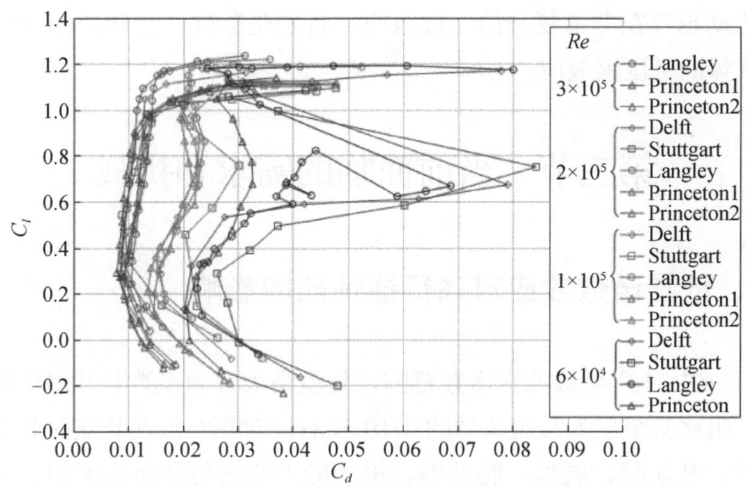

图 7-8 国外风洞试验极曲线散布度随雷诺数变化规律

四、低雷诺数流动三维效应

低雷诺数机翼三维效应及螺旋桨展向流动同常规雷诺数情况不同，有其显著的特点，主要表现在很强的展向流动和突出的三维层流分离效应。通常针对低雷诺数三维流动的研究主要是小展弦比和大展弦比两类机翼，在这两类机翼中，小展弦比机翼的特点更明显。展弦比相对较小，翼尖涡对流场的影响较大，在靠近翼尖的区域呈现三维流动的特点，流动发生混合，使得主流能量增加，增加了克服逆压梯度的能力，因此低雷诺数效应的影响变小，只有机翼对称面附近较小区域有着和二维相似的现象；另外，翼尖涡的作用随攻角增大而加强，同经典二维层流分离泡或两个翼尖涡之间形成干扰，导致流场十分复杂，同时减弱前面所述的二维低雷诺数流动效应；最后由于翼面上涡系的相互作用，引起了机翼展向流动的非对称，从而产生滚转力矩，这一现象已在多次飞行试验中证实。关于大展弦比机翼，由于翼尖涡影响的区域相对较小，其机翼的气动特性主要由二维特性决定，但在翼尖区域的气动影响同小展弦比基本类似。螺旋桨在低雷诺数条件下转速对其也存在很大的影响；径向速度的存在，使得桨叶上流动增加了能量，因此，层流边界层抗逆压梯度的能力增强，二维低雷诺数的效应相对减弱。同时螺旋桨根部和尖部的流动也存在非常复杂的三维效应，特别是桨尖，当转速较快时，甚至要考虑气体的可压缩效应。

第三节　当前面临的需求和挑战

一、低雷诺数效应对飞行器性能的影响

对于 10^4～10^5 量级的雷诺数范围，翼型最大升力系数与升阻比特性严重恶化，升阻比甚至仅为常规情形的 1/10 左右。对高空低速长航时和微小型飞行器而言，其航时、航程、爬升率、机动能力等均与升阻比密切相关，若受低雷诺数效应的影响使升阻比下降 20%～30%，则相应的总体设计性能也将下降 20%～30%。安定面的特征尺度较主翼更小，造成其工作雷诺数较主翼更低，更易受到低雷诺数效应的影响。另外，低雷诺数气动特性更容易出现非定常和非线性效应，从而对飞行器稳定性造成不利影响。同时由于操纵面都安装在机翼和安定面的后缘，受层流分离等低雷诺数效应的影响，造成其操纵效率下降，舵效不足常规雷诺数时的一半甚至反效。虽然目前对这些现象的形成机理、演化规律及行为特征已有所认识，但仍然缺乏有效提升其气动效率的方法手段。这些问题给低雷诺数飞行器总体和气动布局设计、气动特性分析带来了极大挑战，是严重制约低雷诺数飞行器性能和研制成败的重大基础科学问题。

螺旋桨是低速低雷诺数飞行器关键的动力推进装置，其高效率与宽工况性能是临近空间高空螺旋桨的核心设计要求之一。低雷诺数大幅度降低了螺旋桨的气动效率，这将严重影响临近空间飞行器的总体、能源、载荷、性能及研制成本等。对于临近空间螺旋桨动力系统所呈现的桨叶翼型最大升力与升阻比特性严重恶化、桨叶效率显著降低、高度非定常流动物理现象及强非线性气动特征、多工况适应性显著降低等问题，目前还未从导致上述现象的低雷诺数精确预测模型、作用机理、演变规律及力学特征等方面给出清晰的认识。此外，在最优物理解存在的极限范围内，借鉴主动/被动流动控制的思想与工作原理，最大限度地提高临近空间螺旋桨效率和宽工况适应性（宽的飞行高度、宽的飞行速度

范围）也是核心难题之一。上述问题给临近空间螺旋桨理论分析、气动设计与试验带来了极大的难度和挑战，成为制约临近空间低速飞行器发展的瓶颈之一。

二、低雷诺数气动特性预测精度

飞行器气动性能的精确预测对总体、气动、飞控、结构设计而言意义重大。雷诺数在 10^4～10^5 量级下，层流分离和转捩占据主导作用。由于层流流动不稳定，很容易受到来流湍流度、背景噪声及振动、模型表面粗糙度的干扰，从而影响其流动结构和气动特性。此外，出于减轻结构重量以及阵风减缓的目的，临近空间低速飞行器和微小型无人机常采用柔性蒙皮，在来流作用下，柔性蒙皮的变形和振动也会对低雷诺数流动和气动特性带来影响。这些因素的存在本身就会对低雷诺数气动特性带来很大的不确定性。

基于现有的数值模拟方法和风洞试验技术，准确预测低雷诺数气动特性存在很大困难。对风洞试验技术来说，首先，由于湍流度对低雷诺数气动特性影响很大，因此研究低雷诺数问题必须具备低湍流度和变湍流度的风洞，而目前国内外此类风洞设备从数量、尺度到能力都比较有限。现有大部分低雷诺数低湍流度风洞比较适合二维翼型的试验研究，对于大尺度的低速飞行器的三维试验难以胜任；其次，低速低雷诺数飞行器缩比模型的显著特点是小动压、小气动力、高升阻比，升力阻力不同分量之间存在 1～2 个量级的差异，对测力、测压等测试技术提出很大挑战。采用传统的天平结构和应变片已经无法满足所需指标和精度，需要在兼顾刚度/强度指标下，研制灵敏度更高的天平结构和半导体、光纤传感器。

对数值模拟技术而言，首先，数值求解低速低雷诺数流场面临的第一个问题就是特征矩阵的刚度问题。为了解决这个问题，需要采取拟压缩、预处理或 Simple 算法，但同时由于要求解非定常问题，需要引入双时间步方法，由此带来压缩因子设置、数值格式耗散等一系列问题。其次，对低雷诺数流动而言，转捩、湍流、来流湍流度的影响至关重要。因此相应的转捩模型、湍流模型及来流湍流度的数值模拟方法的选取极为重要，对低雷诺数流动而言，这方面的研究工作还远远不够。最后，低雷诺数条件下网格对数值模拟结果的影响较常规雷诺数大出许多，特别是壁面附近网格分布和流向流动变化剧烈的区域，这方面的研究工作还不系统，没有相应的准则可供参考。

三、低雷诺数流动机理、演化规律及低雷诺数效应的有效抑制

低雷诺数流动中层流分离和转捩对流场结构和气动特性起主导作用。一方面，层流附面层的摩擦阻力较湍流附面层的摩擦阻力小很多。但层流附面层不稳定易受逆压梯度的影响产生分离，一旦流动中出现了层流分离，必然造成压差阻力的大幅度增加和大尺度的旋涡脱落及压力脉动，严重影响其气动特性。特别是对低雷诺数流动来说，其层流分离的触发机理和影响因素的作用机制并不清晰。对这些触发机理和影响因素认识的不充分，会造成对低雷诺数层流分离流动的预测难以准确把握，难以定量分析不同因素、机制对气动特性和流场结构造成的影响及带来的偏差。

低雷诺数流动中另一个至关重要的要素是转捩。关于低雷诺数转捩机制，经典的层流分离泡理论认为低雷诺数流动的转捩发生在层流泡顶端。转捩引入了外流的能量导致流态变为湍流，从而发生再附，形成封闭的层流分离泡。这种转捩机制明显同常规的自然转捩及旁路转捩机制存在显著的不同。同时，近期的研究表明，所谓层流分离泡是一系列大尺度非定常层流脱落涡时均化的结果，从大量的试验和数值结果看并不存在稳定的层流分离泡。那么低雷诺数情况下的转捩机制到底是什么？仍然没有明确的答案。

对常规雷诺数的飞行器来说，研究转捩的主要目的是推迟转捩的发生，以尽量延长翼面上层流流动的区域，借此降低摩擦阻力，从而达到减阻的效果。然而对低雷诺数流动而言，转捩流动则具有明显不同的价值和作用。由于层流分离作用会显著增加压差阻力及造成升力损失，所以在出现低雷诺数层流分离之前，引入转捩使附面层变成湍流可以有效地抑制层流分离和非定常压力脉动，改善低雷诺数气动效率。但过早的触发转捩又会造成摩擦阻力的增加，不利于最佳气动效率的实现。因此研究低雷诺数

层流分离和转捩机制对于有效提升其气动效率，实现增升减阻流动控制具有重要价值。

四、低雷诺数飞行器伴随的飞行力学响应和气动弹性问题

一般低速低雷诺数飞行器翼载都较低且使用较高的升力系数飞行，同时飞行速度也较低，因此外部风场干扰相对影响较大，纵横向耦合严重。这就带来一个问题，即常规的飞行力学分析方法是否依然适用？基于线性小扰动假设得到的纵向/横航向解耦的线性化运动模型是目前分析飞行器运动特性的常用方法。结合常规飞行器的运动特性，对线性化模型进行高度简化，可以得到便于工程应用的飞行品质评估、操稳特性判据等方法，用于进行性能分析，并指导飞行器的总体设计。对低雷诺数低翼载飞行器而言，由于其速度低、尺寸大、气动力非线性，气流相对扰动量大，加之高升阻比和高升力布局引起的纵向/横航向严重耦合，对常规分析方法的适用性提出了挑战，是一个值得深入研究的问题。

低雷诺数飞行器往往面临运动耦合严重和响应异常的问题。纵向俯仰角速率和俯仰角运动的稳定性较好，会导致外界风场作用下攻角运动和轨迹运动都存在较大的波动，即攻角同姿态角强耦合；横航向上地速较低，遭遇逆风时地速更低，接近甚至小于零，使得航向、航迹难以控制，且由于横向与航向之间耦合作用明显，很小的滚转角运动就会引起航向和航迹的明显变化，即转弯半径很小。

巡航速度低且具有很高的升力系数，导致偏航角速率引起的滚转力矩系数的交感力矩导数很大，这使得螺旋模态的稳定性较差，一般是不稳定的，发散速度很快。同时其螺旋模态的稳定性不仅受纵向爬升角（下滑角）的影响，而且当攻角存在波动时螺旋模态的稳定性也会发生较大的变化，因此，此类飞行器的纵向与横航向之间存在着强耦合，这些给此类飞行器的稳定飞行带来了诸多困难，极大地增加了飞行控制难度。

对临界空间太阳能无人机而言，由于其翼载低及大展弦比的机翼布局，气动弹性问题将变得比常规飞行器严重，在气动弹性分析、试验技术、阵风响应与减缓方面，都有着气动弹性发展历史上从未有的科学和技术内容。大

展弦比低翼载，带来结构的柔性问题，所谓柔性结构是相对常规弹性飞行器结构而言的，通常表现为结构的变形位移大，超出了常规结构的线性假设范围。同时这样的结构振动频率低，有可能同飞行器运动模态频率接近而发生耦合。这些特点，使原有的线性系统方法不再适用，从而增加了结构设计的困难。

低雷诺数的流动特征同样影响气动弹性特性，这主要体现在低雷诺数流动的非定常特性、大的层流分离以及气动特性的非线性特点。这些不同于常规流动结构的变化现象，超出了常规气动弹性分析所采用的一般流动理论常用的范围。另外，一般情况下，低雷诺数飞行器翼载小、飞行速度低，因此阵风扰动和结构变形的影响相对较大，这给阵风响应预测和减缓以及飞行控制技术都带来了更大的挑战。

参 考 文 献

白鹏，崔尔杰，李锋，2006. 对称翼型低雷诺数小攻角升力系数非线性现象研究. 力学学报，38（1）：1-8.

白鹏，李锋，詹慧玲，2015. 翼型低 *Re* 数小攻角非线性非定常层流分离现象研究. 中国科学：物理学 力学 天文学，45（2）：24703-024703.

李锋，白鹏，石文，等，2007. 微型飞行器低雷诺数空气动力学. 力学进展，37（2）：257-268.

李锋，白鹏，叶川，等，2015. 临近空间太阳能飞行器关键基础力学问题研究. 中国科学:物理学力学天文学，12：87-97.

李建华，李锋，2007. 机翼低雷诺数流动数值模拟. 空气动力学学报，25（2）：220-225.

严宗毅，2002. 低雷诺数流理论. 北京：北京大学出版社.

Briley W R，1971. A numerical study of laminar separation bubbles using the Navier-Stokes equations. Journal of Fluid Mechanics，47（4）：713-736.

Gaster M，1966. The structure and behavior of laminar separation bubbles. AGARD CP-4.

Happel J，Brenner H，1983. Low Reynolds Number Hydrodynamics.Boston: Kluwer.

Horton H P，1968. Laminar separation bubbles in two- and three-dimensional incompressible flow. University of London Ph.D. Dissertation.

Kojima R，Nonomura T，Oyama A，et al.，2013. Large-eddy simulation of low-reynolds-number flow over thick and thin NACA airfoils. Journal of Aircraft，50（1）：187-196.

Liebeck R H，1992. Laminar separation bubbles and airfoil design at low Reynolds numbers.

AIAA 92-2735.

Lissaman P B S，1983. Low-reynolds-number airfoils. Annual Review of Fluid Mechanics，15: 223-239.

Mueller T J，1985. The influence of laminar separation and transition on low reynolds number airfoil hysteresis. Journal of Aircraft，22（9）：763-770.

Pauley L L，Moin P，Reynolds W C，1990. The structure of two-dimensional separation. Journal of Fluid Mechanics，220：397-411.

Rist U，Maucher U，1994. Direct numerical simulation of 2-d and 3-d instability waves in A laminar separation bubble. Application of Direct and Large Eddy Simulation to Transition and Turbulence. Agard CP-551.

Shyy W，Lian Y，2008. Aerodynamics of Low Reynolds Number Flyers. New York: Cambridge University Press.

Wang Z J，2000. Two dimensional mechanism for insect hovering. Phys. Rev. Lett.，85：2216-2219.

Ye C，Li F，Li G，et al.，2016. Lateral-Directional Stability of the Near-space Solar-powered Aircraft. AIAA Paper，AIAA-2016-0513.

Zimmerman C H，1935. Characteristics of several airfoils of low aspect ratios. NACA Tech Note.

第八章 新型空天推进系统中的力学问题

第一节 问题提出

以吸气式发动机为动力的临近空间飞行器，是人类实现“空天往返”和追求“全球及时到达”理想目标的一种较为现实的选择。临近空间高超声速飞行器具有如此优异的性能主要在于采用了革命性的动力系统。首先，由于巡航飞行马赫数远大于传统战斗机，现有吸气式发动机已不再适用。当马赫数大于 3 时，由于进气道激波产生的压缩已经很强，不再需要压气机，而应当采用冲压发动机；但当马赫数达到 6 左右时，气流总温已达 1500K 以上，传统的亚燃冲压发动机效率大大降低；而如果保持进入发动机的气流为超声速，在超声速气流中组织燃烧，发动机仍能有效工作，此即超燃冲压发动机。超燃冲压发动机在马赫数为 6 以上的性能远大于亚燃冲压发动机，它能工作到马赫数为 12～15。

尽管超燃冲压发动机在马赫数为 6 以上性能最佳，但它在马赫数为 4 以下不能有效工作，低速条件下不能自启动，因此空天飞行器需要采用其他类型的发动机来加速至马赫数为 4 左右。在马赫数为 3 以下航空涡轮发动机具有很高的燃料比冲性能，结合冲压技术的涡轮发动机可以工作到马赫数为 4，在马赫数为 4 以上可采用亚燃/超燃双模态冲压发动机。因此，采用涡轮基组合循环发动机是在大气层内飞行的空天飞行器的一个很好的选择。而火箭基组合循环发动机也能够实现零速自启动、加速至马赫数为 4 左右转入双模态冲压发动机工作状态，而后在马赫数为 12～15 以上转入纯火箭模式，直至入轨。开展组合循环推进系统关键技术的研发，能够形成全球快速响应 ISR 和精确打击一体化的能力，在日趋剧烈的“区域拒止与反介入”对抗中占得先机。

此外，由于爆震燃烧具有燃烧反应快、距离短和热力循环效率高等优点，利用爆震来组织燃烧的发动机具有很高的理论性能，结构简单，而且还具有低速自启动能力，因此在高超声速飞行器上具有很好的应用前景。

第二节　相关研究发展态势

一、新型推进系统基本原理

（一）超燃冲压发动机

冲压发动机属于吸气式喷气发动机类，由进气道、燃烧室和尾喷管构成，没有压气机和涡轮等旋转部件，高速迎面气流经进气道减速增压，直接进入燃烧室与燃料混合燃烧，产生高温燃气经尾喷管膨胀加速后排出，从而产生推力（图 8-1）。当冲压发动机燃烧室入口气流速度为超声速时，燃烧在超声速气流中开始进行，这类发动机称为超燃冲压发动机。超燃冲压发动机通常又可分为双模态冲压发动机和双燃烧室冲压发动机。双模态冲压发动机是指发动机根据不同的来流速度，其燃烧室分别工作于亚声速燃烧状态、超声速燃烧状态或超声速燃烧/亚声速燃烧/超声速燃烧状态。双燃烧室冲压发动机是指同一发动机同时具有亚燃冲压和超燃冲压双循环的超燃冲压发动

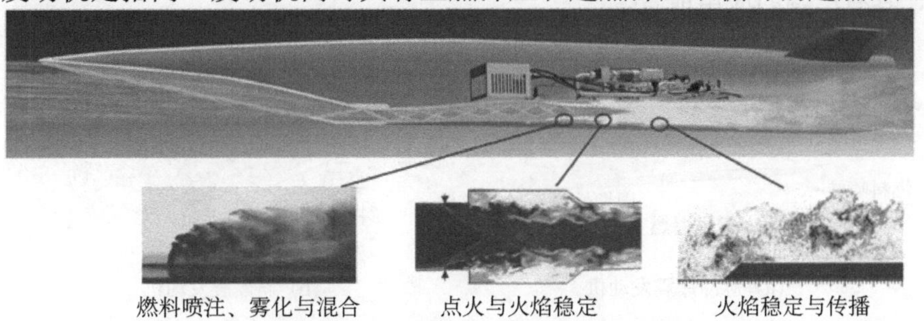

图 8-1　超燃冲压发动机原理示意图

机，采用双循环的主要目的是用亚燃冲压发动机点燃超燃冲压发动机来解决煤油燃料的点火和稳定燃烧等问题。

（二）爆震发动机

脉冲爆震发动机（pluse detonation engine，PDE）是一种利用间歇式或脉冲式爆震波产生的高温、高压燃气发出的冲量来产生推力的新概念发动机［图 8-2（a）］。根据是否自带氧化剂，PDE 可分为吸气式脉冲爆震发动机和脉冲爆震火箭发动机。PDE 的一个工作循环包含氧化剂和燃料的填充、爆震的起始、爆震波的传播以及排气等四个基本过程。与传统的推进系统相比，PDE 具有两个显著特点，即非稳态运行和爆震燃烧。斜爆震发动机（oblique detonation engine，ODE）利用驻定的斜爆震波来组织燃烧，应用于来流速度达到或超过 C-J （Chapman-Jouguet） 爆震速度的情况［图 8-2（b）］。高超声速飞行器的前体一般都相对较长，可在飞行器的前体处喷射燃料，与空气来流一起经前体压缩进入燃烧室，最后在燃烧室内通过斜激波诱导爆震燃烧，这就是 ODE 的工作原理。与超燃冲压发动机相比，ODE 具有以下优势：爆震燃烧模式放热快，可缩短燃烧室长度，减轻发动机重量；能够拓宽飞行马赫数范围，在马赫数远高于 8 时仍能发挥很好的性能；通过 C-J 斜爆震燃烧模式，熵增和总压损失都较小，发动机推力性能较高。连续旋转爆震发动机（continuous rotating detonation engine，CRDE）通常采用环形燃烧室，推进剂从燃烧室的封闭端喷入，存在一个或多个爆震波在燃烧室内连续旋转传播，燃烧产物从另一端高速排出，从而产生推力［图 8-2（c）］。CRDE 只需一次起爆即可连续工作，且爆震波传播频率高达数千赫兹，能够提供稳定的推力；可应用于火箭基和冲压基两种工作模态，由于爆震波的传播方向和介质来流方向相互独立，在来流速度从亚声速到超声速的大变化范围内都能稳定工作，具有广阔的应用前景。

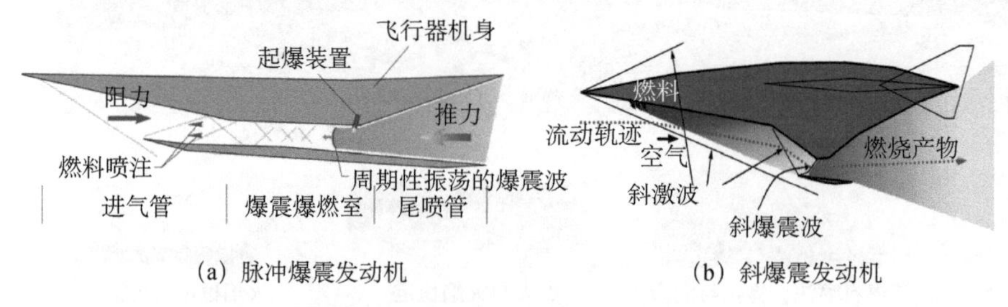

(a) 脉冲爆震发动机　　(b) 斜爆震发动机

图 8-2　爆震发动机原理示意图

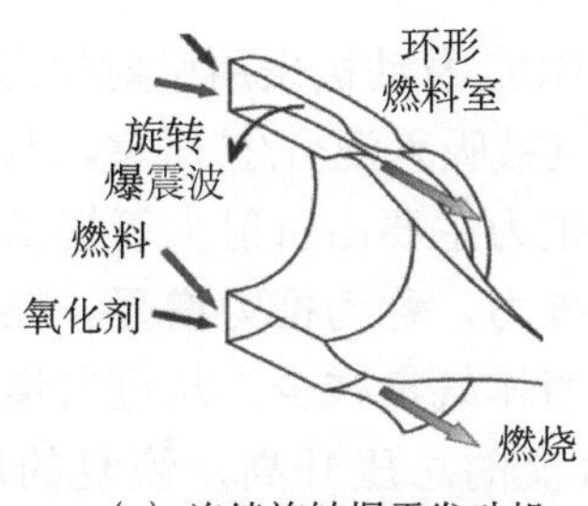

（c）连续旋转爆震发动机

图 8-2　爆震发动机原理示意图（续）

（三）组合循环发动机

火箭基组合循环发动机将火箭发动机和吸气式发动机结合在一起，组成了一个一体化的推进系统（图 8-3）。火箭基组合循环发动机由进气道、混合/扩压室、燃烧室和喷管组成，其中火箭发动机布置在混合/扩压室中。一般而言，它共有四个工作模态：引射模态、亚燃冲压模态、超燃冲压模态和纯火箭模态。通过在部分轨道上升段使用空气中的氧，可以获得比火箭发动机更高的平均比冲。

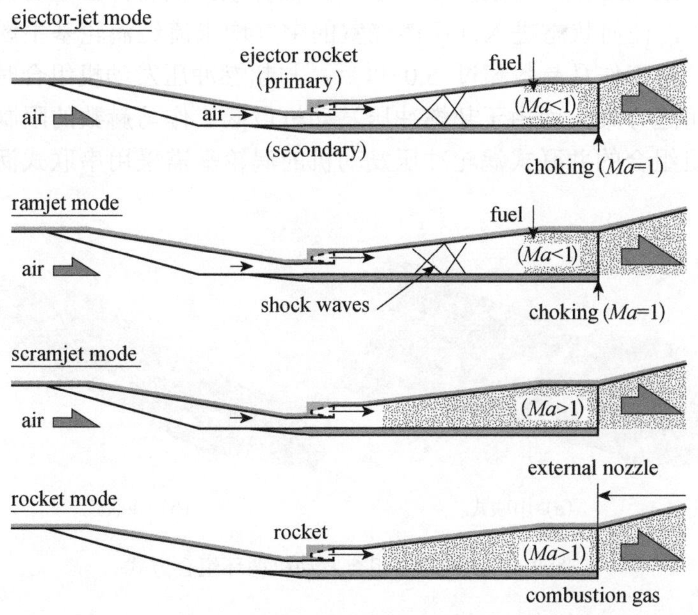

图 8-3　火箭基组合循环发动机典型工作模态示意图（Huang et al.，2014）

在马赫数为 0～3 时，RBCC 发动机采用引射模态工作。在从火箭排出的高温燃气的引射作用下，空气被吸入混合/扩压室，与富燃燃气混合并燃烧。由于来流动压低，发动机的推力主要由引射火箭提供。高温燃气与空气掺混后，进行补燃燃烧，也产生推力，称为推力增强。在马赫数为 3～6 时，采用亚声速燃烧冲压模态，火箭排气量减少，从进气道流入的高速气流的压力在扩压段得到恢复。由于气流的总压升高，恢复的压力可以产生足够的推力。随着马赫数的进一步提高，在马赫数为 6～7 时，发动机由亚燃冲压模态转变到超燃冲压模态，采用超声速燃烧冲压模态。当飞行马赫数超过 12 时，发动机转入纯火箭模态，进气道关闭，仅由火箭产生推力。

涡轮基组合循环发动机是一种吸气式组合动力方案，它是航空涡轮发动机技术和冲压发动机技术的有机融合，是一种可以在飞行高度 0～40km、亚、跨、超声速和高超声速条件下均能高效工作的动力装置。涡轮基组合循环发动机存在多种组合形式，按照进入冲压燃烧室的空气是否流经涡轮基主燃烧室可分为串联、并联两种基本布局。串联式涡轮冲压组合发动机［图 8-4（a）］存在进入冲压燃烧室的空气全部或部分流经涡轮基主燃烧室的工作状态，迎风面积小、单位推力高，但受涡轮发动机材料、强度、燃烧模式等因素限制，最大工作马赫数为 5.0 左右。而并联式涡轮冲压组合发动机［图 8-4（b）］，任何状态进入冲压燃烧室的空气均未流经涡轮基主燃烧室，迎风面积大。当工作马赫数超过 5.0 以后，与超燃冲压发动机组合时，并联布局是唯一可选方案，而由于超燃冲压发动机最低工作马赫数的限制，与超燃冲压发动机组合的并联式涡轮冲压发动机的涡轮基需采用串联式涡轮冲压组合发动机。

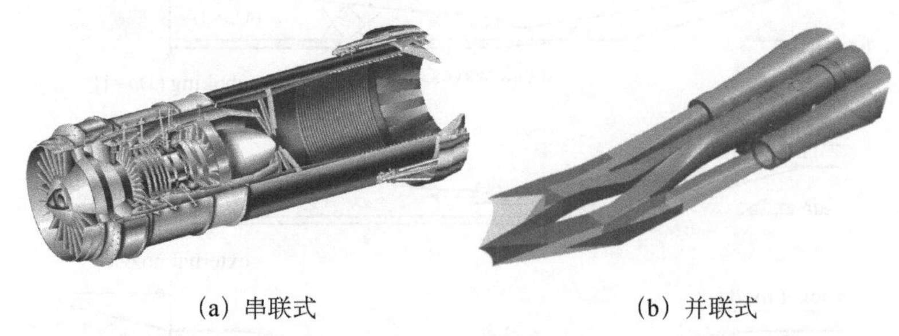

(a) 串联式　　(b) 并联式

图 8-4　涡轮冲压组合发动机循环组合方式

空气涡轮火箭发动机是航空涡轮发动机、冲压发动机和火箭发动机成熟技术的有机融合。空气涡轮火箭发动机基本组件包括燃气发生器、压气机、涡轮、混流器、燃烧室和喷管。空气涡轮火箭发动机工作时，通过相应方式产生高温富燃燃气驱动涡轮，涡轮带动压气机工作，大气中的空气经过压气机增压后直接进入涡轮后的燃烧室，在燃烧室内与经过涡轮做功后的富燃燃气进行混合燃烧，生成高温燃气，通过喷管膨胀产生推力。图 8-5 为空气涡轮火箭发动机基本结构及工作原理示意图。

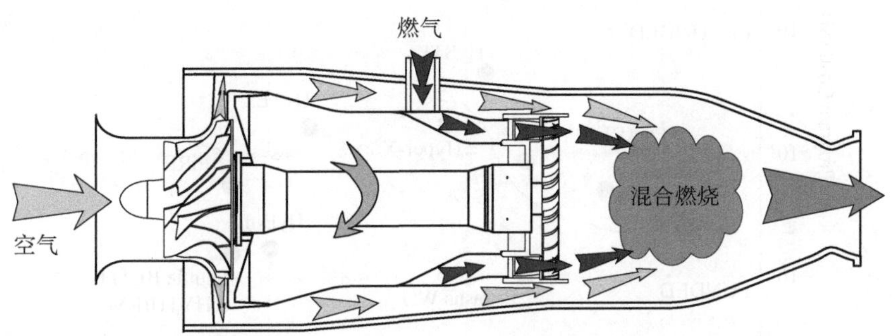

图 8-5　空气涡轮火箭发动机基本结构及工作原理示意图（李平，等，2011）

二、高超声速流动机理及控制理论研究

随着高超声速飞行器试验技术、高超声速风洞测量技术和超级计算机技术的发展，高超声速流场精细测量、高超声速流动 LES 成为可能，但相应的流动机理与控制研究仍有若干关键问题需要解决。国内外多次飞行试验研究（图 8-6）表明，高空“寂静”来流条件下的飞行器内/外流场展现了与地面试验相当不同的流动特征。高空大气湍流度很低，自由飞行的高超声速飞行器流场，初始为层流流态，在向下游发展过程中，经过复杂的转捩过程发展为湍流。在进气道型面和飞行器壁面曲率的影响下，流场的感受性、转捩、湍流与抗分离特性呈现出更为复杂的物理机制。真实飞行条件下的高超声速流动机理研究对高超声速飞行器设计有重要的指导作用。

同时，高超声速飞行器的研究热潮，促进了相关交叉学科方向的发展，为高超声速流动机理与控制研究提供了重要机遇。高超声速静风洞是我国力学学科未来几年发展需要重点支持的两大实验平台之一。国防科技大学和北京大学经过长期合作，突破了高超声速静风洞设计的若干关键技术，分别建成了直连式和自由射流式高超声速静风洞，为真实飞行条件下高超声速流场精细结构的研究提供了理想的实验环境。与此同时，我国高超声速流场精细

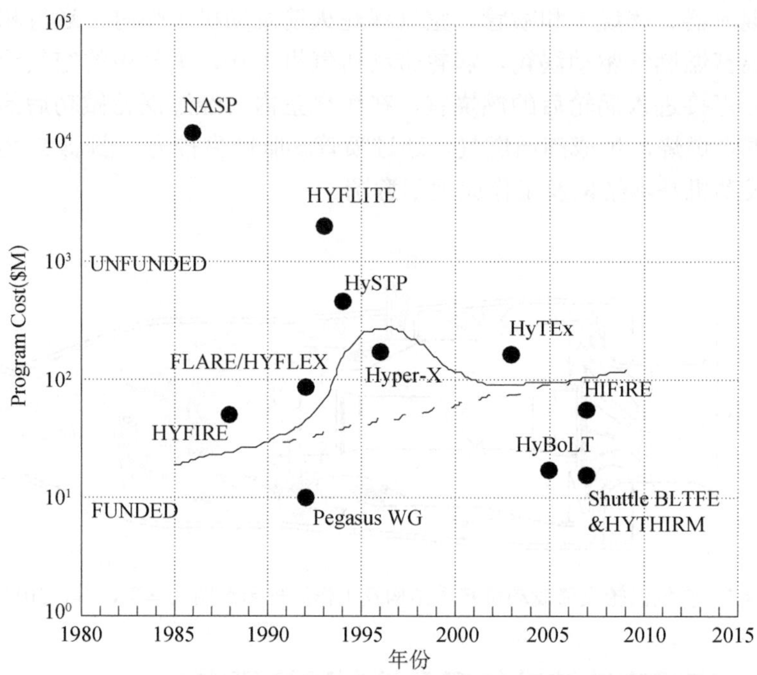

图 8-6 高超声速流动研究飞行试验（Berry et al.，2011）

结构测量技术也呈现出百家争鸣的局面，高超声速 PIV、NPLS、TDLAS 等一系列新技术，成为高超声速飞行器流动机理与控制研究中的关键技术手段。图 8-7 为高超声速进气道曲壁边界层流场精细结构（Wang，Wang，2016）。

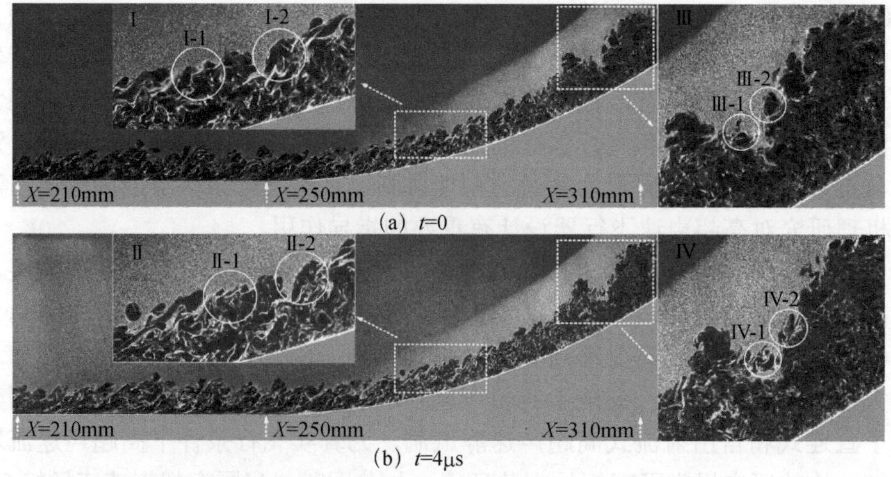

图 8-7 高超声速进气道曲壁边界层流场精细结构（Wang，Wang，2016）

2012 年，*Annual Review of Fluid Mechanics* 刊文指出，“……随着并行算法和高性能计算机的发展，DNS 已经成为研究高超声速边界层转捩的成熟工具……”（Zhong，Wang，2012）。我国“天河”超级计算机多次取得世界第一，基于 PFlops（每秒千万亿次）甚至更快的高超声速 DNS 计算已经触手可及，为高超声速流场 LES 研究提供了难得的机遇。

在我国飞行试验、风洞实验、数值模拟逐渐成熟的条件下，高超声速进气道与前体边界层转捩、微型涡流发生器流动控制、激波与边界层的相互干扰、超声速大 S 弯流场设计及其控制、超声速流场中燃料射流的喷注与混合过程等研究，将成为未来研究的重点和难点。通过精细测量与模拟，建立适用于高超声速飞行器研究的流动模型，对于指导高超声速飞行器关键技术攻关与工程设计具有重要的意义。

三、超声速燃烧机理及燃烧增强机制研究

超燃冲压发动机中来流速度快，燃料在燃烧室内的滞留时间只有毫秒级，要在如此短的时间内完成燃料与来流的混合、点火、形成扩散火焰并传播至整个燃烧室，实现稳定高效的燃烧流场，难度很大。受燃烧效率和发动机性能的制约，燃料射流的要求有：实现快速的混合与燃烧，总压损失最小化，尽可能使燃烧室出口截面流动均匀以保证喷管能实现有效的膨胀过程，其中实现快速的混合和燃烧最为重要，而混合是所有物理过程的开始，也是制约点火和火焰传播等燃烧过程的主要因素。为了增强燃料/空气混合，超声速燃烧室内通常采用两种基本方案：一是使用涡诱发装置，如斜坡、塔门、支板、凹腔等；二是利用激波与燃料射流的相互作用，促进燃料与周围空气的混合。

超声速燃烧与普通燃烧过程相比的一个鲜明特点就是来流速度快、燃料驻留时间短，因此点火和火焰稳定难度大，需要采取有效的稳焰措施。超燃冲压发动机内通常采用凹腔作为火焰稳定器，其基本思想就是在超声速气流中建立一个低速回流区，通过回流区中的部分亚声速燃烧实现火焰稳定，因为比较稳定存在于凹腔中的火焰可作为超声速核心流的一个点火源。对于凹腔上游喷注燃料的双模态超燃冲压发动机，Micka 等（2010）发现了两种不同的燃烧稳定模式：低总温时燃烧稳定在凹腔内，高总温时稳定在燃料射流下游很短距离的尾迹内，这两种模式分别称为凹腔稳定模式和射流尾迹稳定模式。对凹腔稳定的射流燃烧，Wang 等（2013）利用实验和数值研究初步

揭示了其火焰稳定与传播的主导机制。图 8-8 为凹腔稳定射流燃烧的 OH-PLIF 图片（Wang et al.，2013）。

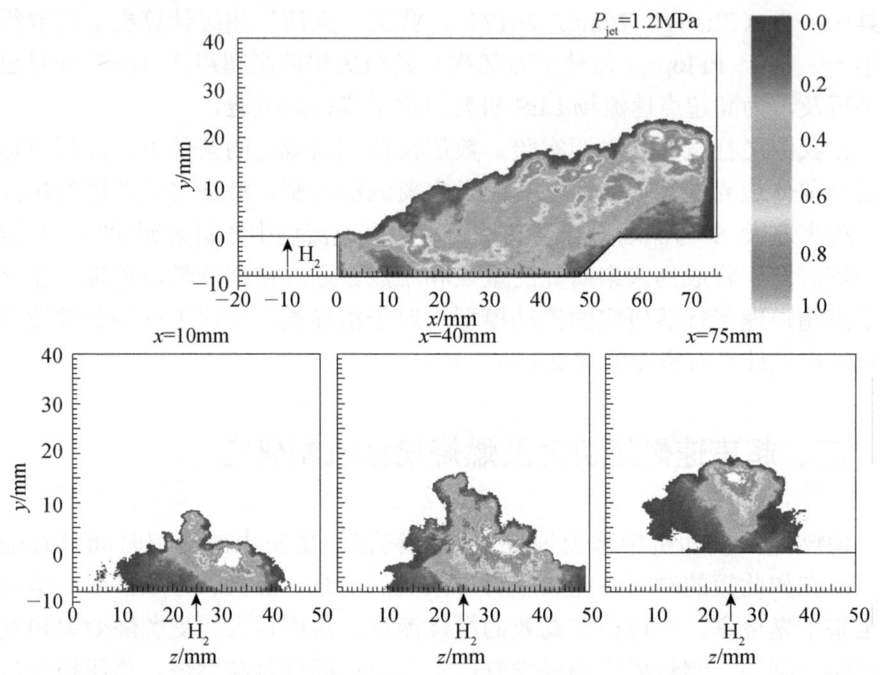

图 8-8 凹腔稳定射流燃烧的 OH-PLIF 图片（Wang et al.，2013）

超燃冲压发动机内燃烧过程的另一个重要特点就是来流总温高，往往接近或超过燃料的着火温度。因此，虽然认为超燃冲压发动机内的燃烧主要发生于火焰模式，但是自点火效应通常具有重要影响。Ben-Yakar 和 Hanson（1999）清晰地观测到飞行马赫数为 10 的条件下氢气横向射流的自点火，近来研究表明即使在相对较低的飞行马赫数（4～6）条件下，自点火仍可能对燃烧过程产生重要影响。虽然普遍的观点认为超声速燃烧应该主要被看成“火焰”，但是本质上讲这种抬举火焰稳定机制中自点火和火焰传播是同时存在的。因此，在超燃冲压发动机燃烧室的高总焓条件下，自点火和火焰传播之间可能存在明显的相互转化和干扰作用。如此一来，化学动力学、化学反应-湍流相互作用以及火焰传播都是需要考虑的重要因素。考虑到化学反应-湍流的相互作用，采用 PDF（probability density function）模型和火焰面相结合的方法可能是改进凹腔稳定燃烧数值模拟的一条可行之路，因为这种方式有可能在目前能接受的计算耗费下同时很好地捕捉湍流条件下的自点火和火焰传播过程。

超声速气流中的燃烧通常首先被稳定在局部低速区域，因此为了实现燃烧增强，必须有效利用来流空气中的氧，将燃料尽量分布在燃烧室的整个横截面内，这意味着很大一部分混合与燃烧应该发生在高速核心流区域。例如，对凹腔稳定燃烧而言，火焰首先是稳定在凹腔剪切层或回流区内，因而需要大角度的火焰传播以快速点燃核心流；否则在很长一段距离内燃烧都将被限制在近壁区域，导致核心流中的很多燃料不能有效燃烧。因此，整个超声速燃烧过程涉及两个关键过程：一个是局部火焰的维持，另一个是有效燃烧传播，这也是超声速燃烧增强的关键所在。然而，如何实现燃料分布与稳焰器之间的有效耦合以同时获得鲁棒的局部火焰维持和大范围的燃烧传播仍是一个亟待解决的问题。Ebrahimi 等（2012）对带凹腔超声速燃烧室内采用不同燃料喷注方案的物理过程进行了研究，发现那些可以增强凹腔自然回流流型的燃料喷注方案往往比那些逆回流的喷注方案更优。对于火焰稳定过程，一旦点火成功后燃烧被稳定在凹腔内，希望获得向主流的有效火焰传播。为了实现这样的燃烧接力过程，需要在火焰传播路径上有适当的当量比条件。因而，必须紧密结合凹腔稳焰器的设计来优化燃料喷注方案，以提供这种有利的燃料分布。

现有的超燃冲压发动机工作过程均基于等压布雷敦循环，热力循环效率不高，推力性能较低。如果在燃烧室中能够以局部爆震燃烧甚至完全爆震燃烧的模式进行工作，那么超燃冲压发动机性能将可得到显著提升。国防科技大学高超团队采用高精度自适应网格加密数值模拟，对超声速可燃气热射流爆震起爆、传播模态进行了详细研究，并且分析了热射流持续喷射对于爆震自持传播的作用。同时结合实验观测，分析超声速来流条件下爆震的传播模态。针对真实超声速来流不均匀的特性，开展了在速度不均匀和组分不均匀两种情况下热射流爆震起爆及其传播特性的研究，探索不均匀超声速来流条件下爆震起爆与自持传播的可行性。考虑燃烧室型面对于超声速可燃气爆震燃烧的影响，分别对凹腔耦合型面与扩张型面条件下的爆震起爆、传播与自持机制开展了研究，总结了燃烧室型面对超声速气流中爆震起爆与传播特性的影响规律，为基于爆震燃烧的发动机燃烧室流道设计指明了方向。基于真实三维爆震，开展大规模详细反应三维超声速可燃气爆震数值模拟，深入细致地研究超声速预混气中真实的热射流起爆与传播过程，为发展相关爆震起爆传播理论提供重要参考。

目前，超声速燃烧过程的机理尚未明晰，还有大量基础性研究工作亟待开展。一是急需先进的光学测量手段，对超声速气流中的混合、点火、火焰稳定及爆震波传播过程的定量或半定量测量；二是需要发展高精度、高效的数值模拟方法，揭示超声速燃烧及爆震的精细三维结构；三是在机理认识基础上，构建超声速燃烧及爆震波在超声速气流中的驻定和传播理论模型，形成超声速燃烧组织设计方法。

四、超声速传热机理及先进发动机热防护方法研究

超燃冲压发动机在高超声速飞行过程中会面临恶劣的热环境，表 8-1 给出了马赫数为 6 和 8 时导弹发动机燃烧室中的总温和静压。燃烧室壁的传热会由于高温燃气的高速流动而强化，据估计，NASA-Langley 与机身进行一体化设计的冲压发动机燃烧室内，峰值热流可以达到 7～8MW/m^2；超燃冲压发动机内部的复杂激波波系、燃烧脉动和燃烧振荡导致壁面的换热条件变化很大，这样恶劣的条件很容易使燃烧室局部热流密度过大，局部壁面温度过高，在很短的时间内燃烧室壁面就可能烧毁。因此对需要长时间工作的超燃冲压发动机而言，明晰超声速传热机理并开展发动机结构热防护的研究十分重要。

表 8-1　马赫数为 6 和 8 时导弹发动机燃烧室中的总温和静压

飞行条件		燃烧室最大压力位置		燃烧室最大温度位置	
巡航马赫数	动压/Pa	PB_{maxB}/Pa	TB_{totalB}/K	PB_{localB}/Pa	TB_{totalB}/K
6	71 820	301 650	2 500	67 032	2 700
8	71 820	196 310	3 050	52 668	3 100

针对超燃冲压发动机其热防护条件和工作热环境的特殊性，目前已经提出了多种热防护方法。一般而言，热防护方式可分为被动热防护、主动热防护以及主被动结合热防护。被动热防护是采用耐高温材料或在发动机表面喷涂耐高温、耐烧蚀的涂层以保证结构材料不被损坏；而主动热防护是主动引入“低温”流体对发动机高温部分进行冷却；主被动结合热防护则是既采用了耐高温材料又引入了“低温”流体进行冷却的热防护方式。尤其在高马赫数运行条件下，目前还没有一种非常理想的方法能够满足所有的运行要求。

开展被动热防护技术的研究十分重要。目前有几种典型的被动热防护方案，包括高温难熔金属方案、复合材料方案、烧蚀材料方案和组合方案。其中，复合材料方案是很有发展前景的被动热防护方案。连续纤维增强陶瓷基复合材料（CFRCMCs）既保留了陶瓷基体的低密度、高硬度、高强度、高

模量、高熔点、抗氧化等优点，又克服了陶瓷的脆性，因而比高温合金、难熔金属具有更大的优势，在热防护系统和推进系统上具有广阔的应用前景，代表了热防护材料未来的发展方向。

在已有的诸多热防护措施中，以煤油作为冷却剂的主动式再生冷却也一直受到人们的关注。相比于其他领域的冷却问题，超燃冲压发动机的再生冷却具有如下特点。一是多采用吸热型碳氢燃料进行主动冷却，以此节省空间，提高燃料和能量的利用率；二是超燃冲压发动机燃烧室内温度非常高，热流密度很大，因此对热防护系统的各方面要求非常高；三是冷却剂在冷却过程中，传热强度大，冷却剂会伴随相变裂解等过程，使得对冷却性能和传热特性的研究更为复杂。

吸热型碳氢燃料中目前研究较多的是航空煤油，煤油在冷却通道内流动时吸热升温，使燃烧室壁面温度保持在安全范围内，保证了发动机的安全运行。在此过程中，煤油的状态随着发动机工作环境的变化而改变。在较低的马赫数下，煤油吸收的热量较小，仍然保持液态。随着飞行马赫数的增加，煤油吸收的热量增加，温度随之升高。发动机冷却通道的典型压力为 3～7MPa，高于大多数碳氢燃料的临界压力，煤油处于超临界状态。当煤油温度较高时会发生裂解反应，裂解反应使得煤油的化学热沉提高，但是裂解反应会导致结焦、积碳的形成，危害发动机的安全运行。吸热型碳氢燃料流动、传热及结焦特性直接关系到超燃冲压发动机主动冷却方案的设计，对其进行深入研究非常重要。

近年来，国内部分学者对应用于推进领域的超临界煤油的特性进行了一些研究，包括在煤油高温裂解过程中，测量了煤油热裂解率及经过音速喷嘴的质量流量，建立了一步裂解模型来关联煤油裂解率和质量流量。由色谱仪分析得到了未反应煤油和气态产物的成分，由高温裂解煤油的平均分子量得到了残留物的平均化学表达式；研究了以沸石为催化剂的超临界煤油催化裂解情况。通过不同直径的音速喷嘴测量和标定了裂解后混合物的质量流量，并用气体色谱仪分析了不同条件下燃料裂解后的产物。另外，分析了由于吸热及裂解产生的热沉，发现当燃料温度为 1050K 时，总热沉高达 3.4MJ/kg，其中化学热沉达到 1.5MJ/kg。另外，开展了超燃冲压发动机再生冷却煤油的传热特性研究。研究发现，当煤油达到临界状态时，流动参数及传热特性会发生急剧变化。当煤油变成超临界时，有强化的对流传热发生。在低温区的煤油传热关系式，和其他常见可压缩液态燃料如 JP-7，JP-8 类似。而在高温区，临界温度附近或超过临界温度时，传热强化，传热关系式更多地和雷诺数相关。Li 等（2011）数值研究了 RP-3 航空煤油在超临界压力下的传热特性。研究结果表明，当壁温高于拟临界温度时，传热增强；但在初始加热段，壁温高过拟临界温度时，传热反而会减弱；当壁温和拟临界温度接近时，传热恶化。超临界压力下，当传热增强发生后，努塞尔数只和雷诺数有关。他们还研究了超临界压力下 RP-3 航空煤油在加热弯曲管道内的流动与传热特性，发现煤油在超临界压力下的热力学参数的巨大变化，使得其流动和传热过程变得复杂。此外，国内外学者很早就认识到了吸热型碳氢燃料以及主动冷却方式在超燃冲压发动机热防护中的重要作用，在燃料热沉分析、主动冷却方案、燃料催化脱氢、热裂解、催化裂解等化学过程、裂解控制及结焦抑制等方面都有了一定的研究基础。

可见，在已有的发动机热防护方面已经开展了大量的研究，其中再生冷却领域的研究已有了很大的进展，但通道结构主要以并排式直流单通道为主。这种结构在实际应用中已比较成熟，但具有其局限性。单向式的流道方案，必然会使通道两端形成非常大的温差，中段材料会承受较大的热应力，会在一定程度上减少燃烧室壁面的使用寿命。其次，由于温度分布的单调性，为使产生局部高温的地方温度低于材料许用温度，就要增大冷却剂流量以满足其条件，从而造成了一定的流量浪费。因此，有必要对冷却通道结构和布局优化进行深入研究。另外，以煤油作为冷却剂和燃料的再生冷却方案是目前解决超燃冲压发动机热防护问题最为有效和实际的途径之一。然而，目前国内外对这一领域的研究仍然存在不足。一是研究内容偏重于冷却方案论证以及煤油的裂解、积碳结焦等化学过程，对煤油流动与传热特性的研究较少，尤其对煤油流型的研究几乎为空白；二是虽然超临界流体传热的研究已有较长的历史，但绝大部分研究对象为二氧化碳和水，对煤油的研究较少。后续需要开展在实际超燃冲压发动机工况条件下煤油在超临界压力下的流动与传热特性研究。

第三节　当前面临的需求与挑战

一、超燃冲压发动机

超燃冲压发动机主要面临高效进/排气、高效混合与燃烧以及热防护三大技术难点，具体表现在以下几方面。

（1）高效进/排气。波系配置难、边界层控制难、进排气调节难。相应的关键技术包括宽范围固定几何进气道设计技术、低阻力进气道设计技术、进气道边界层控制技术、进气道变几何设计与控制技术、非对称喷管型面设计与优化技术、尾喷管矢量调节与控制技术及尾喷管宽范围工作工况调节技术。

（2）高效混合与燃烧。工作在高超声速范围，激波压缩与超声速燃烧过程的熵增是非常严重的，使得系统可用功迅速下降，同时高超声速飞行时，发动机外阻过大，以至于很难实现净推力（即发动机总推力与阻力之差）。如何实现化学能/热能/动能的高效转换、提高热力循环效率、实现净推力是超燃冲压发动机的核心问题，而其中的瓶颈是实现高效率、低阻力的混合与燃烧。相应的关键技术包括流道整体优化设计技术、液体燃料雾化技术、混合增强技术、可靠点火技术、火焰稳定技术、高效低阻燃烧组织技术及燃烧控制与调节技术。

（3）热防护。由于高超声速飞行波阻大，发动机推力裕量小，故进气道前缘必须采用尖锐外形以减小阻力。在大气层中高超声速飞行时，气动加热与飞行速度的立方成正比（马赫数为 6 状态时驻点气流温度便高达约 1800K）、当地热流密度与前缘半径的平方根成反比，由此可见进气道尖锐前缘的热负荷非常严重（典型的单级入轨飞行器进气道唇口前缘热流密度高达 $500MJ/m^2s$）。此外，发动机燃烧室内燃气温度高（2500～3000K）、气流冲刷显著且环境呈氧化特性，对热防护系统研制也提出了很高要求。相应的关键技术包括轻质结构材料、轻质热结构材料、热管理技术、进气道前缘防热技术、燃烧室再生冷却技术、燃烧室发汗冷却技术、先进陶瓷基复合材料成形与制备技术、轻质隔热技术及防热材料连接与密封技术。

二、爆震发动机

爆震发动机主要面临推进剂混合增强、可靠的快速短距起爆、爆震波传播过程控制以及发动机性能分析优化等技术难点，具体表现在以下几方面。

（1）推进剂混合增强。爆震发动机的燃料和氧化剂都是分别喷注，在爆震室内边混合边燃烧，推进剂的混合效果对起爆能量、爆震燃烧效率及发动机性能具有重大影响。需要采取一定的措施增强推进剂混合效果、缩短混合距离，对于 ODE 还要避免燃料的预着火。

（2）可靠的快速短距起爆技术。可靠起爆是爆震发动机正常工作的前提。爆震波有直接和间接两种起爆方式，直接起爆速度快，但需要很大的点火能量；间接起爆虽然点火能量小，但 DDT 需要一定的发展过程和转变距离。需根据各类爆震发动机的特点发展相应的快速起爆技术，PDE 需要多次点火，对起爆系统的要求最高。

（3）爆震波传播过程控制技术。爆震波燃烧放热快、传播速度高达每秒千米，对其控制难度较大。对于 PDE，需要对填充、起爆、传播和排气四个过程进行合理控制；对于 ODE，需要实现爆震波的驻定，避免前传；CRDE 的爆震波传播模态与试验工况和燃烧室构型密切相关，要避免出现爆震波个数和传播方向发生改变等不稳定传播现象。

（4）发动机性能分析优化技术。经典爆震理论主要以单次理想爆震为对象，而爆震发动机内存在推进剂混合效果、爆震燃烧与来流相互作用、曲率、侧向膨胀等影响因素，引起了较大的不可逆熵增。需要深入探讨这些非理想因素对爆震波传播过程及性能损失的影响机制，为发动机性能优化提供指导。

三、组合循环发动机

组合循环发动机主要面临发动机循环模式及一体化集成，宽速域、高性能连续可调进/排气，大范围变余气系数燃气/空气高效燃烧等技术难点，具体表现为以下几方面。

（1）发动机循环模式及一体化集成技术。组合循环动力系统不同工作模态对进气道、燃烧室以及排气系统的要求苛刻，组件设计参数相互影响。因此，如何将多种模态的组合循环动力系统结构设计得紧凑且合理，优化发动机的整体性能，实现大飞行包线内的系统参数的合理匹配是其难点所在。其次，在每个工作模态下仅有其中部分结构参与工作，额外的结构重量对推进系统来说是致命的缺陷。如何优化结构设计、降低组合循环推进系统的重量也是组合循环动力系统的难点之一。

（2）宽速域、高性能连续可调进/排气技术。在兼顾飞行器各种工作模式总体技术要求的情形下，实现高效进气与压缩，是组合动力系统的难点之一。进气道是完成发动机进气与压缩的关键部件，主要作用是对来流进行扩压减速，为发动机燃烧室提供高品质的压缩空气流，其性能高低直接影响着发动机的综合性能。进气道的设计要减少发动机起动敏感性；满足亚、跨、超甚至高超音速条件下进气量、压力损失和波系组织的要求，且出口气流畸变度小。在宽速度范围或机动飞行时，需要对进/排气系统进行调节，具有较大难度。首先，设计与非设计飞行状态的流场结构变化较大，进/排气调节的设计需要大量分析进气道内部的流场结构才能有效进行；其次，进气道的进/排气调节必须综合考虑对发动机的影响因素后才能进行设计，即进气道与燃烧室工况匹配难；再次，进/排气调节部件防热难。

（3）大范围变余气系数燃气/空气高效燃烧技术。在宽来流条件下如何实现可靠点火与火焰稳定，如何组织混合与燃烧过程，扩展燃烧部件的适用范围，使动力系统能在更宽广的条件下工作是其主要难点。组合动力发动机工作时要经过一个由压缩、加热、膨胀、排气组成的热力循环过程才能将燃料燃烧的热能转化为有用功。如何实现化学能→热能→动能的高效转换，提高热力循环效率，是组合动力发动机的核心问题，其中的瓶颈问题是如何实现高效低阻的混合与燃烧。在组合动力系统工作包线范围内，燃烧室内来流条件复杂，需经历多种燃烧状态。在组合动力系统燃烧室内，燃烧过程由混合过程控制，要在短时间内完成燃料与来流的混合，难度很大。同样，要缩短燃烧室长度，要求燃料滞留时间短，也给稳定燃烧制造了困难。

第四节　未来发展建议

结合本章对临近空间高超声速飞行器新型推进系统原理、难点及关键技术、燃烧与流动基本问题的阐述，未来发展建议如下。

（1）超燃冲压发动机及其组合循环发动机是当前新型推进系统的主流，各模态之间的平稳过渡与转换是新型推进系统面临的重大技术难题，亟须建立发动机基础数据库，逐步发展模态平稳转换理论和组合发动机设计方法。

（2）超声速气流中的流动与燃烧机理十分复杂，目前在燃料雾化、混合、火焰稳定、火焰传播等方面取得了一些进展，但对许多问题的认识还很不深入，无法与工程实践进展紧密结合，需充分利用并逐步发展先进光学测量技术，实现对发动机流动、燃烧及传热过程的定量/半定量测量，获取评价发动机性能的有效试验数据。同时，依托高性能计算机，开展模型/缩尺度发动机的全机数值模拟，揭示发动机流动、燃烧和传热的精细过程。

（3）新型推进系统各学科之间耦合紧密，但目前的研究仍停留在单个学科的基础上，缺乏对推进系统动力学问题的深入认识，亟须把多学科设计优化方法和数据挖掘技术系统地应用到新型推进系统流道设计与优化中。

参 考 文 献

李平，柳长安，何国强，等，2011. 基于 ATR 动力的飞行器性能分析. 弹箭与制导学报，31（6）：173-175.

Berry S A，Kimmel R，Reshotko E，2011. Recommendations for hypersonic boundary layer transition flight testing. 41st AIAA Fluid Dynamics Conference and Exhibit，Honolulu，Hawaii，AIAA Paper 2011-3415.

Ebrahimi H B，Malo-Molina F J，Gaitonde D V，2012. Numerical simulation of injection strategies in a cavity-based supersonic combustor. Journal of Propulsion and Power，28（5）：991-999.

Huang W，Yan L，Tan J G，2014. Survey on the mode transition technique in combined cycle propulsion systems. Aerospace Science and Technology，39：685-691.

Li X F，Huai X L，Cai J，et al.，2011. Convective heat transfer characteristics of China RP-3 aviation kerosene at supercritical pressure. Applied Thermal Engineering，31：2360-2366.

Micka D J，2010. Combustion stabilization，structure，and spreading in a laboratory dual-mode scramjet combustor. The University of Michigan Ph D. Dissertation.Combustion Institute，34：2073-2082.

Wang H B，Wang Z G，Sun M B，et al.，2013. Combustion characteristics in a supersonic combustor with hydrogen injection upstream of cavity flameholder. Proceedings of the

Wang Q C，Wang Z G，2016. Structural characteristics of the supersonic turbulent boundary layer subjected to concave curvature. Applied Physics Letters， 108：114102.

Zhong X，Wang X，2012. Direct numerical simulation on the receptivity，instability，and transition of hypersonic boundary layers. Annual Review Fluid Mechanics，44：527-561.

第九章 飞行器轻质结构力学问题

第一节 问题提出

结构轻量化设计是航空航天飞行器研制中的关键技术，是飞行器轻质结构力学研究中的重要方向。对运载火箭、导弹、无人机、超高速飞行器等航天运载器来说，一个新的结构概念是否值得研究、一种结构设计方案能否实现使役功能，在很大程度上取决于结构重量能否得到合理的控制。随着航空航天飞行器设计性能指标的不断提升（例如，重型运载火箭的大运载能力、潜射战略导弹的超远射程、太阳能无人作战平台的超长航时、超高声速武器的高机动能力等），特别需要发展结构轻量化设计的先进理论与方法，从而为充分发挥结构轻量化设计潜力提供科学依据。

近代结构优化理论与方法，正是从诸如飞行器结构轻量化设计之类的工程需求中获得了不竭的发展动力。结构优化旨在基于力学的理论与方法，综合利用变分分析、最优控制以及数学规划等有力工具，为创新结构设计提供系统的科学工具。结构优化按照设计对象的不同可分为尺寸优化、形状优化和拓扑优化三个层次。与形状优化和尺寸优化相比，拓扑优化的优化效果最为明显，可得到更为新颖的设计结果，但同时也更具挑战性，被公认为结构优化领域的挑战性难题。

结构优化在国内外飞行器结构轻量化设计上已经获得了成功的应用。在欧盟大型民用飞机空中客车最新型号 A-380 的研制中，已经综合运用了拓扑优化、形状优化以及尺寸优化等技术进行结构设计，仅机尾舱项目就降低了15%的结构重量；欧洲宇航防务集团下属的欧洲直升机公司在其机门连接机构上应用结构拓扑优化技术，节省了 18%的重量。中国运载火箭技术研究院与国内相关科研院所紧密合作，基于结构优化技术完成了新一代运载火箭CZ-5 的二十余个部段的优化设计，单发减重超过 645kg。

随着飞行器结构的力学服役环境变得更为极端苛刻，未来飞行器结构的力学性能分析与评估面临着极大的挑战。应对极端力学服役环境下的飞行器结构设计难题，提出满足多功能融合和结构轻量化需求的新概念设计，势必成为未来飞行器结构力学发展的必然趋势。另外，飞行器结构力学分析涉及气动、结构、控制、推进等诸多学科知识，导致各性能指标高度耦合，亟须建立基于多学科耦合分析的新概念飞行器结构创新设计方法（吴林志等，2012）。增材制造、非热压罐固化成型、搅拌摩擦焊接等新的加工制造与装配工艺的不断涌现，也为结构优化在飞行器轻量化设计中的应用提供了更多机遇。

第二节　新概念飞行器结构优化设计理论

一、新一代结构拓扑优化理论与方法

针对结构拓扑优化问题的研究，目前已取得了一些重要的突破。例如，用于求解连续体结构最优材料布局的均匀化方法、变密度法、水平集方法等。然而由于问题的高难度，即便对于性态较好的考虑柔顺性的拓扑优化设计问题，仍然存在诸多亟待攻克的难点。突出表现为：拓扑优化中的数值不稳定性抑制；考虑局部约束的拓扑优化问题中的奇异最优解现象；动力性能约束下优化问题中的模态切换、重合频率以及局部模态等问题；结构/材料一体化及多层级结构优化设计中的尺度分离问题等。目前有关上述问题的研究已经取得了一定成果，例如，在预测先进复合材料等效性质方面（张钱城等，2010），我国学者创新性地提出了渐进均匀化理论的求解新方法（Cheng et al.，2013），可快速、准确地预测具有复杂微结构构型的轻质多孔复合材料的等效性能。此外，我国学者还原创性地提出了可变形组件拓扑优化新框架（Guo et al.，2014），该优化框架为破解显式拓扑优化提供了全新的思路，可充分发挥显式与隐式拓扑描述的优势，能在实现尺寸、结构、拓扑联合优化的同时与 CAE 软件系统无缝集成，同时亦可极大规模地降低设计变量数目。基于显式的几何描述，该方法亦可对结构的特征几何（如结构中的最大/最小截面宽度等）进行显式、局部的灵活控制。

二、多目标多约束近似模型的优化理论与方法

近年来，面向复杂结构系统的多功能优化设计，多目标和多约束优化、近似模型优化设计研究得到了迅猛的发展。多功能/多目标优化设计需要采用多学科/多目标优化方法分析和求解，现已发展了加权系数法、基于神经网络和遗传算法等智能算法的求解方法等。此外，由于飞行器结构的输入条件与输出响应之间的非线性程度较高，在优化过程中使用近似模型取代计算机模拟和实验已经得到了很好的研究和发展。相关研究集中在不同领域复杂问题的响应面、径向基函数、Kriging 等近似模型的构建，以及优化过程中的加点准则等方面。在飞行器优化设计领域，我国学者在考虑不确定性的超大型薄壳体、梁板壳组合体优化设计理论方面取得了一系列的研究成果。

三、飞行器非确定性结构优化设计理论与方法

近年来，随着计算机软硬件技术的迅猛发展，在结构设计问题中考虑设计参数、材料和载荷等不确定性因素的必要性已引起了结构优化领域学者的重视。目前，非确定性结构优化问题的研究主要包括结构可靠性优化和近年来发展的结构鲁棒性优化（或称为稳健性优化）。其中，可靠性优化是考虑结构在满足指定失效概率约束下的有效设计途径，而鲁棒性优化则关注降低结构在正常服役内对参数波动的敏感性。NASA 曾以长篇研究报告的形式充分论述了航天器设计中基于不确定性的多学科优化设计方法的迫切需求和机遇。2014 年，NASA 兰利研究中心还专门梳理了不确定性定量化相关的五个科学问题，不确定性传播和鲁棒性设计被列为其中的两个关键问题。

四、面向考虑制造特征的飞行器结构优化理论与方法

随着飞行器结构制造工艺的日新月异，飞行器结构的设计内涵也需要不断深化。现阶段实现飞行器结构优化的技术途径已从依赖于结构优化设计方法的创新，逐步过渡到优化设计中考虑制造工艺影响的设计观念变

化。优化设计与制造工艺充分融合、协同发展的大趋势一触即发（Wang et al.，2014）。这一发展过程正在不断孕育新的航空航天结构设计需求，为以结构优化方法作为核心驱动的基础研究提供了新的发展机会。以目前正在论证的我国新一代重型运载火箭为例，其超大直径结构制造将采用机械铣-滚弯-焊接等复杂工艺，不同工艺对于大直径筒壁质量的影响非常巨大，不同工艺过程形成的结构缺陷类型也大有不同，如何评价由于不同工艺带来的实际制造特征（缺陷）对结构承载性能的影响以及在此基础上开展优化设计（Hui et al.，2009），已成为制约重型运载火箭超大直径筒壁结构设计的瓶颈。此外，紧密结合新型飞行器的制造工艺，基于实验力学的新方法和新技术对制造性缺陷进行统计和评价，进而在飞行器结构设计过程中予以高刻画度的描述和建模分析，也成为飞行器结构设计领域极具应用前景的研究方向之一。

第三节　新概念飞行器结构力学

一、可展开结构力学性能分析与设计

可展开结构（expandable structures）在运输过程中能够保持较小体积的折叠状态，而在使用过程中可以展开到指定的形态。这类结构不仅拥有传统结构的功能，还能承受极大的几何变形，从而具备很强的可展性（Liu et al.，2013）。目前可展开结构在工程应用方面已经取得了长足的进步，包括张拉索膜结构、天线桁架结构、X 形可展开结构等。由于航天器尺寸的限制，空间可展开太阳能电池阵、桁架和天线等大型结构必须在发射前折叠，因此可展开结构在航空航天领域显示出极大的应用前景，主要包括可展开铰链、可伸缩梁和可展开天线等。空间可展开结构主要呈现出两个显著特点：①精度高，空间结构必须保证特定形状，对结构的变形与振动控制必须具有极高的精度；②可靠性高，由于在展开过程与工作过程中的人为可干预性差，要求空间可展开结构具有可靠性高的特性。国内外很多学者研究了基于仿生原理的可展开结构设计，试图通过模仿自然界的生物来改善现有可展开结构的性能或是提出新型的可展开结构形式。另外，日本、英国和我国学者基于刚性折纸研究的折纹式结构，作为一种具有一定刚度的小幅可展开结构，在航天抗冲击领域颇有前景。

二、智能结构力学性能分析与设计

现代飞行器向着多功能性、高机动性、高可靠性等方向发展，具有自诊断、自修复、自适应功能的智能化飞行器结构技术备受重视。同时，随着智能材料与结构技术的发展与进步，其在飞行器结构中的应用日趋增加，智能化已成为飞行器结构发展的重要趋势。智能结构是在材料和结构的制造过程中，预先将传感元件和驱动元件置入其中，在结构服役期间，通过传感元件对结构的状态参数进行实时测量，再利用驱动元件对结构进行必要的调节与控制，保证结构的安全运行。智能结构可通过自身的传感元件感知环境变化，由控制系统进行分析、判断并发出指令，最后通过驱动元件的动作，实现自检测、自诊断、自适应、自监控、自校正、自修复等多种功能（Leng et al.，2011）。智能结构的思想最早应用于航空航天领域，在航空航天系统中采用智能结构可以降低由不稳定外力引发的主结构振荡以及减弱声能在结构中的传播，从而减轻对电子系统的干扰，提高系统的疲劳寿命和稳定性。美国弹道导弹防御局（BMDO）和 NASA 以及波音、麦克唐纳-道格拉斯公司、TRW 和联合机身等大公司都分别制订了相关的研究与发展计划，如美国弹道导弹防御局的“自适应结构计划”，陆军研究局的“智能材料与结构计划”，空、海军共同实施的“智能金属结构计划”，空军航天实验室的“智能结构蒙皮计划”等。

三、整体结构力学性能分析与设计

随着面向金属材料的增材制造技术和面向复合材料的非热压固化成型技术等制造工艺的发展，整体结构（integrated structure）被普遍认为是降低飞行器重量、降低飞行器各方面成本的有效技术（Zhu et al.，2015）。基于新一代运载火箭超大尺寸箭体、高超声速飞行器结构与功能融合的发展趋势，结构效率更高的整体壁板、整体梁、整体框、整体翼肋和整体接头等整体结构需求趋势猛烈。这类整体结构在承受能力相同的条件下，由于省去了连接件和紧固件，相比于采用大量零部件组合而成的结构可以大幅度减重（估计达 10%）。同时，由于充分发挥了材料/结构整体的优势，设计的可靠性大大加强。*Journal of Aircraft* 在展望未来（2002～2023 年）飞行器结构（future of flight vehicle structures）的综述论文中指出：“整体结构”在未来飞行器结构的设计中将起到重要的作用。目前来看，基于拓扑优化获得新颖的整体结构设计在大型客机中已有成功的示范，而应用结构/材料优化方法研究整体结构的强度和破坏准则及其设计准则必将是未来飞行器轻质结构力学的重要研究方向。

四、考虑集中力扩散的结构力学性能分析与设计

复杂飞行器结构往往由多个部段装配而成，这使外荷载在结构内部传递过程中往往出现荷载集中作用于连接件区域的情形。运载火箭、导弹、大型客机等飞行器主体结构多是薄壳结构，为满足结构的强度和可靠性要求，连接区域必须布置特定的结构件用以分散所需传递的集中荷载。伴随重型运载火箭、大型运输机等飞行器结构尺寸的倍增，集中力扩散结构创新的需求越发紧迫。为此，开展针对改善集中力扩散效果的创新结构设计，获取具有集中力扩散效果的创新构型，并进行结构与多功能性能分析，对实现航空航天结构尤其是箭体结构轻量化设计显得尤为迫切。

第四节　未来发展建议

（1）面向飞行器创新结构件的轻量化设计需求，亟须发展基于显式描述的拓扑/布局优化理论与方法、多几何尺度并发的拓扑优化理论与方法、考虑物理并行与算法并行的结构拓扑优化设计理论与方法、面向增材制造的飞行器承力结构多效能协同的设计方法。

（2）考虑新型飞行器结构的复杂性与多功能性，发展高效的多目标多约束优化理论的需求极为迫切，尤其需要发展考虑设计偏好的分层试验设计方法、自适应分区代理模型建模与精度评价方法、并行子空间进化代理模型优化理论与方法、多目标多约束驱动的变量敏感度高效分析方法、多目标分层次全局优化算法、面向可竞争解的近似模型优化方法等。

（3）现代飞行器由于服役环境复杂和结构精细化设计的要求不断提升，普遍面临服役载荷、制造工艺参数等多源不确定性，这使得不确定性优化设计理论的研究成为一个重要方向。针对我国重型运载火箭、战略武器等新型飞行器设计的需求，需要重点发展能够从理论上保证可置信性的可靠性/鲁棒性优化方法；计及缺陷敏感的超大直径筒壳结构轻量化的设计

理论与方法；面向服役损伤的水下结构力学的可靠性分析与最优设计理论；不确定性结构的可靠性、鲁棒性与损伤容忍性能的设计方法；结构整体可靠度的分析理论与计算方法，发展基于工程结构非线性全过程的结构整体可靠度分析理论。

（4）围绕面向制造特征的新型飞行器优化设计，需要重点研究能够对结构特征尺寸等进行显式、局部控制的拓扑/布局优化理论与方法；飞行器结构制造特征描述方法与数据分析软件实现技术。研究制造缺陷特征不确定性在非线性力学行为下的传播规律，以及兼具细部结构与整体薄壁结构失效的多层级结构优化模型的建立与求解方法。

（5）面向航天器结构空间尺寸小、精度和可靠性要求高等特点，亟须开展空间可展开结构的动力学、可展开结构展开过程及精度控制、材料/结构并发的可展开结构设计方法、基于仿生学原理的可展开结构力学、折纹式夹层结构与薄壁结构力学等相关研究。

（6）针对飞行器结构常见的不稳定外力引发的主结构振荡问题，亟须开展基于智能结构的主动隔噪和振动控制研究；建立智能结构与材料的协同设计方法；开展复杂力学服役环境下智能结构的健康监测等研究。

（7）面向飞行器结构轻量化和高可靠的设计需求，亟须开展多功能整体舱段、整体壁板结构协同设计方法、整体结构工艺成型与力学性能、整体结构损伤容限分析与破坏准则、多失效模式整体结构鲁棒性设计方法等研究。

（8）面向作用有集中力载荷的飞行器部段连接区域，亟须研究协同考虑刚度、稳定性的集中力扩散结构设计方法以及面向集中力扩散的结构拓扑优化设计理论与方法。

参考文献

吴林志，熊健，马力，等，2012. 新型复合材料点阵结构的研究进展. 力学进展，42（1）：41-67.

Cheng G D，Cai Y W，Xu L，2013. Novel implementation of homogenization method to predict effective properties of periodic materials. Acta Mechanica Sinica，29（4）：550-556.

Guo X，Zhang W S，Zhong W L，2014. Doing topology optimization explicitly and geometrically—a new moving morphable components based framework. Journal of Applied Mechanics，81（8）：81009.

Hui F，Wang T J，2009. A new method for nondestructive damage identification of lattice materials. Science in China，52（5）：1293-1300.

Leng J，Lan X，Liu Y，et al.，2011. Shape-memory polymers and their composites: stimulus methods and applications. Progress in Materials Science，56（7）：1077-1135.

Liu C，Tian Q，Yan D，et al.，2013. Dynamic analysis of membrane systems undergoing overall motions，large deformations and wrinkles via thin shell elements of ANCF. Computer Methods in Applied Mechanics and Engineering，258: 81-95.

Wang B，Hao P，Li G，et al.，2014. Optimum design of hierarchical stiffened shells for low imperfection sensitivity. Acta Mechanica Sinica，30（3）: 391-402.

Zhu J H，Zhang W H，Xia L，2015. Topology optimization in aircraft and aerospace structures design. Archives of Computational Methods in Engineering，1-28.

第十章 多功能/智能材料与微系统力学问题

第一节 问题提出

现有常规材料无法同时实现大变形和高刚度特性（Lee，2013）。对于金属材料，其材料断裂延伸率一般为 0.1%～1%量级，弹性模量一般为 50～200GPa 量级；对于柔性高分子或橡胶材料，其断裂延伸率一般为 50%～100%量级，模量一般为 1～10MPa 级别；其他的诸如纤维增强复合材料、高分子材料、硬质泡沫材料等，其断裂延伸率和弹性模量介于金属和柔性高分子材料之间。但是无论对于哪一种常规的单一材料，其变形特性和刚度特性一般是矛盾的，即无法同时实现大变形和高刚度。另外，材料的功能特性往往也是与其零部件数量、结构复杂程度和重量等因素正相关。例如，对于航空和航天的大型可变形结构，要同时实现结构承载、变形展开和其他功能特性往往是十分困难的。在这种背景下，对于一种材料的复合式结构，如果能同时实现承载、传感、变形与驱动及其他功能特性，这将是非常有研究价值和应用前景的。其中，基于智能材料与结构的多功能材料与微系统（multi-functional materials and micro-systems，MFMMS）就是主要研究对象之一。

随着科学技术的进步，涌现出许多新型材料及其结构，其中包括通过感知外部环境变化并作出响应的多功能材料与微系统。多功能材料与微系统是集传感、控制、驱动与执行等功能于一体的机敏或智能结构系统，按照功能组成划分，其由以下部分构成：基体材料，结构承载；传感功能，感知环境变化；信号处理与触发，依据材料与结构自身设定的判断条件，发出作动信号；作动功能，在接收到触发信号后，产生力或变形等行为变化。其中，多功能材料与微系统的力学原理和性能是决定其功能特性的最关键因素之一。因此，多功能材料与微系统力学的研究是需要重点攻关和突破的关键技术。图 10-1 为多功能材料与微系统力学框图。

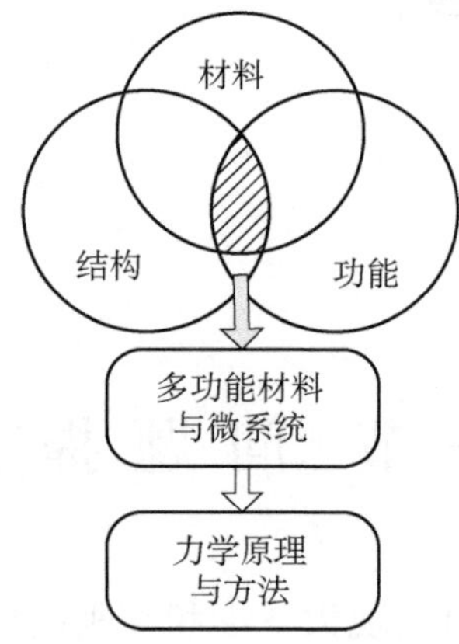

图 10-1　多功能材料与微系统力学框图

多功能材料与微系统由相关功能材料有机复合而成，感知及其判断的环境信号类别包括热、电、力、光、磁等，作动形式主要为产生力、变形等物理行为。涉及的主要功能材料包括压电、铁电、铁磁、超磁致伸缩、形状记忆合金、形状记忆高分子材料、电磁功能软物质、凝胶、PH 致伸缩材料等，其构想来源于仿生学，目标在于研制具有类似于生物功能的“活”材料，具有感知、自主判断、反馈、控制、驱动和自修复等功能，可实现结构功能化和功能多样化（Lee，2013）。其中的几种关键材料的主要特性如下：形状记忆材料能在外界环境条件（温度、光、电、磁、溶液等）的刺激下，实现材料和结构的形状记忆和恢复（杜善义等，2001；Leng et al.，2011）；电活性聚合物可在外加电场诱导下改变形状或体积，不施加电场时又恢复到原来的形状或体积；压电材料是受到压力作用时会在两端面间出现电压的晶体材料；电/磁流变体是一种可以在外加电场或磁场作用下实现固态-液态相互转变的材料；凝胶是由溶胶或溶液中的胶体粒子或高分子在一定条件下互相连接形成空间网状结构，结构空隙中充满了作为分散介质的液体。由于智能材料和结构的独特性质，目前已经广泛应用于航空航天、土木工程、医学、仿生机器人等方面。多功能材料与微系统力学是一门交叉科学，涉及学科多，发展潜力大，应用前景广阔，近年来也成为航空航天相关领域的研究热点。

多功能材料与微系统在研制过程中，其主要功能是在不同尺度的材料、结构或部件上进行复合。空间尺度包括纳米、微米、毫米以及宏观尺度。各个尺度层次的力学性质有所不同，所采用的力学理论和方法也有所不同。鉴于多功能材料与微系统的应用多种多样，不同应用要求的材料维度不一样。因此，其跨尺度力学问题研究贯穿多功能材料与微系统的研究全过程。

第二节 相关研究发展态势

一、基于压电材料的振动控制系统

相对于常规的主动压电纤维复合材料（active fiber composite），粗压电纤维复合材料（macro fiber composite）具有相对较高的柔性，能够产生较大角度的变形。如图 10-2 所示，当把压电纤维材料与较高刚性的高分子基体材料进行复合后就能增加其韧性，形成具有主动大角度变形的压电纤维复合材料。压电纤维复合材料主要应用于振动控制等领域，具有与振动相关的特性，包括振动幅度大、响应频率高、耦合系数值大、灵敏度高（信噪比优于普通压电探头）、在较大温度范围内其机械和力学特性较为稳定。粗压电纤维复合材料可以应用于飞机机翼的控制、仿生类扑翼等智能多功能结构的研发（图 10-3）。

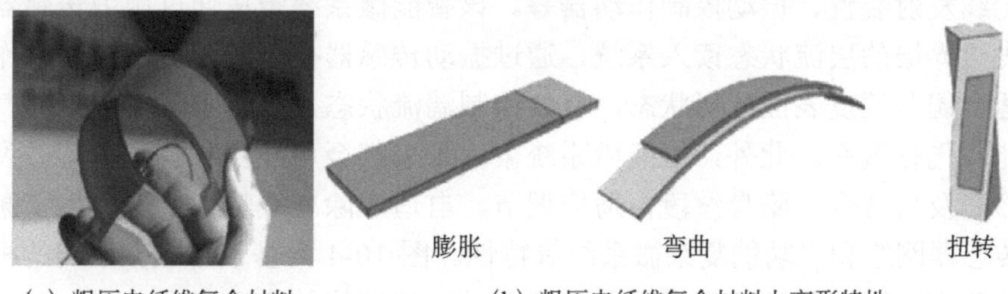

（a）粗压电纤维复合材料　　（b）粗压电纤维复合材料大变形特性

图 10-2　粗压电纤维复合材料及其大变形特性（Ferreira et al.，2016）

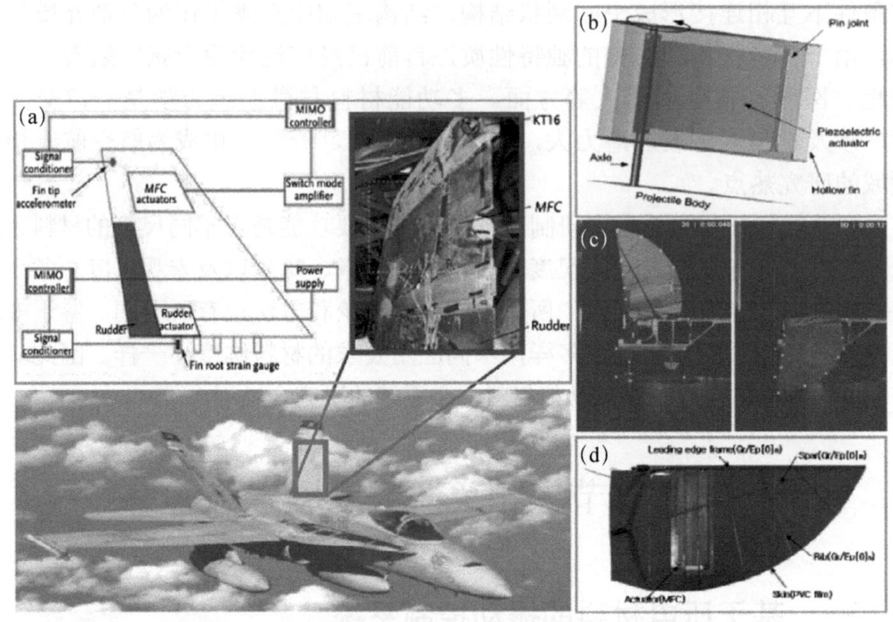

图 10-3　粗压电纤维复合材料在飞机机翼的控制、仿生类扑翼上的应用

（Kim，Han，2006）

二、自给、自感知与自适应智能微系统

基于多功能材料与微系统的智能微系统，可以构建能量自供给、自储能、自传感和自响应的多功能微系统。例如，利用埋置于飞机机翼结构中的压电传感器等构成智能蒙皮，将机翼振动的能量收集转化为电能，然后将此能量用于供给其微系统中的其他功能部件，如应力应变传感器、传感器信号的无线发射装置、振动控制作动器等。该智能微系统蒙皮通过压力传感器将蒙皮边界层的层流状态读入系统，通过振动传感器提供能源，然后通过作动器适当调节蒙皮表面变形状态，有效控制湍流状态，可减小阻力，提高气动性能和飞行效率。此外，智能微系统蒙皮未来甚至可能同时具备疲劳微裂纹自诊断及自愈合、隐身波段自适应调节、自适应除冰等特性，形成生物激励的传感器网络和多功能复杂微系统等特性。图 10-4 为基于智能微系统的机翼及其蒙皮结构。图 10-5 为基于生物激励传感器网络的飞机蒙皮。

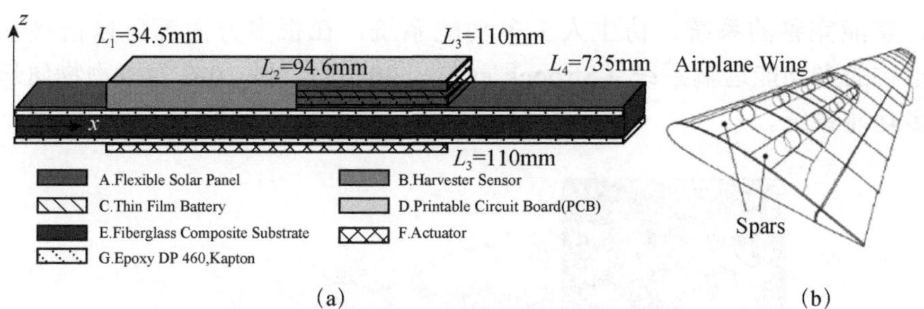

图 10-4　基于智能微系统的机翼及其蒙皮结构（Afaco，2015）

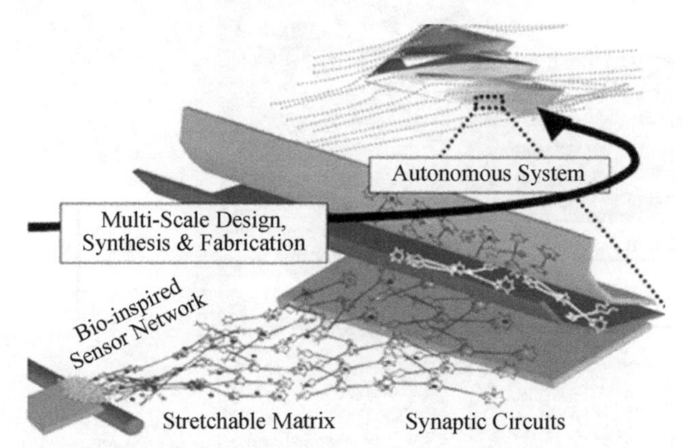

图 10-5　基于生物激励传感器网络的飞机蒙皮（Lee，2014）

三、植物物质运输多功能系统与仿真系统

植物从环境中吸收的二氧化碳、水分和无机养料需要运输到植物内部特定的部位。陆地植物的地下部分主要负责吸收养料，其中大部分会运输到茎、叶和果实等部位。在运输过程中，陆地植物的养分在材料内部可以长距离纵向运输，养分沿着木质部导管向上或向下运输，其动力驱动源为蒸腾作用和根压。木质部汁液的移动是根压和蒸腾作用共同驱动作用的结果，其中蒸腾作用是其主导，运输力的作用主要取决于植物生育阶段、昼夜时间、离子种类和离子浓度等影响因素。其中运输机理决定植物养分传输的功能，由于木质部导管壁有较多带负电荷的阴离子基团，它们将导管汁液中的阳离子吸附在管壁上，所吸附的离子又可被其他阳离子交换下来，继续随汁液向上移动。以上运输系统，在植物内部构成了一个分工配合完

整、功能完善的系统。仿生人工多功能系统，在很多方面都可以借鉴和模仿植物的多功能运输系统（Stroock et al.，2013）。图 10-6 为植物物质运输的多功能系统。

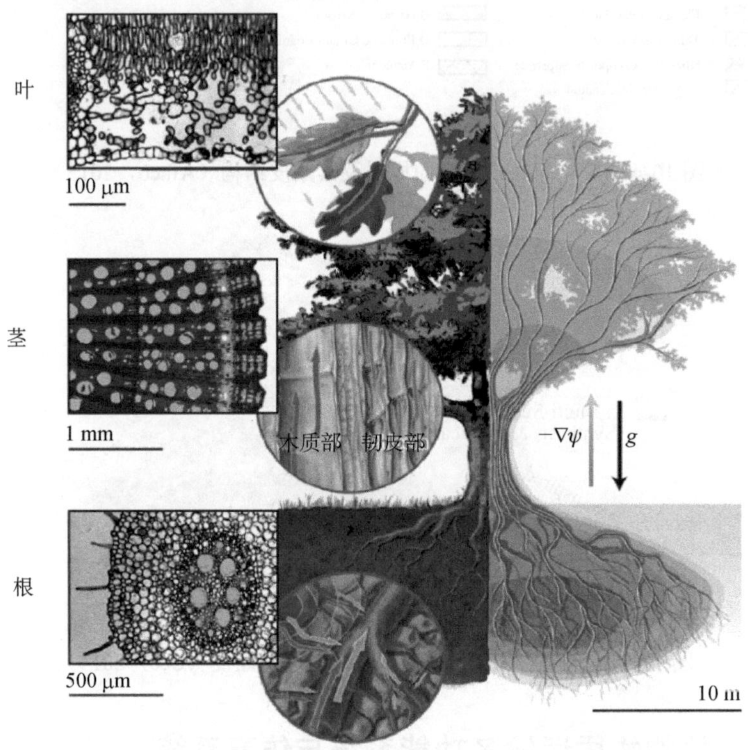

图 10-6　植物物质运输的多功能系统（Stroock et al.，2013）

四、自愈合材料与微系统

White 等（2001）首先提出了关于内嵌胶囊式自愈合概念，即提出将自愈合胶囊式微结构加入复合材料结构中，当复合材料出现裂纹时，其位于裂纹尖端附近的胶囊破裂，胶囊内部的愈合黏胶流出到裂缝当中，当黏合剂与基体中的催化剂相遇后发生固化，并阻止裂纹的进一步扩展，同时固化后复合材料实现愈合并最大限度地恢复材料强度。此外，自愈合材料的更高级形式是类似于人体微血管式的自修复结构，即当发生损伤时，血液系统可以自动修复、愈合和再生长（Murphy，Wudl，2010）。此外，近年来，基于形状记忆材料的自修复系统研究也逐步兴起，即基于形状记忆效应，在加热作用下材料能够自动回复损伤前的形貌。图 10-7 为材料自动修复与愈合。

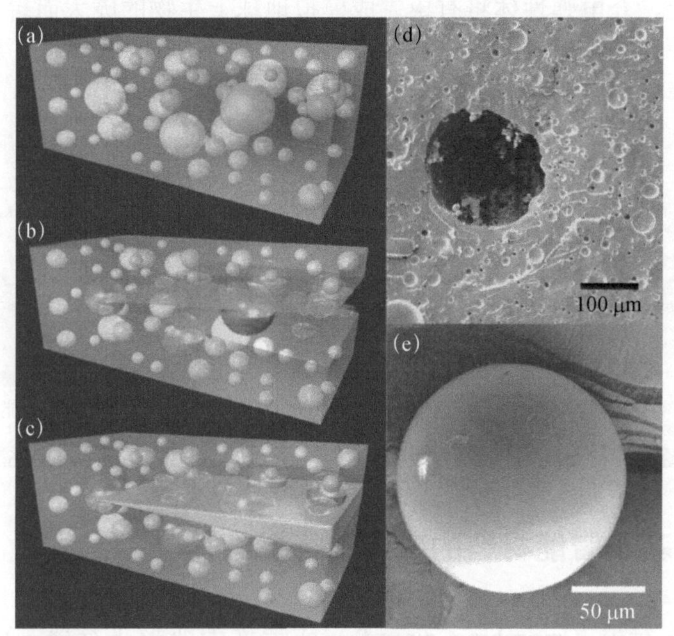

图 10-7 材料自动修复与愈合（Murphy，Wudl，2010）

五、基于柔性介电弹性体材料的变形结构

介电弹性体是典型的功能性柔性材料，其在外加电场下，可以产生大变形，具有高弹性能密度、超短反应时间、高效率等优点，被广泛应用于人工肌肉、面部表情、驱动器、能量收集装置等各个方面（Suo，2010；Bar-Cohen，2006）。介电弹性体软质材料具有材料非线性和几何大变形的特性，而且其承受的载荷还具有多场耦合的特点，比如机械力场和电场耦合，机械力场、电场和热场耦合等。介电弹性体为达到理想的仿生学性能，用于制造人工肌肉的材料必须具有类自然肌肉的重要特征，如驱动方式、驱动应力、反应速度和效率等。肌肉功能很多，运动时肌肉通常作为能量的供应者，同时起支撑作用，具有可变的硬度和刚度。具有“人工肌肉”之称的介电弹性体材料已经用于仿生学机器人领域，图 10-8 是一些例

子，图 10-8（a）和图 10-8（b）是应用丙烯酸介电弹性体制备的卷型驱动器驱动的类昆虫机器人，图 10-8（c）是南丹麦大学设计和制造的自感知智能机器人，它四肢的传感器是应用介电弹性体材料制造的。在集成众多学科成就的基础上，介电弹性体将有望完成模拟地球上生物的庞大而崭新的计划，比如，像蚱蜢一样做远距离跳跃，像鸟儿一样会飞翔，像鱼儿一样会游泳，像蚂蚁一样会挖掘和分工协作等。

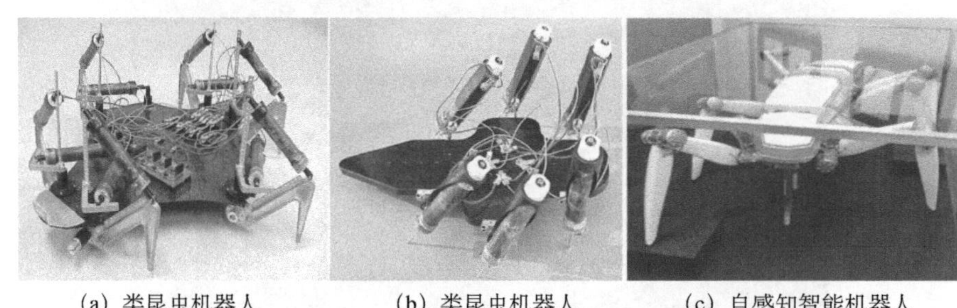

(a) 类昆虫机器人　(b) 类昆虫机器人　(c) 自感知智能机器人

图 10-8　介电弹性体仿生机器人（Suo，2010；Bar-Cohen，2006）

六、基于智能材料的变体飞行器结构

变体飞行器（morphing aircraft）或者称为变形飞行器、可变形飞行器、变体飞机等，可根据不同的飞行任务和飞行环境改变自身形状，以获得最佳的气动性能，已经成为未来先进飞行器的重要特征和发展方向之一。采用可变形技术，可以使飞行器实现减小阻力，提高升力，提高机动性能，减少起降距离，减少油耗，扩展航程，提高升限，在整个飞行包线上保持综合性能最优等。早在 1916 年，美国人率先提出“可变形飞行器”概念并申请专利，此方法通过改变机翼弯度达到飞行器变形的目的。20 世纪 50 年代以后，又先后出现了一些新概念的改变气动外形的方案，比较成形的技术有：变后掠翼技术、倾转翼技术、X 翼机技术等，图 10-9 为洛克希德·马丁公司提出的“折叠机翼”变形的概念（Lee，2013）。目前，智能材料和结构在变体飞行器上的应用还处于起步阶段，在小型风洞模型和微小型飞行器上进行了初步实验研究，验证了其在局部变形上应用的可行性，基于智能材料和结构的驱动器、可变形蒙皮、自适应结构等智能可变形技术是未来变体飞行器发展的关键技术之一，具有广泛的应用前景。图 10-10 为可变形仿真机翼。

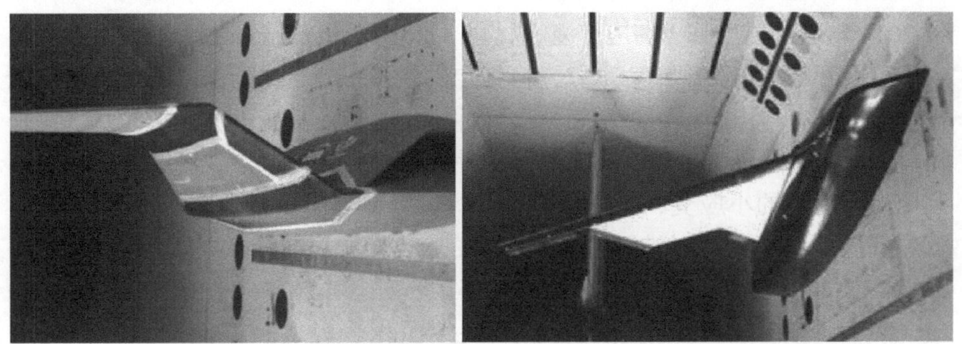

图 10-9 可变形飞行器的折叠机翼（Lee，2013）

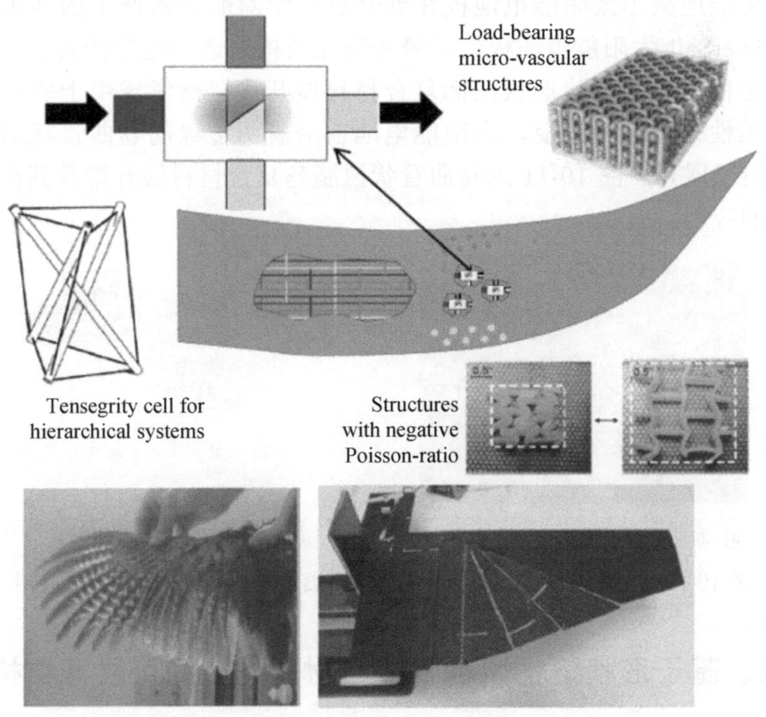

图 10-10 可变形仿真机翼（Lee，2013）

七、基于高应变聚合物复合材料的空间可展开结构

美国空军研究实验室（AFRL）、美国喷气推进实验室（JPL）、加州理工学院、欧洲空间局（ESA）、加拿大空间局、德国宇航中心（DLR）等，

于 2014 年联合提出基于高应变复合材料（high strain composite，TSC）的智能空间可展开结构，实现结构承载、自锁定、展开驱动、结构保持的结构与功能一体化，具有结构简单、重量轻、展开冲击小等特点。基于薄片形的常规复合材料的弯曲变形，可以研制其可展开柔性复合材料结构。该类可展开结构主要利用复合材料的小应变、大角度弯曲特性，研制具有大的展开/压缩比的空间可展开智能结构，可以涉及超过 20 种的空间可展开智能结构，包括铰链、梁、桁架、太阳翼、天线、反射阵列等。例如，DSX/PowerSail（deployable structures experiment）计划研制新一代大面积、轻质、高能的太阳能电池板，该太阳能电池板与常规结构的最不同之处在于其展开结构非常简单。为了尽可能地减小太阳能电池板在展开过程中对航天器产生的冲击，通过减轻 PowerSail 太阳能电池板的质量和简化结构来适当地降低其振动频率。能纵向延伸的卷曲管状形状记忆复合材料展开梁，被考虑用于驱动展开该卫星的柔性太阳能电池板。太阳能电池板沿着两边缘的卷曲管状形状记忆复合材料梁展开。图 10-11 为卷曲管状树脂基复合材料展开梁及其在可展开电池板的应用。

(a) 卷曲管状树脂基复合材料展开梁　　(b) 在可展开电池板的应用

图 10-11　卷曲管状树脂基复合材料展开梁及其在可展开电池板的应用

八、基于形状记忆聚合物复合材料的空间可展开结构

除了基于常规树脂基复合材料的可展开结构以外，利用形状聚合物复合材料还可让空间可展开结构具有记忆和变刚度特性。例如，美国冲击号卫星（Encounter Spacecraft）已经于 2006 年发射并将形状记忆材料用于天线结构的展开。已发射的美国智能微型可操控卫星（DiNO Sat）太阳能电池帆板和美国 Road Running 卫星的太阳能电池板帆板也应用形状记忆聚合物复合材料铰链进行驱动。此外，形状记忆聚合物复合材料在空间可展开桁架也开始有

应用。该可展开桁架由三个纵向的类似半圆柱状的形状记忆复合材料梁构成，两个形状记忆复合材料梁之间间隔 120°。此外，美国 CTD 公司开发了基于形状记忆聚合物复合材料的可展开天线。该天线的反射面可收缩折叠成伞形皱褶状结构。与形状记忆固体表面可展开天线反射面对应的馈源和背架支撑结构，与一般网状可展开天线相同。哈尔滨工业大学团队研发了基于形状记忆复合材料的可展开铰链，该铰链可以驱动太能电池阵模型的展开（兰鑫，2010）。图 10-12 为形状记忆复合材料铰链驱动太阳能电池阵模型的展开过程。

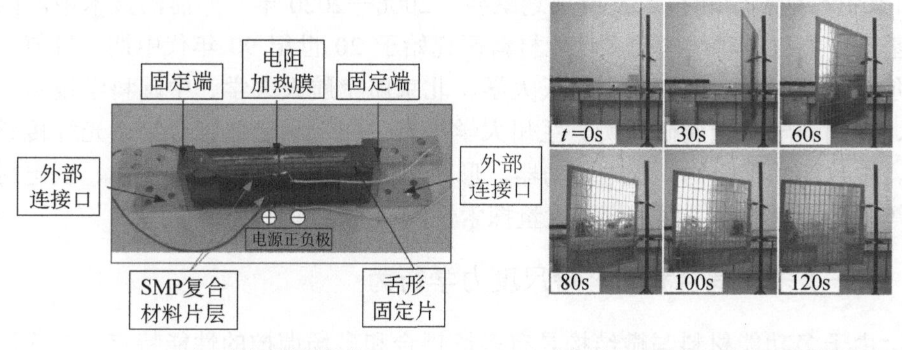

(a) 可展开铰链结构　　(b) 铰链驱动太阳能电池阵模型的展开

图 10-12　形状记忆复合材料铰链驱动太阳能电池阵模型的展开过程（兰鑫，2010）

九、力学相关方向发展态势

基于智能材料和结构的多功能材料与结构是一个新兴的前沿学科，所涉及的知识面广，发展潜力巨大，应用前景广阔。智能材料与结构的研究最早是在 20 世纪 70 年代末期开展起来的，随后世界各主要发达国家相继开展该领域的研究工作，使智能结构技术得到广泛承认。美国、英国、德国等西方发达国家相继投入巨资开展该领域的研究。20 世纪 90 年代后，它更是受到高度重视。特别是美国军方和一些政府机构直接参与了研究和开发工作。1995 年，白宫科技政策办公室和国家关键技术评审组将智能材料结构技术列入“国家关键技术报告”中。1997 年，智能结构被列为“基础研究计划”的六项战略研究任务之一。美国各军种、弹道导弹防御局和 NASA 以及波音、麦克唐纳-道格拉斯等大公司都分别制订了研究与发展计划，如美国弹道导弹防御局的“自适应结构计划”，陆军研究局的“智能材料与结构计划”，空军航天实验室的“智能结构蒙皮计划”等。1980～1991 年，英国、法国、意大利三国的 7 家公司在欧共体的支持下完成了欧洲在此领域的第一个合作研究计划——复合材料光学传感计划。20 世纪 90 年代初，英国成立了欧洲这一领域的首家专门研究机构“斯特拉斯立德大学智能材料与结构研究所”。德国研究将植入光纤的自诊断智能结构用于可重复使用的运载器的损伤探测和评估。日本自 1984 年即着手空间应用的智能结构的研究，日本航空宇宙技术研究所等参加了这项工作。

我国对智能复合材料和结构技术的发展十分重视，智能材料已经被列入《国家中长期科学和技术发展规划纲要（2006—2020 年）》前沿技术中。国内基于智能材料和结构的多功能材料研究始于 20 世纪 90 年代中期。目前，哈尔滨工业大学、南京航空航天大学、北京航空航天大学、中国科学技术大学、中国科学院金属研究所、兰州大学等单位在形状记忆聚合物、光纤传感器、电致活性聚合物、压电驱动器、形状记忆合金、电/磁流变液体、铁电材料等多功能材料等方面进行了大量探索性的研究工作。

（一）多场耦合和动态跨尺度力学行为

由于多功能材料与微结构具有多场耦合和多场调控的性能特点，其应用离不开力-磁-电-热等耦合作用的复杂环境。与此同时，新的多功能材料与微结构层出不穷，比如，功能软物质结构在力、电、磁等多场耦合下发生大变形，大变形又反过来影响电磁场的分布，而且它还具有湿热和化学环境敏感性，如何表征功能软物质的多场耦合性能成为新的研究方向。同时，由于多功能材料与微结构的本征特性，它还与声波和电磁波等耦合，可以用来设计电磁场调控声波，以及变形调控电磁波传输等功能器件。鉴于多功能材料与微结构的应用多种多样，不同应用要求的材料维度不一样，有大至毫米、厘米甚至更大尺度，小至微米、纳米尺度的应用。因此，多功能材料与微结构的多场耦合和动态跨尺度力学研究是固体力学领域的一个迫切和重要的研究方向。

（二）软物质本构及其力学行为

美国哈佛大学 George M. Whitesides 研究组（化学材料方向）和锁志刚研究组（材料力学性能方向）在智能软材料研究方面密切合作，引领了本领域国际发展前沿。锁志刚研究组就介电弹性体和水凝胶两类软物质，发展了热力学框架内的大变形力电耦合本构关系，并深入开展了黏弹性大变形力电耦合本构关系的研究，在介电弹性体俘能器、制动器、传感器电致变形方面取得了若干开创性工作。美国伊利诺伊大学香槟分校 John A. Rogers 研究组（材料方向）和美国西北大学黄永刚研究组（材料力学性能方向）在柔性电子器件研究方面密切合作取得了重大研究成果，在 *Science*、*Nature*、*Nature Nanotechnology* 上发表了多篇学术论文。

针对介电弹性体软材料的相关理论研究，2000 年，Pelrine 等建立介电弹性体的静电学模型，给出麦克斯韦应力的表达。美国哈佛大学锁志刚等基于热力学理论，考虑机电耦合效应，建立系统的自由能函数，推导介电弹性体的本构关系。针对不同结构的介电弹性体转换器的失效模型，锁志刚等分析了应用器件的大变形、稳定性行为和许用区域。Xu 等应用全应力理论进行了介电弹性体的机电稳定性研究。西安交通大学的研究人员研究了介电弹性体中的不稳定性传播，得到的结论可以指导应用介电弹性体制备大变形高性能的转换器。

（三）刚性增强体/柔性基体复合材料的大变形行为

在聚合物的本构理论研究上主要以线性黏弹性本构关系为基础，基于小变形理论和率无关性构造本构模型。包含大变形率相关性以及更多微结构机理的热力学理论研究将成为今后的研究趋势。Tobushi 等根据线性的黏弹性理论提出了黏弹性线性分析模型，系统地研究了形状记忆聚氨酯的本构行为。为了描述材料在大变形条件下的本构关系，2001 年 Tobushi 等修正了线性模型。Qi 等（2008）建立了三维有限变形的形状记忆聚合物的热-力学模型。Leng 等（2011）利用松弛理论及热-力学方程，建立了形状记忆聚合物混合体系所应遵循的热-力学模型。但是耦合了热场、电场、化学场和力场的形状记忆聚合物材料的力学性能研究还未见报道。美国哈佛大学的 John Hutchinson 教授、锁志刚教授、美国西北大学的黄永刚和伊利诺伊大学香槟分校 John A.Rogers 教授都对模量较高的增强体在模量很低的基本中的屈曲问题进行了大量的研究。

（四）智能聚合物材料在多场耦合作用下的力学行为

对于压电、铁电聚合物等以磁、电场作为激励源的软智能材料的研究主要以多场耦合条件下材料的电、力学性质为主，并注重观测材料内部的微观结构演化规律与宏观特征之间的跨尺度研究。Mohajir B E、Castagnet S、Linares A 等针对铁电聚合物薄膜在不同测试条件下的拉伸力学行为进行了研究，实验表明 PVDF 的力学行为对应变率和温度十分敏感。Bharti 等

（1997）利用 Sawyer-Tower 测试电路对铁电聚合物薄膜的电滞回线进行了测量，并得到了残余极化强度随温度等参数的变化曲线；此外 Hilczer 等（2003）对掺入陶瓷粉末的复合材料薄膜的非线性介电行为进行了研究，如在 P（VDF-TrFE）（50/50）中加入 PLZT-P 纳米粉末，发现薄膜的电学性能的较大改变。Zhang、Xia 等对采用匀胶方法制备的亚微米 P（VDF-TrFE）薄膜进行了实验研究，发现薄膜的结晶度与膜厚存在依赖关系，并存在约为 100nm 的临界厚度，当膜厚度低于该临界值时，结晶度相当低，并导致介电常数随之降低。从国内外研究文献看，智能软聚合物材料在电场、力场和热场耦合作用下的力学行为研究还较少。

第三节　当前面临的需求与挑战

目前世界各国多功能材料与微结构的研究极为活跃，充满了机遇和挑战，新技术、新专利层出不穷。发达国家企图通过知识产权的形式在多功能材料领域形成技术垄断，并试图占领中国广阔的市场，这种态势应引起我国的高度重视。结合现有研究成果可以看出，多功能材料与微结构研究和应用仍面临着诸多困难，其面临的问题与挑战主要包括如下几点。

一、主动大变形纤维增强复合材料的力学行为

主动大变形柔性材料（如介电弹性体、形状记忆材料等）经与特定纤维增强相材料复合后，可能获得较好的结构承载、变形和特定功能特性。常规单向纤维增强树脂基复合材料在沿纤维轴向压缩状态下的破坏形式一般为剪切型破坏、拉伸型破坏或纤维微观错位型破坏或者直接是脆性断裂。但是，因常规树脂基体刚性较大，纤维屈曲的允许变形范围较小，因此对于非破坏大幅度屈曲的产生及其演化的研究较少。另外，柔性材料的宏观和微观屈曲、褶皱等，近年来一直是固体力学的研究热点之一。纤维增强柔性基体复合材料力学行为的早期典型研究成果，可以追溯到轮胎关于增强纤维的失效形式的研究中。其中，纤维增强柔性基体复合材料在受到沿纤维轴向压缩力的作用下，纤维产生非破坏的横向微观失稳，宏观表现为较大的名义压缩应变（最大可达到约 8%）。基于此，其薄层结构在纯弯曲状态下，能达到非常小的非损伤折叠弯曲半径。应变能函数法基于对象各部分不同受力状态的应变能函数分项，可以求

解变形行为。纤维增强柔性基体复合材料的力学行为，一般重点考虑有限应变条件下的增强相和超弹性基体的本构行为，以及由两者共同所构成的微观结构。其中，均匀化理论可用于分析不可压缩、具有周期性微观结构的线弹性柔性基体复合材料的本构行为。此外，也可运用二阶均匀化理论构造纤维增强柔性体三维结构的本构关系，其超弹性柔性基体和纤维增强相可采用 Neo-Hooke 模型。其后续的研究虽然逐渐改进，但这属于非线性理论问题，准确的求解仍然较难，且无法求解微观的局部应力和应变。

二、变形/承载一体化、变刚度的多功能材料技术

变形/承载一体化、变刚度多功能材料的典型研究对象是飞机智能蒙皮微系统。飞机智能蒙皮微系统是保证飞行器气密性和良好气动布局的关键，在传统飞行器上可以采用刚性蒙皮来保证外形形状和承受气动载荷，但是作为变体飞行器的蒙皮不仅仅要保证足够的面外刚度承受气动载荷，而且还要有较低的面内刚度能够随结构变形。智能蒙皮微系统实现变形/承载一体化是未来变体飞行器蒙皮结构发展的一个主要方向，变刚度蒙皮结构也是未来研究的重要方向，以形状记忆聚合物、变刚度管等为代表的变刚度材料和结构有望解决此类问题。例如，通过控制液体流动的变刚度管蒙皮结构、基于形状记忆聚合物的变刚度管蒙皮结构、通过气压改变刚度的气动肌纤维蒙皮结构等。如果采用形状记忆聚合物做的飞机蒙皮，当材料温度低于玻璃化转变温度时，材料呈玻璃态，弹性模量较高，有足够的强度和刚度来满足飞行器承载方面的要求；当材料温度高于玻璃化转变温度时，材料呈橡胶态，弹性模量较低，可以实现 200%的大变形，满足飞行器变形方面的要求；当温度降低，材料又会从橡胶态转换成玻璃态，弹性模量提高，可以继续承载。但是，飞行器在航行过程中，一直承受着气动载荷，不可能在变形的时候降低气动载荷，但此时形状记忆聚合物的刚度又较低。因此，材料在低模量时能否承受相应的气动载荷等力学问题是研究的难点。

三、多物理场耦合作用条件下的多功能材料力学行为

对于多功能材料与微结构的力学分析需要重点考虑几方面的问题：智能材料在力学行为上具有几何与材料非线性的特征；在响应机理和工作环境上

具有多场耦合的特点；在其力学研究的尺度上存在从理解材料微观结构特点到表征宏观力学响应的跨越。此外，对于智能软材料变形稳定性的研究，以及材料失效和可靠性的预测也是一个重要问题。在力学测试方法上，多功能材料与微结构的多场耦合加载和测量涉及的器件一般较多，往往会存在器件之间的空间干涉和各物理场之间的场间干扰问题，影响仪器功能实现和测量的准确性。目前国际上有高低温压痕技术、力电耦合的压痕技术，但温度量程和电压量程指标一般较低，缺少力磁耦合微纳米力学测试技术，以及力电磁多场、高低温和气液多氛围联合加载的技术和设备。

四、轻质/大输出力的驱动材料及其器件技术

基于多功能材料的驱动器既要满足变形结构对大驱动力的需求，同时也要满足轻质、快速响应、高精度、循环响应快等需求，轻质/大输出力驱动器是制约多功能结构与智能系统发展的一个难题。利用形状记忆合金、压电材料、磁致伸缩材料等智能材料和结构的驱动特性将为解决这一问题提供基础和保障。利用压电叠堆陶瓷、磁滞伸缩材料等智能材料设计轻质大输出力的驱动器也是未来驱动器的一个研究方向，此类材料的特点是输出力大、能量密度高、易控制，但是输出位移小。形状记忆合金以其驱动力大的特点已经被广泛使用，但是有驱动循环响应慢、变形小等问题，需要进一步对材料改性，为其进一步应用提供保障。力学本构关系，一直是困扰这些材料及其驱动器实际工程应用的瓶颈。

第四节　未来发展建议

针对多功能材料与微系统的自供给、自感知、自适应、自修复等问题，需要对其进行复合改性设计和多功能设计，研究电、热、光、磁、溶剂等智能复合材料的力学驱动新机理；同时针对智能复合材料的新型驱动方式，需要对智能材料及其复合材料在温度场、应力场、磁场、电场、化学场、多场耦合等物理场下的响应行为和感应规律进行研究，获得“结构、功能一体化”的多功能材料及其微系统，并推动其在相关领域的应用。

一、自感知、自适应多功能材料与微系统的设计与研制

自主、自适应多功能材料与微系统的研究涉及热、电、力、光、磁等物理量，覆盖物理、化学、力学、信号处理、传感器、现代控制理论等学科，各学科的基本理论、分析、试验和工程化方法已经成熟，其基本科学依据充分，基本研究工具和手段成熟。自主、自适应多功能材料与微系统亟待攻关下列关键技术：多物理场耦合作用下的理论体系需要完善，建立热、电、力、光、磁等物理场耦合条件下的系统级数学模型，形成“激励、信号处理与触发、作动”这一系统层面的理论体系，并经过仿真和试验验证；传感、信号触发和作动的性能有待提高，通过单项材料或系统的优化设计，提高系统的传感、信号触发和作动的单项性能，使其与对应专门器件的性能可比拟；面向实际应用的工程设计方法和流程有待完善：在完善理论研究与综合性能优化的基础上，形成工程化的设计、制造和工艺控制等方法及其标准流程，实现其产业化应用。涉及的具体研究对象较多，典型的研究对象如开展基于光纤传感器、纳米复合材料等嵌入式传感元件的自感知智能材料及多功能、多参数监测机理、机制和方法的研究，实时采集智能材料与结构自身服役状态信息、实时监测与评价其从制备到服役过程中的工艺参数及损伤演化规律，评价和评估其安全状况和剩余服役寿命；研制集结构承载、防雷击及防除冰为一体的纳米纸等纳米复合材料增强的多功能智能复合材料结构，评估其使用安全性、稳定性与耐久性。

二、主动大变形复合材料及其结构的力学行为研究

主动大变形材料在外界物理或化学信号激励下（如电、热、光、磁、溶剂），能够产生主动、大变形行为，是一类典型的多功能材料。但是该类材料的力学性能刚度与强度普遍较低，将其与增强相复合后可以得到智能多功能复合材料，其兼具了智能主动大变形材料的多功能特性及复合材料的较好综合力学特性。主动大变形复合材料及其结构应用是一个具有较大学术研究和工程应用价值的方向。研究优化设计与研制形状主动大变形复合材料，进行可变形结构的非线性展开静态强度、微观屈曲力学、驱动与动力学分析、变形可重复性、变形衰减性、蠕变和松弛等力学行为。优化设计与研制基于智能复合材料的主动大变形结构，预报和评估其展开与变形性能，揭示主动大变形复合材料结构形状的主动变形规律。研究较为普遍适用的设计方法，

拟形成“需求分析、功能分解、设计与验证”的一整套流程，以指导主动大变形复合材料的各类主动变形结构的设计，保证变形和驱动性能的准确性和可靠性。优化设计与研制适用于多种环境下的高修复效率、高安全性、高可靠性、长使用寿命的多重响应性自变形智能复合材料，优化设计与研制自变形复合材料。

三、多功能材料与微系统多场耦合条件下的本构理论研究

新兴多功能材料与微系统基础科学问题研究涉及力学、物理、材料、化学及机械等多学科综合交叉，在力学上具有几何大变形与材料非线性的特征，在响应机理和工作环境上具有多场耦合的特点，在结构的研究尺度上具有从微观结构到宏观大变形的跨越，需要进一步考虑多学科相互关联的新的力学研究，并且这种研究不仅涵盖了常规力学的内容与方法，而且所涉及的非线性、多场耦合和跨尺度的力学建模与性能表征等科学问题，是力学域中具有挑战性的前沿研究方向。构建能够准确描述热-力-电-磁-化学多物理场耦合作用下多功能材料的热力学自由能方程，发展多功能材料的三维大变形本构理论，验证和修正智能材料的宏观热力学本构关系。研究材料非线性、几何非线性及力-电-磁-热-化学多物理场耦合条件下对多功能材料的应力、应变、应变率、驱动力、变形等性能的影响，分析多功能材料的宏观力学行为。

四、多功能材料与微系统的结构力学性能和失效行为表征

随着材料制备技术的发展，多功能材料及其器件的特征尺寸越来越小，其力学性能存在明显的尺度效应和外场效应，因此建立多场耦合变形和断裂破坏理论模型，发展多场耦合计算方法，提出多场耦合力学性能表征方法，对于研究微纳米尺度材料在外场作用下的力学性能测试具有重要意义。同时也为新的多功能材料与微系统的设计、制备和应用提供指导，如外场调控的声学器件、基于接触测量的磁场传感器等。多功能材料与微系统固有的力-磁-电-热耦合特性，使其在力场、磁场、电场和热场及其联合作用下发生微结构的演化，并进而调控其力、磁、电和热学性能。如何测试和表征多功能材料在多场耦合下的微观力学性能对于多功能材料与微系统设计和质量评估有重要意

义。开发互不干扰的多场多氛围环境耦合加载与屏蔽技术，以及多场多氛围环境微纳米力学测试表征方法尤为重要。测试多功能材料在力电磁热多场环境、高低温环境和气液氛围等条件下的变形曲线，获得杨氏模量、硬度、断裂韧性、蠕变、疲劳等材料参数与多场环境之间的关系，研究外场和氛围引起的材料相变、畴变行为、场致弹性、场致塑性、场致韧性等性能。

参考文献

兰鑫，2010. 形状记忆聚合物复合材料及其力学基础研究. 哈尔滨：哈尔滨工业大学博士学位论文.

Bar-Cohen Y，2006. Biologically inspired technology using electroactive polymers （EAP）. Proceedings of SPIE，6168: 616803.

Ferreira A D B L，Nóvoa P R O，Marques A T，2016. Multifunctional material systems: a state-of-the-art review. Composite Structures，151: 3-35.

Kim D K，Han J H，2006. Smart flapping wing using macrofiber composite actuators. Proceedings of SPIE，6173：61730F-61730F-9.

Lee B L，2013. Mechanics of multifunctional materials and microsystems. Air Force Research Laboratory.

Leng J S，Lan X，Liu Y J，et al.，2011. Shape-memory polymers and their composites: stimulus methods and applications. Progress in Materials Science，56（7）：1077-1135.

Murphy E L，Wudl F，2010. The world of smart healable materials. Progress in Polymer Science，35：223-251.

Qi H J，Nguyen T D，Castro F，et al.，2008. Finite deformation thermo-mechanical behavior of thermally induced shape memory polymers. Journal of the Mechanics and Physics of Solids，56（5）：1730-1751.

Stroock A D，Pagay V V，Zwieniecki M A，et al.，2013. The physicochemical hydrodynamics of vascular plants. Annual Review of Fluid Mechanics，46：615-642.

Suo Z G，2010. Theory of dielectric elastomers. Acta Mechanica Solida Sinica，23（6）：549-578.

第十一章 高温材料与结构力学问题

第一节 问 题 提 出

热是自然界最为普遍且到目前为止最难理解和把握的物理现象之一，也是人类征服自然、改造世界最有利的工具之一。高温会对材料力学性能产生严重影响，并可能与复杂的物理化学反应相互耦合。高温固体力学主要研究在温度和时间作用下固体介质及结构受力、变形、破坏以及相关变化和效应。传统意义的高温一般指使用温度与材料熔点之比超过 0.4～0.5 的情况，对金属材料来说，高温会导致黏塑性增加、强度下降、时间累积效应显著。20 世纪 50 年代，针对航空航天、能源化工等领域对高温结构材料的急迫需求，我国开始发展高温蠕变力学，中国科学院力学研究所塑性力学研究组建立高温蠕变实验室，力求跨力学、材料学学科，通过宏观和微观、实验和理论相结合进军这一前沿热点问题。1958 年，钱学森先生创建中国科学技术大学近代力学系，设立包括“高温固体力学”在内的四个新型专业。同时，在高速导弹、返回式航天器热防护系统设计和研制过程中大大促进了相关力学理论与方法的发展。半个多世纪以来，高温固体力学秉承“技术科学思想”，不但丰富了力学学科本身，而且为国家安全、国民经济发展提供了重要的支撑作用。

航空、航天技术的需求是高温固体力学发展的主要驱动力，主要应用领域是飞行器机体外防热和推进系统。1956 年，美国 X-2 试验机飞行速度突破马赫数 3，首次考虑气动热设计，并采用了不锈钢和镍基合金机体材料，而实现批产服役的 SR-71、Mig-25 等飞机分别将钛合金和不锈钢机体达到工程化应用水平，提高了航空发动机、火箭发动机的效率和性能，也不断推进高温合金和难熔金属材料技术的进步与应用水平的提升。战略导弹和返回式航天器所使用的烧蚀防热材料，成功地解决了高速再入大气层和火箭推进剂两相流作用等极端条件下的热防护问题，充分发挥了碳基、硅基和碳化材料的防热潜力，成为短时防热最具效率的材料技术。烧蚀防热材料对其力学性能的要求是具备一定的维形能力、保持结构完整性，设计时采用较大的安全裕度。美国航天飞机首次采用可重复使用的热防护技术，发展了由陶瓷刚性隔热瓦和柔性隔热毡构成的第一代“绝热体”热防护系统，抗氧化增强碳/碳（RCC）复合材料鼻锥、翼前缘的热结构技术，以及由应变隔离、缝隙填充和室温固化等系列技术构成的结构化技术，使其成为人类空天史上最伟大的成就之一。但也正是因为可重复使用热防护系统的可靠性、成本、可维护性等问题远未达到所期望的能力，航天飞机过早地退役。

进入 21 世纪，随着人类征服和利用时空能力、武器装备发展需求的提升，多种新型飞行器应运而生，有代表性的飞行器包括：性能要求更高的星际大气再入飞船、一次性高超声速滑翔/巡航飞行器、可重复使用高超声速飞机以及单级/两级入轨空天飞行器。这些飞行器的典型特征是服役温度更高、服役时间显著增强、结构效率和可靠性要求更高，对飞行器热防护和热结构性能要求也越发苛刻，许多新概念、新思路受制于材料技术，结构效率与可靠性之间的矛盾突出。针对不同类型和任务的飞行器，其结构性能需求的侧重点也不同，对具有革命性效能的高超声速飞行器来说，重点是超高温非烧蚀防热的需求强烈，对高效、可靠的可重复使用天地往返运输系统来说，需要可重复使用、轻质、高可靠的防热技术，而未来载人航天和深空探测需要面对更高的再入速度和更苛刻的热防护要求。目前以难熔金属化合物为代表的超高温陶瓷基复合材料，以 C/C、C/SiC、SiC/SiC 等为代表的热结构复合材料，以 TUFLROC、PICA 等为代表的新型轻质防隔热一体化材料成为当前的研究热点（Glass，2008）。以宏观、唯象手段为主的传统力学分析理论与方法、高安全裕度包覆不确定性的设计方法，难以满足新型飞行器对高温固体力学的需要。从发展趋势来看，设计方法从保守到精细化设计，从简化模型/高安全裕度到精细化模型/高可靠性，分析方法从叠加到耦合分析，由传热/热响应/结构响应串联分析到多物理场、多过程耦合分析，抗环境能力从被动到主动，由传统金属热结构和烧蚀热防护到主动介质或物理效应引入，急需发展新的力学理论、方法和技术手段。

第二节 相关研究发展态势

热防护和高温结构材料要承受高温和机械组合载荷，甚至伴随复杂物化反应，对该过程力学现象的理解深度，会直接影响其使用规范、可靠性和结构效率。认识材料行为、获取真实可靠的材料性能数据的最重要途径就是科学的材料测试、表征和评价方法。材料高温性能测试方法与技术，一直受到世界各发达国家的重视，并作为一项战略性技术加以保护。美国南方研究所在超高温性能测试方面最为强大，已经具备了惰性环境 3000℃、有氧环境 1650℃以上的拉压弯剪性能的测试能力和规范，并且建立了纤维/束/纱测试和材料疲劳蠕变性能测试技术。乌克兰强度问题研究所是苏联高温测试技术的主力研发部门，发展了包括通电和辐射加热的超高温力学性能测试技术，在快速升温、试件尺寸效应等方面有着自己的独特技术，还实现了 3000℃以上的高温扭转性能的测试。日本和法国等在标准试验机基础上通过环境舱改造，也踏入“3000℃”超高温俱乐部，日本在高温剪切强度、压缩强度和蠕变特性测试等方面取得了很大进展，法国在复合材料组分高温性能测试方面颇有特色。我国从 20 世纪 80 年代起开始进行材料超高温力学性能测试技术的研究，航天一院 703 所、哈尔滨工业大学、西北工业大学等单位通过合作开发、热模拟试验机改装以及引进再开发等技术途径，实现了超高温性能测试，虽然测试能力有限，但是也基本满足了国家战略需求（Yan et al., 2012；许承海等，2015）。2013 年，哈尔滨工业大学与长春机械科学研究院有限公司合作开发了新一代材料超高温力学性能测试系统，采用试样直接通电加热的方式，最高加热温度达 3000℃，能够进行导电材料的拉压弯剪等力学性能测试，在变形测试能力上也有较大提升。随着高温有氧环境服役需求的提高，热/力/氧耦合环境测试技术和策略得到重视，德国宇航中心等部门不仅建立了感应加热复杂应力状态的测试方法，而且对测试策略开展了大量的研究，美国明尼苏达大学近期实现了最高温度为 2600℃的可控气氛力学测试能力，最快加热速率为 500℃/min，可根据 ASTM C1211 标准，进行四点弯曲性能测试。中国科学院金属研究所利用高频电源和新型组合夹具/

试样设计，实现了 1500℃、0～70km 气氛可调测试能力，北京大学正在研发的在加热高温氧化环境下的力学性能测试系统，最高温度为 1800℃、0～70km 气氛可调（Neuman et al.，2013）。图 11-1 为通电加热材料超高温性能试验。

图 11-1 通电加热材料超高温性能试验

如何使用这些来之不易的高温性能数据也是一项艰难的工作。复合材料许用值用于表征复合材料体系和结构设计分析，使获得的力学性能数据能代表该复合材料体系制造的结构材料性能。飞行器设计要求采用成熟的材料体系，成熟的标志是具有“A 或 B 基准”设计性能数据库或经“同行评审”的设计许用值数据库，而针对热防护和热结构材料的要求又不尽相同。高温复合材料的“陶瓷”和工艺特性决定了其内部含有大量的初始缺陷，材料性能表现出很大的分散性，且与工艺密切相关，如何确定其性能，美国 MIL-HDBK-17 给出了确定 A 和 B 基准许用值材料的批次数量和每批次试样数量。“A 基准”用于单载荷路径造成的结构完整性失效的情况；“B 基准”用于部件失效造成的载荷重新安全分布到其他承力单元的情况。对 2D 层合类复合材料来说，A 基准针对每个环境和感兴趣的性能需要至少来自 5 个批次材料的 90 个试样；B 基准针对每个环境和感兴趣的性能需要至少来自 5 个批次材料的 30 个试样。用于航天飞机头锥和翼前缘的 RCC 是目前唯一采用 A 基准的耐高温复合材料；X-37 和 HTV-2 项目发展的 CVI C/SiC 和 ACC-6 复合材料采用 B 基准。对于 2D C/C 热结构复合材料，由基体控制的层间强度性能的 COV 都大于 10%，最大接近 30%，这也可能是导致 HTV-2 第二次失败的主要原因。同时，离散系数高对设计许用值有很大影响。美国一些热结构研发项目采用面内性能为 20%的强度折减系数，层间性能为 30%的强度折减系数，其研究人员通过分析指出，某种程度来说对 C/C 材料较为合适，而对 CVI C/SiC 材料要求有些保守，两类材料体系采用层间强度为 30%的折减系数都相对保守。我国在此方面缺乏系统性的研究工作。

建立科学、有效的材料高温本构模型与强度理论是力学工作者的使命和重要任务。在过去几十年间，人们针对材料高温变形与损伤、高温疲劳与断裂、高温氧化与腐蚀等方面进行了不懈的努力。针对金属材料的高温蠕变力学体系日臻完善，不仅揭示了蠕变微观机制和断裂机理，建立了考虑温度效应的本构关系，发展了高温蠕变-疲劳耦合作用下的断裂行为分析方法、材料高温寿命预测与结构失效评价方法。陶瓷材料的高温非线性行为和多重本构特性引起了人们极大的关注，一直是相关领域的研究热点，并取得了显著进展（Guo et al.，2014）。但对需求迫切、结构复杂的碳基和陶瓷基复合材料来说，能够描述其高温力学行为的本构模型和强度理论研究最具挑战性，多直接利用试验数据和经典复合材料力学相关理论，建立宏观唯象模型和准则，其精准度、适用性存在很多问题。亦有学者基于阿伦尼乌斯方程处理试验数据，构建出了材料本构关系，俄罗斯学者利用键能理论建立了碳基复合材料的高温本构方程，与试验结果相差 2.5 倍，但趋势一致，值得思考。

美国 MR&D 公司由 Brian Sullivan 和 Kent Buesking 创建，在复合材料及结构设计与分析方面拥有较强的能力，是 NASA 和军方发展高温固体力学理论与方法的主要支撑部门。其已经建立了微细观力学程序，可以计算与温度相关的各向异性复合材料性能，可根据所获取的信息和多年来积累的纤维与基体性质的复合材料数据，得到设计分析所需的与温度相关的各向异性热传导和热弹性性能。所使用的数据库也包括复合材料强度的测量数据、与温度相关的强度数据；热和热结构分析主要采用商业 FEM 程序，在建模和分析过程中充分考虑了服役环境和材料复杂性带来的重要问题，例如，层间应力和层间强度问题，应力计算误差问题，在边缘、材料不连续位置及边界约束位置的有限元结果可信度问题。复合材料由于各向异性和本征缺陷等因素，其存在复杂的失效模式，基于传统均质材料发展起来的强度理论和失效准则存在很大的局限性，尤其是服役于高温条件下的热防护和热结构复合材料，高温强度和失效模式获取难度更大。在复合材料结构分析中，需要用到这些强度准则进行单元失效判断，但往往在边缘、材料不连续位置及边界约束位置率先遭到破坏，这些数值分析结果与试验结果相差很大。考虑到复合材料的自身特性，应采用多个单胞体积内的平均应力或应变值与失效判据比较，但具体大小缺乏依据。通过多尺度渐进损伤分析获得的渐进损伤失效准则，有望给出更为准确的判据。

虚拟试验技术是近些年来主要针对复合材料的特点，为其性能预测和设计发展起来的一种新技术。它可以实现真实试验数据的内插或外推，至少减少试验次数一个数量级，可考虑不同因素和统计特征影响，实现组合载荷的模拟，用于性能预报和优化设计。利用如微纳尺度 CT 等先进的全场、原位、内部、静动态信息测试技术，获取如编织复合材料等微结构特征尺度的统计分布，实现三维参数化建模，发展高置信度、精度与计算效率的分析方法，通过设计模型试验进行校验与完善，以达到代替试验的目的。其核心之一是发展多尺度渐进损伤分析方法，这已成为目前复合材料力学的研究热点。在如何考虑多尺度贡献、提高计算效率和处理裂纹问题上发展了很多方法。具有代表性的如考虑代表性单元的 GMC、MCT、 SEPUC、HEA 方法，考虑算法的 CZM、X-FEM、VCCT、A-FEM 方法，以及期望打破连续介质力学局限性的近场动力学方法等。美国空军支持发展的 A-FEM 方法可以无须附加外部节点或自由度实现任意多重相互作用非连续问题的数值求解（如裂纹、材料边界等），而获得计算精度、效率和稳定性的综合提升，效率可达 X-FEM 的 100 倍，在一个单元内实现弱非连续到强非连续演化的统一处理，集成 CZM 的 AFEM 可作为一个用户定义单元纳入 ABAQUS 等标准 FEM 求解器。美国国家高超声速科学研究中心组织加利福尼亚大学伯克利分校和劳伦斯国家实验室等单位联合发展了高温加载原位 X 射线扫描技术，实现了 C/SiC 复合材料在 1750℃温度下、0.67μm 分辨率的材料微观动态破坏行为，并与 A-FEM 的模拟结果进行了相互比较，取得了很好的一致性，不仅直接获取了极端条件下的材料破坏行为，还大大提升了数值模拟的可信度（Bale et al.，2013；Vanaerschot et al.，2013）。图 11-2 为高温加载原位 X 射线扫描结果。图 11-3 为 A-FEM 方法的 C/SiC 复合材料损伤演化模拟计算。

材料性能离散性、环境载荷随机性、主观认识误差客观存在，如何认识、界定和掌控这些不确定性，对结构安全和效率至关重要。传统设计通过载荷系数在一定程度上反映了载荷的不确定性，通过安全系数考虑由材料性能离散性、结构复杂性或是物理模型描述不完备性等带来的不确定性，这可能导致结构设计过于保守，或难免预测不到因未尽因素的破坏。发展考虑不确定性定量化，进行结构的设计、优化与失效概率评估，是避免过于保守设计和实现科学表征结构安全可靠性的必然趋势。NASA 在 X-37 项目中，考虑了热载荷、物性和几何参数的不确定性，采用蒙特卡罗方法很好地解决了 TUFROC 材料的结构效率与可靠性之间的尖锐矛盾，不仅在 X-37B 中获得成功应用，而且成为航天飞机热防护系统后，热防护领域系统最有标志性的进步。

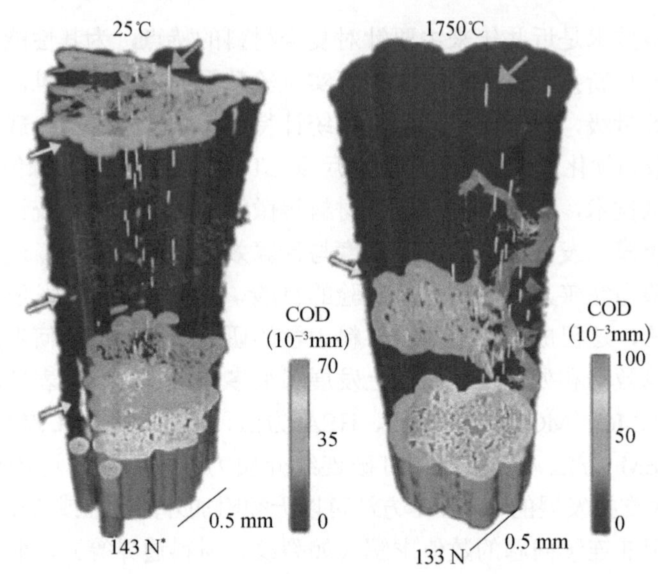

图 11-2　高温加载原位 X 射线扫描结果

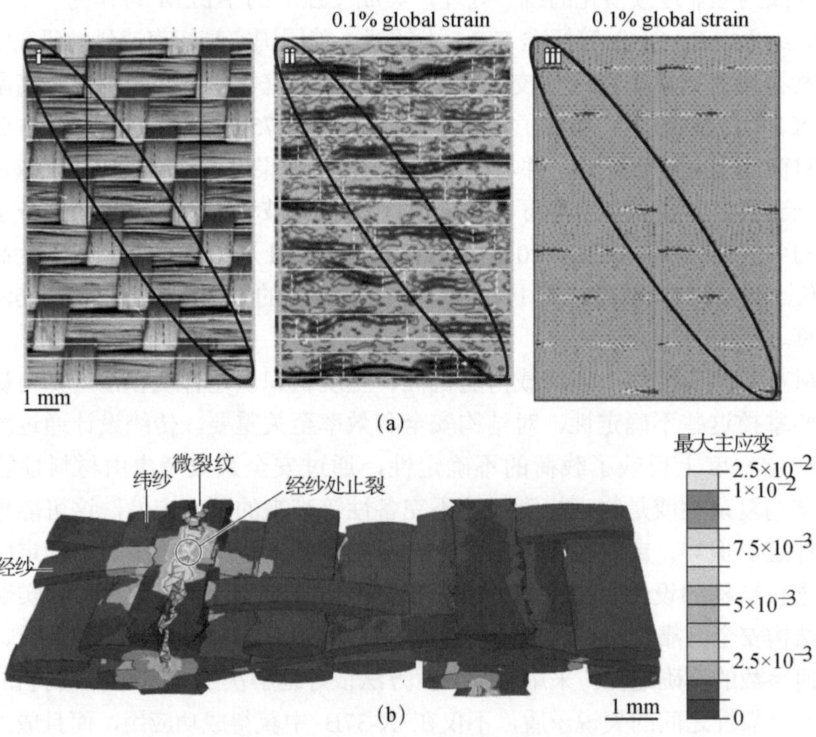

图 11-3　A-FEM 方法的 C/SiC 复合材料损伤演化模拟计算

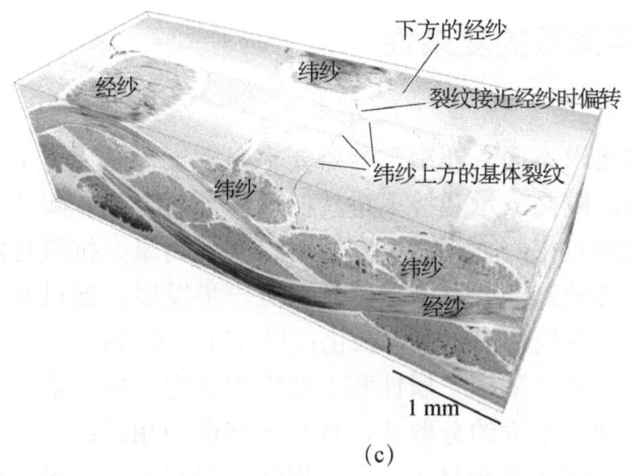

(c)

图 11-3 A-FEM 方法的 C/SiC 复合材料损伤演化模拟计算（续）

图片来源：Marshall, David; Cox, Brian; Kroll, Peter; Hilmas, Greg; Fahrenholtz, William; Raj, Rishi; Ritchie, Robert; Yang, Qingda; Zok, Frank. National Hypersonic Science Center for Materials and Structures. Teledyne Scientific Co,1049 Camino Dos Rios Thousand Oaks, CA 91360, USA, Aug 31 2014.No:ADA609952.

第三节 当前面临的需求与挑战

一、高温性能测试与表征技术的局限性

虽然国内外已经建立起可至 3000℃以上的材料高温力学性能测试技术，但无论是测试方法还是测试能力，都难以满足未来新型空天飞行器的发展需求。目前采用包括电阻辐射、红外辐射、感应耦合、直接通电、激光等在内的多种手段测试材料的高温力学性能。与实际服役工况相比，在材料热响应历程、热响应分布、响应机制上都存在很大的局限性，其等效性和有效性需要进一步验证；鉴于测试能力和成本限制，尺寸效应和失效机制的影响还难以把握；许多高温材料的工艺特点决定其组分性能具有强烈的“就位性能”特征，难以用原材料进行测试和表征，组分材料的高温性能测试技术亟待发展；如薄壁材料厚度性能、高脆性材料泊松比、低膨胀材料热膨胀系数等常温条件下难测的性能，如何获取高温性能更具挑战性；同时高温动态特性、高温复杂应力材料性能也亟须发展有效的方法；一些非传统材料和结构概念（如梯度材料、点阵结构等）如何测试和表征其高温行为尚无解决的方法。

二、高温材料体系的复杂性

与传统高温材料要求不同，新型飞行器要求服役于极端环境下的材料和结构兼具耐热、防热、隔热、承载等多重功能属性，复合化、陶瓷化成为发展趋势。就目前研究热点来看，超高温陶瓷材料在耐高温、抗氧化能力上虽有巨大潜力，但强韧性较差的问题依然困扰其进一步发展，通过复合化进一步提高其力学性能必然导致材料体系复杂化；以 C/C、C/SiC、SiC/SiC 为代表的热结构复合材料，其“陶瓷”属性和工艺特性决定了内部含有大量的初始缺陷，材料性能表现出很大的分散性，且与工艺密切相关；为轻质化发展起来的新一代防隔热一体化复合材料，多采用纤维增强多孔材料的途径降低密度，采取涂层或组合形式提升综合性能；未来的高温材料将会融入仿生、层级、混杂等概念，形成主动防护、自感知、自适应、自愈合功能。这些研究对象材料组合和微结构的复杂化，给发展测试表征方法、建立分析模型、实现定量化预报、获取优化方案等力学理论和方法提出了严峻的挑战。

三、高温本构关系与强度理论的挑战性

早在 20 世纪 50 年代，人们就能够获取关键耐高温材料的高温力学性能，现已将测试温度拓展到 3000℃以上，材料高温力学行为表现出强烈的非线性，甚至表现出高温蠕变行为，但现在还只能从宏观唯象上描述其本构关系，尤其是高温损伤演化对新型高温复合材料本构行为带来的影响更需进一步研究。“温度”+“强度”成为固体力学最大的挑战之一，尤其是高温复合材料在复杂载荷条件下表现出来的多重失效模式更是难上加难，在现有工程设计中经常采取的是常温试验获得的简单二向强度准则和一些有限的高温试验结果。但由于复合材料微细观结构的复杂性，在复杂载荷条件下表现出不同的破坏模式，虽然加大了安全系数，但是仍难确保可靠性，且极大地降低了结构效率，急需基础研究的突破，研究基于不同失效机制、分象限拟合的强度包络线，或建立强度理论。当前发展的基于渐进损伤分析的虚拟试验技术，可能成为描述复杂高温材料本构关系和强度准则最有效的技术途径。

四、材料高温行为研究的多学科性

传统高温固体力学研究方法，重点在于热载荷对材料力学性能和结构行为的影响，发展力热耦合作用下的相关理论和方法。而对服役于高温环境下的材料或结构来说，材料表面与多种环境因素相互耦合，产生复杂的物理、化学变化，同时随着服役温度和时间的增加，材料内部缺陷、损伤的演化也会由不同时空尺度上的物理化学变化所决定。例如，高超声速飞行引起的高焓非平衡流动与高温材料表面作用机制复杂，材料响应温度既与热流、压力、焓值等环境参数直接关联，又与材料氧化、催化和辐射特性密切相关，材料发生氧化、烧蚀、剥蚀、物性和组分改变，引起材料物性、表面状态改变及质量引射等效应，又会导致环境的流动状态、能量和组分及分布的改变。因此，高温固体力学需要进一步打破学科界限，与材料、物理、化学等学科进行深度融合，才能达到通过现象发现本质、揭示机理、把握规律的目的。

第四节　未来发展建议

高温材料与结构技术是一项事关国家安全和国民经济发展的战略性高技术，是高速飞行器、高性能推进、高效能源等诸多重要系统的重要基础与保障，而高温固体力学是能否实现这些系统设计、优化、可靠应用的关键基础科学问题。这是一个战略意义和需求显著的研究方向，挑战大、难度高，这些科学问题如果得不到解决，将会导致系统设计、关键技术攻关和研制中存在很大盲目性，引起较大的结构风险，对安全、可靠服役产生致命性的影响，或由于过于保守引起结构效率和性能下降，需要从国家层面给予重点关注和长期、稳定的支持。

未来发展建议如下。

（1）充分认识我国在高温固体力学研究方面的不足和缺口，利用已有优势部门，重点投入，建立系统的国家级高温试验设施和能力，发展逐渐成熟的数值模拟方法和软件，鼓励更多学者积极探索与此相关的新理论、新方法和新技术，同时避免碎片化、同质化和低水平重复。

（2）高温固体力学具有明确的背景需求和兼具学科挑战特征，积极促进力学本身内部及与其他学科的深层次交叉，充分发挥力学“建模、试验、定量化预报”的优势；同时更需要加强产、学、研大力协同和联合，将知识创新有机地融入技术创新体系，在实践中不断检验和完善新理论、新方法和新技术。

（3）结合国内外发展态势和新型飞行器的发展需求，建议未来重点发展如下研究方向：发展创新性高温测试方法，并高度重视与极端、原位、全场、内部、在线试验和表征技术相结合，以获取更加丰富的信息；充分借助于先进的实验和数值技术，发展能够描述高温本构和失效行为的“多场、多尺度”建模、分析和优化方法，强调模型的试验验证，不断提高预报方法的置信度和精度；加强与高温材料和服役环境相关的不确定性定量化方法的研究，发展材料概率寿命预测和损伤容限分析方法；把材料高温行为的理解集成到结构尺度模拟中，实现基于非确定性框架下的结构尺度高置信度失效模拟；促进多学科交叉，与“高温物理效应”和“计算材料学”结合，创制和优化新型热防护和热结构材料或结构概念。

参考文献

许承海，许德昇，宋乐颖，等，2015. 2D C/C 复合材料超高温压缩性能试验研究. 固体火箭技术，38（6）：860-864.

Bale H A，Haboub A，MacDowell A A，2013. Real-time quantitative imaging of failure events in materials under load at temperatures above 1600℃. Nature Materials，12：40-46.

Glass D E，2008. Ceramic Matrix Composite（CMC）Thermal Protection Systems（TPS）and Hot Structures for Hypersonic Vehicles. AIAA-2008-22682.

Guo X，Li L，Song Y，2014. A temperature-dependent constitutive mode for fiber-reinforced ceramic matrix composites and structural stress analysis. Damage mechanics，23（4）：507-522.

Neuman E，Brown H J，Watts J，2013. Building an ultra-high-temperature mechanical testing system. American Ceramic Society Bulletin，92（1）：36-38.

Vanaerschot A，Cox B N，Lomov S V，et al.，2013. Stochastic framework for quantifying the geometrical variability of laminated textile composites using micro-computed tomography. Composites: Part A，44：122-131.

Yan K F，Zhang C Y，Qiao S R，et al.，2012. Measurement of in-plane shear strength of Carbon/Carbon composites by compression of double-notched specimens. Journal of Materials Engineering and Performance，21：62-68.

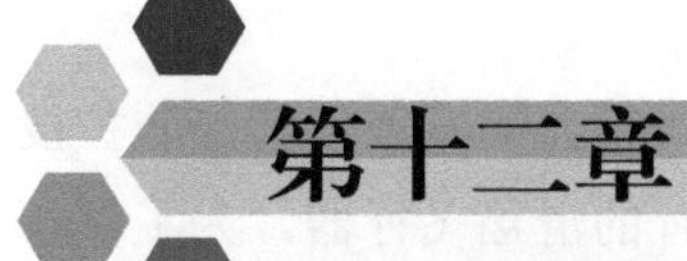

第十二章 多物理化学场耦合力学问题

第一节 问 题 提 出

传统的战略导弹在再入大气层的过程中，气体受到压缩或黏性力的阻滞作用，使气体的温度升高（有时甚至高达 10 000K 以上），气体本身会发生离解与电离反应，而且会使飞行器的表面温度升高，甚至使飞行器表面材料发生复杂的物理化学变化（包括相变、热解、氧化、升华等），即通常所说的高超声速再入过程中的“热障”问题。目前解决热障问题最成熟的方法是烧蚀法，烧蚀是典型的流动/化学/传热/材料/固体力学耦合问题。针对该问题，国内在不同时期均成立了专项攻关组，经过几十年的发展，目前形成了以碳基、硅基及热解类复合材料为主的防热材料体系，以氧化升华过程预测、液体流失过程预测及热解质量引射过程预测为主的模型方法体系，及以高超音速风洞测热和电弧风洞模型样件考核为主的试验方法体系，对我国战略导弹技术的发展起到了重要的支撑作用。

近年来，航天的多种任务需求，如全球到达、机动突防、近空间防御、空间往返运输及深空探测等，促进了航天器的多样化发展，如大气层内的滑翔飞行器（如 HTV2）、基于超燃动力的巡航飞行器，深空探测器、可重复使用的运载器（如 X-37B）和在轨运行飞行器等。同传统的战略导弹相比，这些战略武器、攻防对抗武器和高超声速飞行器呈现了鲜明的技术特征和军事需求特点：创新的飞行器构型、非轴对称的复杂外形、多种动力形式推进、大机动变轨、大空域大攻角飞行及超高声速再入等，这些新的特征和需求给飞行器的热防护研究提出了新的需求和挑战。

与传统的战略导弹的烧蚀热防护相比，新型飞行器的发展使其热防护技术面临新的问题，例如，对于大气层内长时间飞行的滑翔飞行器，为了保持高升阻比的气动外形，必须采用低烧蚀/微烧蚀的防热设计，需要研究材料的抗氧化机理及防止氧化膜脱落的设计方法；对于以超燃为动力的飞行器，为保证发动机流场品质，在发动机的尖前缘唇口需采用非烧蚀的防热设计方法，因此需要研究特殊外形下的材料高温热响应问题。另外由于低空飞行，需要关注低热流、低焓高压、高剪切力下的材料烧蚀问题；对于空间往返运输器，由于其高超声速飞行及大钝头前缘特征，需要关注气体的非平衡效应与材料的相互作用机制，同时关注高辐射、低催化、轻质及耐烧蚀的防热设计方法；对于火星及其他深空探测进入器，需要解决非空气介质、湍流、中低热流高焓高剪切力条件下的烧蚀问题；对新型的固体火箭发动机来说，需要解决大过载飞行条件下的非稳态燃烧及局部的异常烧蚀问题等（Chen et al.，2010）。

新型飞行器热防护设计中出现的新的物理问题已经成为其设计中的关键技术之一，加之新型飞行器普遍的轻质、低冗余度的设计要求，对烧蚀与防热中的物理/化学过程多场耦合分析方法的基础研究提出了迫切的需求，这些需求包括防热中的复杂物理效应模型的建立与求解，多组分工艺条件新型材料高温热行为的准确预示，轻质高效的新型热防护结构设计与优化方法，高温复杂物理化学现象的再现与验证技术，大尺度大功率多种加载方式的地面试验与多场测试技术等。

第二节　相关研究发展态势

材料在高温高速气流作用下的烧蚀过程是典型的物理/化学反应耦合的多物理场耦合过程，包括材料/结构表面气体的传热/传质、气体的离解与电离、材料的相变、材料与气体的化学反应、烧蚀产物的质量引射及结构的传热过程等。早期的烧蚀研究主要以传统的战略导弹为背景，针对碳基复合材料、硅基复合材料及热解类复合材料为主的防热材料体系，形成了以考虑元素化学反应动力学、氧气组元的边界层扩散特性与表面化学反应平衡假设下的烧蚀计算方法，以考虑材料表面液态层形成、流失与液态层传热过程为主体的硅基材料高温热响应预测方法，以及考虑材料内部热解及其对传热影响的热解类材料防隔热性能的计算方法，有效支撑了我国战略导弹热防护技术的发展和进步。由于研究对象的防热机制相对单一（碳基材料以氧化升华为主、硅基材料以流失蒸发为主、热解类复合材料以热解引射为主），以上常规分析方法在防热设计中发挥了重要作用。但近年来，随着世界航天技术多任务需求的提出和发展，防热材料呈现多样化、组分复杂化、结构轻质化等发展特征，基于 C/C、C/SiC、超高温陶瓷表面与基体的多组分成分的添加使材料的耐高温和抗氧化性能大幅提高，也增加了材料高温烧蚀行为的复杂度与预测难度；同时材料使用背景也出现明显变化，由短时间高热流向长时间中低热流气动加热环境转变，由单一的地球大气再入向深空非空气介质拓展，给飞行器的热防护研究提出了新的需求和挑战。常规预测模型与方法已难以满足各类新型飞行器的防热设计与分析需求，烧蚀理论建模与分析也呈现一些新的趋势，主要包括以下几个方面。

一、体烧蚀问题日益受到重视

体烧蚀问题对不同的材料、不同的服役环境不同程度的存在，如对 C/C 复合材料，研究表明，一定条件下由于高温体积膨胀致使内部结构缺陷扩展和表层石墨化，会引起材料表层结构相对疏松和定状态下烧蚀速率随烧蚀时间而发生变化（白光辉等，2007）。尤其是飞行器轻质化防热设计催生了一系列的新型低密度防热材料（如 PICA、SIRCA 等），使体烧蚀问题变得更加突出。这类材料通常的烧蚀时序是表面碳烧蚀、碳层树脂热解后的残碳烧蚀及纤维烧蚀等，并伴随着纤维的裸露、半径变小及剥蚀等。一般认为，若在氧化反应速率远大于扩散速率的条件下倾向于表面烧蚀，反之则倾向于体烧蚀。“星尘号”返回的测试结果表明，传统的表面烧蚀预测方法严重高估了近壁面碳层的密度，需要考虑体烧蚀的预测方法（Lachand，Mansour，2010）。同时内部烧蚀过程也对材料力学性能产生明显影响，其力学参数不仅是温度的函数，也和材料的加热时间密切相关（Dimitrienko，1999）。图 12-1 为低密度碳/酚醛材料体烧蚀过程示意图。

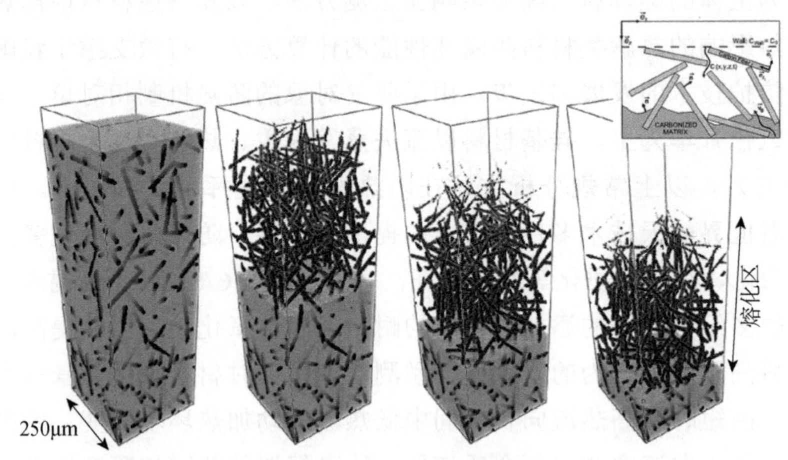

图 12-1　低密度碳/酚醛材料体烧蚀过程示意图

二、局部细观烧蚀与氧化损伤受到广泛关注

对以面烧蚀为主的材料和气动加热状态来说，材料表面同样存在着烧蚀的差异性，例如，早期的石墨烧蚀，材料表面会形成颗粒状的烧蚀结构，从而出现热化学烧蚀与机械剥蚀耦合的现象；对细编穿刺的碳/碳复合材料来说，存在着纵向纤维束烧尖、沉积碳优先烧蚀、横向纤维半径变小及碳层整体剥落等烧蚀现象。优先烧蚀将带来局部流动结构、加热状态及局部气体组元扩散状态的变化，进而影响材料的烧蚀性能（黄飞等，2011）。尤其是对高热流、高焓、高压的烧蚀状态，存在着热化学烧蚀与力学剥蚀相耦合及细观动态烧蚀过程与局部力学载荷模式相耦合的情况，进而影响局部的破坏形式和材料的总体烧蚀性能（Deng et al.，2014）。

对以抗氧化碳/碳、碳/碳化硅和超高温陶瓷为代表的低烧蚀或非烧蚀材料来说，由于表面烧蚀速率低，氧浓度高，氧会经过材料的局部缺陷进入材料内部，从而引起内部氧损伤的情况。局部氧的扩散过程主要和氧化层的结构特性及表面气体边界层的性质相关，例如，过高的表面温度会加速抗氧化层内氧的扩散以及材料的氧化，甚至使局部的应力状态发生变化（杨帆等，2011），使损伤加深；内部化学反应及质量损失也会带来内部气体运动特性的变化，甚至引起内部气体压力的变化，导致表面结构过高的热载荷和热应力发生破坏（Karlsdottir，2007）。氧的扩散过程与孔洞尺寸相关，当孔洞尺寸小到一定范围时，缝隙的氧的扩散特性受气体的稀薄效应影响；同时延孔洞深度方向，在实际烧蚀的过程中存在着富氧区和贫氧区，伴随着烧蚀产物和气体组分的变化。从实际的计算结果看，现有的理论模型的预测结果与实际试验的测量结果仍有较大的偏差，给防热性能评估带来了影响。图 12-2 为碳/碳复合材料典型细观烧蚀形貌及简化物理模型。图 12-3 为超高温陶瓷扩散氧化。

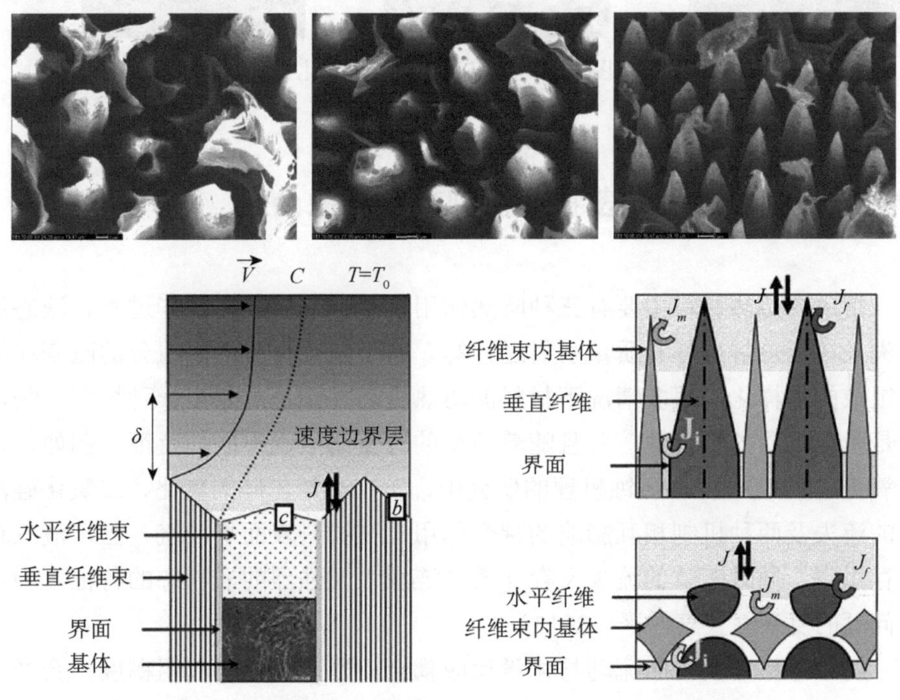

图 12-2 碳/碳复合材料典型细观烧蚀形貌及简化物理模型

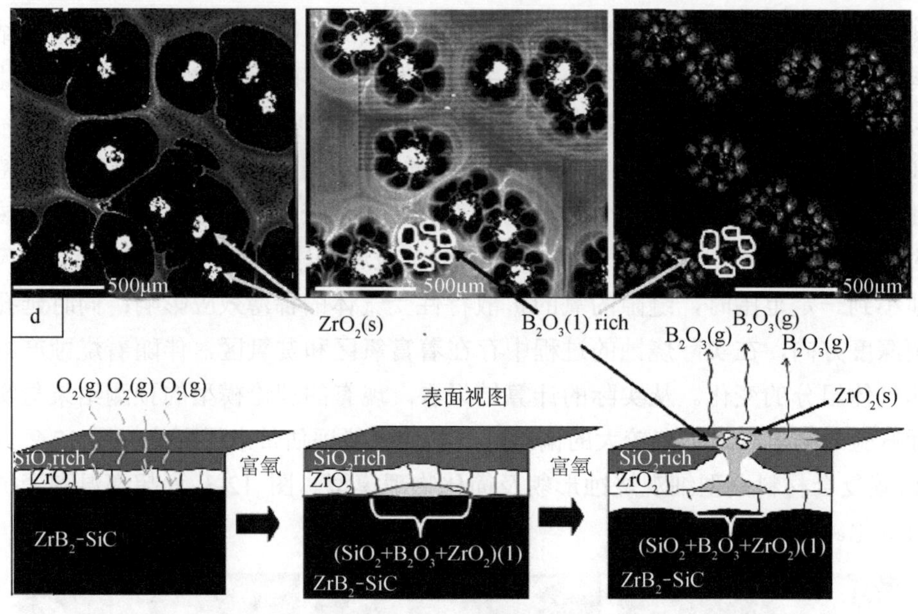

图 12-3　超高温陶瓷扩散氧化

三、烧蚀过程的多物理机制耦合现象凸显

常用的防热材料主要有三种防热作用机制，包括氧化升华过程、液态层流失及树脂热解过程和质量引射过程等。新型防热材料由于组分的改变和组元组成的多样化，很多情况下材料的防热机理并不是主要由一种机制控制，而是呈现强烈的耦合性，并且随着环境的改变而呈现不同的特征。例如，在二氧化硅/氮化硅材料烧蚀机理的研究中，存在着氮化硅的氧化、二氧化硅液体的流失及两种机制相互影响的耦合作用，在材料表面形成气、固、液三相并存系统，同时液体的流失又存在着非连续性及强烈的非稳态的特征，增加了问题的复杂性（李仲平，2013）。

烧蚀外形是典型的流动与化学反应耦合问题，烧蚀引起粗糙度，会产生非对称转捩现象，出现小不对称外形，从而产生小不对称力，产生滚转问题，而流场与烧蚀计算的耦合方法对烧蚀外形的预测精度产生重要影响，尤其是对新型非轴对称外形飞行器和有攻角飞行情况，问题变得更加复杂。表面气体状态同样对化学反应产生影响，对碳/碳化硅及氮化硅等材料来说，压力和温度是表面化学反应产物的重要影响参数。不同的压力与温度状态，材料表面可能面临着生成氧化膜质量增加或生成气态产物质量减少的过程，而材料本身的元素含量也会对该过程产生影响，例如，对碳/碳化硅材料来说，碳元素含量越高越容易出现质量损失的情况（Deng et al.，2013）。图12-4为硅-氧-氮体系的烧蚀示意图。

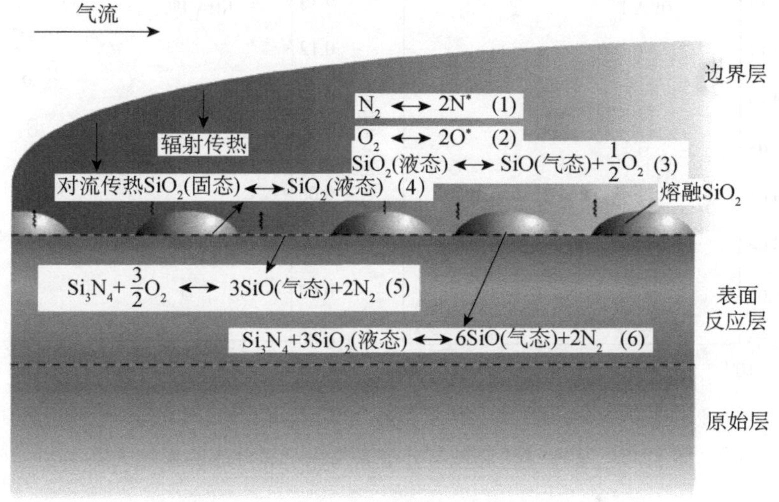

图 12-4 硅-氧-氮体系的烧蚀示意图

四、非平衡烧蚀及非空气介质烧蚀在防热分析中的重要性提高

常规的战略导弹的再入过程属于高焓、高热流状态，材料表面温度较高，材料的质量损失主要由边界层内的氧的扩散性质决定，受氧在边界层内的状态影响较小。而很多新型飞行器的热流环境特征为中低热流中高焓的气动加热环境，材料表面的温度相对较低，材料的烧蚀过程受化学动力学过程控制，因而材料的烧蚀受边界层非平衡过程影响较大。例如，在某种材料的烧蚀试验中发现材料的烧蚀后退率主要和氧原子的分压呈线性关系（Milos et al.，2010），而与氧分子分压的规律性不明显。另外深空探测技

术的发展，使非空气介质（如二氧化碳气体环境）加热条件下的材料烧蚀特性的研究变得日益重要。图 12-5 为某种材料烧蚀与分子氧及原子氧分压的影响关系。

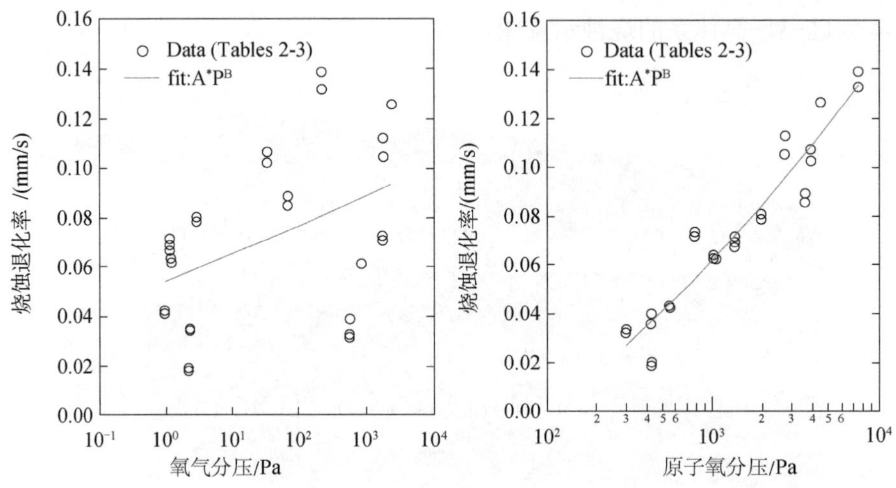

图 12-5 某种材料烧蚀与分子氧及原子氧分压的影响关系

五、力/热/氧综合考核及多变量测试技术需求明显

目前材料与结构防热性能考核以热效应和空气组分考核为主，而在某些情况下热/力/氧耦合的综合考核变得重要。例如，德国曾在电弧加热试验设备上对 C/SiC 拉伸样件进行了多达 10 次的再入模拟试验，利用机械加载装置模拟再入期间材料的机械载荷，实现了电弧风洞条件下较为真实的模拟再入情况下的热/力/氧化环境。同时防热技术的发展也对电弧风洞测量技术提出了新的需求，例如，烧蚀量和表面烧蚀状态的实时监测、利用发射光谱的电弧风洞高温气体的温度与组分测量以及利用光纤光栅测试技术对结构件的热应变测量等（冯雪等，2012）。图 12-6 为电弧风洞的热力综合加载实验。

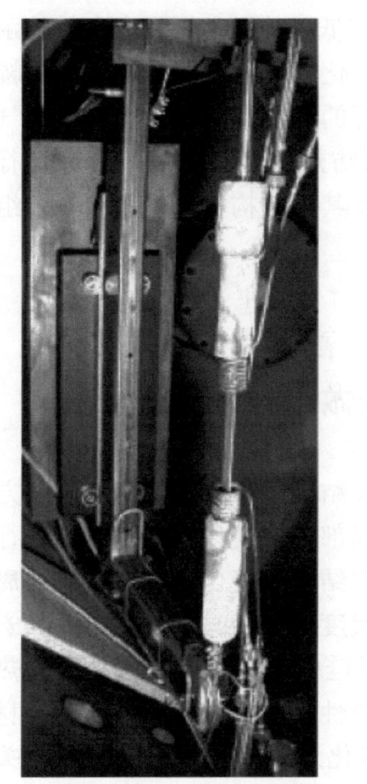

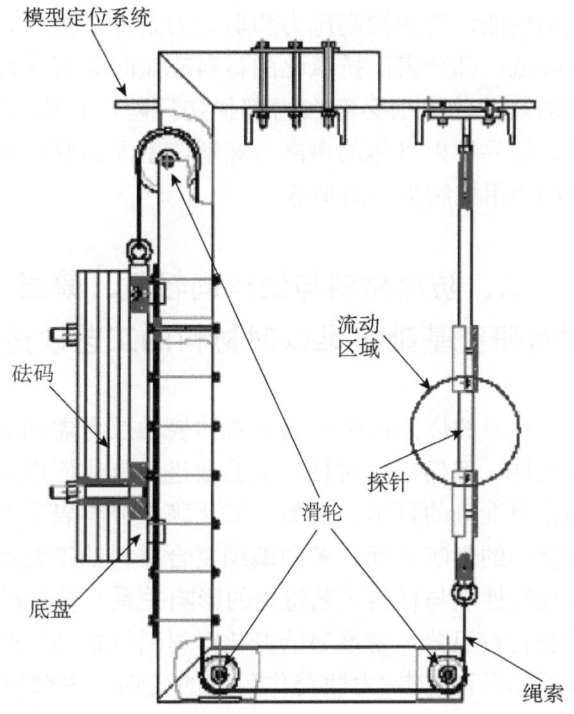

图 12-6　电弧风洞的热力综合加载实验

第三节　当前面临的需求与挑战

新型高超声速飞行器的发展，推动了防热技术、防热材料及其热分析技术的发展，但在防热系统设计与评估的过程中仍存在以下问题。

一、高声速飞行器不同气动加热环境下材料耐热极限的确定与准确预示

新型高超声速飞行器的发展，使防热设计面临着多样化的环境设计需求，对某些环境下材料的防热性能仍缺乏可靠的预测手段。例如，某种深空探测用热解类材料在高热流中高焓的烧蚀性能表现良好，而在中等热流、低

焓状态下出现灾难性的破坏；低烧蚀碳/碳材料在低压的条件下具有良好的耐烧蚀性能，而在较高压力和剪切力条件下由于氧化膜剥落其耐烧蚀性能大幅度降低；部分表面抗氧化的材料在短时具有良好的耐烧蚀性能，而在长时气动加热条件下则会存在内部损伤风险，使表面防热措施失效；对部分飞行器，边界层内气体的电离与离解、壁面的复合及其与结构材料表面的复杂组分的作用机制仍不清晰等。

二、防热材料与结构向轻质、薄层、高可靠方向发展，但现有研究基础仍难以对材料的工艺改进做出有效支撑

材料的烧蚀传热行为向着体烧蚀及考虑细观结构烧蚀行为精细化模拟方向发展，但仍难以对材料工艺改进及具体应用局部结构变化条件下的烧蚀行为作出准确的预示。例如，氧化膜组分与表面微结构的变化对材料可能的局部损伤的影响机理，多向编织复合材料的工艺尺度的烧蚀与剥蚀现象及其宏观烧蚀性能与材料工艺特性的影响关系，以有机硅/酚醛小球为代表的轻质热解类材料组分、密度等的变化对材料烧蚀与隔热性能的影响研究，热密封材料原始孔隙在热/力载荷作用下的变形、内部氧化及其与使用性能的影响关系，及常规抗氧化措施在尖前缘局部结构高温下的失效行为等。

三、化学动力学基本参数及烧蚀传热中的基础物性参数缺乏

常规战略导弹防热设计的主要特点是面临时间短、高焓高热流的气动加热环境，因而其氧化烧蚀主要以氧的扩散过程为主，烧蚀速率和烧蚀量均较大，防热材料主要采用硅基复合材料和碳/碳复合材料，烧蚀过程中的主要物理化学现象相对单一。新型飞行器具有加热时间长，防热材料表面组分复杂及烧蚀量小等特征，很多情况下化学动力学控制过程占很大比重，因而其烧蚀传热中的相关参数对材料防热性能的评估具有重要意义。包括防热材料组分与空气组元及深空探测条件下的非空气组元的化学动力学参数、表面复杂状态下的液态产物的黏性系数、表面氧化膜的导热系数及相关力学参数等。

四、可用于基础研究表征物理/化学反应耦合现象的实验与测试手段不足

目前，高速气流有氧环境下防热材料或结构的考核主要以电弧风洞考核为主，但在研究的过程中仍面临一定的问题，例如，烧蚀过程中材料表面气体温度及气态烧蚀产物的实时测量，烧蚀量、表面状态和液体产物流动过程的监测，力/热/氧综合模拟条件的建立，结构高温热应力与热应变的实时测量技术等。同时仍需发展一些单项原理性验证的实验技术，如氧原子、氮原子、二氧化碳及水蒸气的氧化试验与验证技术，高温液体流失特性与氧化膜高温破坏特性的验证技术等。

第四节　未来发展建议

一、复杂组分与复杂形态化学反应特性与宏观烧蚀建模研究

包括材料复杂组元在飞行器表面气动加热条件下的化学反应特性及流场的传热传质规律研究，非平衡与稀薄气体流动下的气体组分对材料表面烧蚀特性的影响研究，复杂组分与氧分子、氮分子、氧原子、氮原子及二氧化碳等气体组分的化学反应特性及相关动力学参数研究，表面化学反应与组分组成及表面形态特性的影响关系研究，流动与烧蚀紧耦合条件下的烧蚀外形预测方法，表面氧化抑制及表面维形控制方法研究等。这些研究将为复杂组元和结构材料的高温烧蚀特性的准确预测和非烧蚀/微烧蚀机理研究提供技术支撑。

二、材料细观烧蚀原理与建模研究

包括基于第一原理的材料组分高温热力学性质研究与参数确定、材料工艺结构特征的化学反应特性建模方法、结构细观组成形态及高温氧化特性差异分析方法、细观尺度结构形貌演变模拟方法、基于细观烧蚀分析的宏观烧蚀性能统计方法、高温高速气流及烧蚀耦合作用下的细观尺度剥蚀机理及与预测方法、烧蚀与力学剥蚀的耦合预测及材料烧蚀与材料工艺及组分组成的

影响关系研究等。这些研究将为材料烧蚀性能的准确预测及材料工艺的改进提供技术支撑。

三、材料体烧蚀原理与建模研究

针对 PICA 等轻质结构材料及其他低密度热解类材料，研究该类材料长时间气动加热条件下的化学反应特性，氧气及其他高温气体在多孔结构内部的扩散特性（尤其是稀薄与过渡区的气体运动模拟），内部氧化引起的多孔结构烧蚀演化过程模拟方法，基于体烧蚀分析的宏观烧蚀特性统计等效方法、由于体烧蚀引起材料宏观力学性能改变预测、内部氧化、内部热解与纤维剥蚀过程的耦合作用机理，内部氧化、内部热解引起的材料传热特性的变化等。

四、非稳态流动、燃烧与非附着流动的烧蚀建模问题

针对固体火箭发动机和超燃发动机的内流热防护问题，研究发动机内部的非稳态燃烧、流动干扰现象，非稳态燃烧与流动干扰条件下的发动机壁面的传热传质规律，非稳态燃烧与流动干扰条件下的化学反应特性及其对材料质量损失的影响，非稳态燃烧与流动干扰条件下材料烧蚀的建模、精确预测及模型的验证方法研究等。

五、材料氧化、流失、内部热解过程等与气体流动的综合建模与模拟

针对多物理现象烧蚀表面，研究材料与结构表面高温条件下液体的生成机理、液体黏性系数的预测，液体黏性系数与材料组分、工艺结构及杂质等的影响关系，烧蚀形成液体的受力方式，液体流动方式与流失过程建模，液体流动、蒸发与氧化、热解及其他反应的耦合作用机理及综合预测，烧蚀多物理过程的监测、再现与验证，基于多种作用机制的材料质量损失率的控制方法研究等。

六、烧蚀建模及理论预测的不确定度研究

针对新型飞行器热环境特征和材料的烧蚀特性，分析材料的结构组成、组分配比、制备工艺等对材料综合烧蚀特性的影响，分析工艺稳定性、组分参数准确性以及烧蚀模型准确性等影响因素对材料综合烧蚀特性预测结果的影响规律及影响效果，并通过准确的烧蚀建模及烧蚀预测不确定度分析，为飞行器防热设计裕度的确定和防热可靠性评估提供技术支撑。

七、复杂力/热加载条件的地面模拟再现试验与测试技术

包括材料与结构防热性能的力/热/氧化综合试验与验证方法研究；材料与结构考核试验过程中的综合状态监测与测量技术（包括电弧风洞试验过程中气体组分的测量、气体温度的测量、表面烧蚀状态的监测及烧蚀量的测量等）；高温条件下试验模型力/应力测量、变形/应变测试技术研究等。

参 考 文 献

白光辉，孟松鹤，张博明，等，2007. 碳/碳材料体积烧蚀实验研究. 宇航学报，28（4）：812-815.

冯雪，董雪林，方旭飞，等，2012. 高温复杂环境下的物理力学性能及测试方法. 第十三届全国试验力学学术会议，云南昆明.

黄飞，俞继军，李秀涛，等，2011. 碳/碳材料细观尺度的氧扩散特性与烧蚀分析. 宇航学报，32（8）：1848-1853.

姜贵庆，刘连元，2003. 高速气流传热与烧蚀热防护. 北京：国防工业出版社：1-9.

李仲平，2013. 热透波机理与热透波材料. 北京：中国宇航出版社：16-57.

杨帆，刘彬，方岱宁，2011. 基于相场方法的铁基合金高温氧化与生长应力分析. 应用数学和力学，32（6）：710-717.

曾汉民，于翘，彭维周，等，1990. 碳纤维及其复合材料显微图象. 广州：中山大学出版社.

Chen J，Wei X G，Li J，et al.，2010. Ablation test for tailpipe nozzle of solid rocket motor. Journal of Solid Rocket Technology，33（1）：34-40.

Deng D Y，Luo X G，Chen S Y，et al.，2013. The active-to-passive oxidation transition mechanism and engineering prediction method of C/SiC composites. Science China Technological Sciences，56（6）：1403-1408.

Deng D，Yu J，Yan X，et al.，2014. Engineering method for the thermal mechanical erosion of C/C composite with the mesoscale ablation model. Polymers & Polymer Composites，22（2）：181-186.

Karlsdottir S N，2007. Oxidation behavior of zirconium diboride-silicon carbide composites at high temperatures. University of Michigan，Ph D. Dissertation.

Lachand J，Mansour N N，2010. Microscopic scale simulation of the ablation of fibrous materials. AIAA 2010-984.

Milos F S，Chen Y K，Gokcen T，2010. Nonequilibrium Ablation of Phenolic Impregnated Carbon Ablator. AIAA 2010-981.

Roth D J，Bodis J R，Bishop C，1997. Thermographic imaging for high-temperature composite materials—a defect detection study. Research in Nondestructive Evaluation，9（3）：147-169.

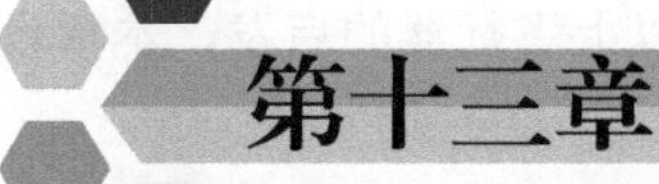

第十三章 大尺寸航天器结构动力学问题

第一节 问题提出

未来空间活动日趋频繁，执行任务日趋复杂，航天器已不仅是未知空间的探索者，而且将逐步成为人类拓展生存空间的实践者，因此其规模、性能、成本都将大幅提高，保证其顺利完成在轨组装与运行并且进行在轨服务是必然需求。由于航天技术的迅猛发展，在轨航天器已逐渐向大型化、复杂化的方向发展，例如，国际空间站等航天设备须能够满足强大的结构支撑、多功能的舱段集合、长时间的在轨运行等要求，以完成复杂的空间探测与试验任务，这些大型的功能结构往往超过运载工具的运载要求，其在轨组装、运行成为航天界的焦点问题。目前以及未来主要的空间在轨组装需求包括空间大型太阳能电站、美国的“太空怒火”计划等。其中“太空怒火”计划中的“空天母舰”的长度可达 300m，高度达 20m，载荷量达到了空前的 800t，不可能由运载火箭一次送入太空，必须进行在轨组装。

为了保障在轨组装、运行以及执行在轨操作的顺利实施，动力学分析作为一项重要技术日益受到重视。在长期运行过程中，由于更换模块、在轨服务航天器等需要，其动力学的分析精度要求较之以前大大提高。同时，随着飞行器规模的扩大、附件挠性的增强等因素的引入，以及空间机械臂在轨组装及服务飞行器等需求的提出，刚体模型和准刚体模型已经不能提供准确的动力学分析和足够的控制精度，必须寻找新的力学模型及方法对其进行研究。

在大型在轨服务飞行器方面，NASA 已经先行一步。2010 年，美国提出了“太空港”（图 13-1）的设想。该太空港位于 GEO 轨道，能够支持物资存储、卫星在轨维修和升级、LEO-GEO 轨道转移服务等任务。其桁架式的结构设计能够支持多个子飞行器进行挂靠。基于以上飞行器的启发，本章设想了一种大型的有人照料在轨服务飞行器的方案。

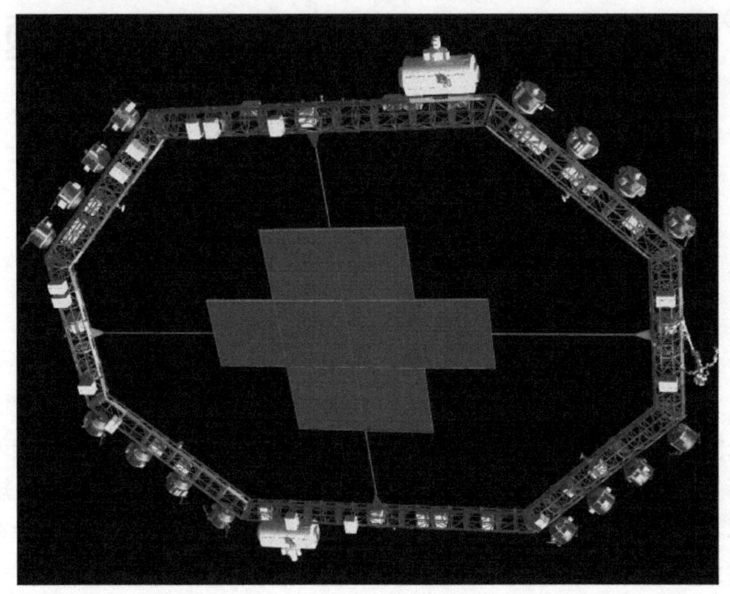

图 13-1 “太空港”设想图（NASA）

本方案总体结构采用模块式组装。采用充气式展开舱储存设备及给养，包括推进剂、维修用零部件，升级用模块等。机械臂配合宇航员负责完成零部件获取与维修、燃料加注任务。采用机械臂完成合作目标和非合作目标的对接任务。总体方案如图 13-2 所示。

大型有人照料在轨服务飞行器主要对合作及非合作飞行器提供停靠、维修、推进剂补加、升级服务。采用充气式密封舱储存，利用模块化和通用化的设计思想，人机结合进行在轨服务。地球同步轨道的大气摄动很小，轨道比较容易保持，而且距离地球较近，通信较方便，也有利于应急情况的处理。因此，大型有人照料在轨服务飞行器选择的轨道应为地球同步轨道。空间基地的最佳轨道为 GEO 轨道，为了完成基地建设，选用近地轨道组装模式：将基地模块在近地轨道组装完成，然后由轨道转移级送入地球同步轨道。

图 13-2 大型有人照料在轨服务飞行器想象图

根据上述飞行器的构型以及任务特点，可以梳理出以下力学问题。

（1）大型柔性附件展开动力学。大型有人照料在轨服务飞行器含有大型太阳能帆板以及充气式展开舱。特别是充气式展开舱，体积可达几十立方米。在发射阶段展开舱一般呈收拢状态，直到航天器与运载工具分离并进入自由飞行轨道后方可解锁展开。由于充气式展开舱尺寸大，展开时间长，柔性附件的长时间运动和附件在展开后锁定的冲击都将对航天器的姿态运动和附件的振动产生较大的影响，有必要对其进行系统的研究。

（2）充液航天器动力学。任务规定飞行器需要提供燃料补加服务，展开舱内存储的燃料量大，没有手段抑制液体的晃动，因此在补加以及轨道维持过程中会引起液面的大幅晃动，造成控制系统的不稳定。因此，必须对大幅晃动引起的扰动进行实时、准确的分析。

（3）组合体柔性动力学。相对于现有的组合体动力学，柔性附件多，包括大型太阳能帆板和大型充气展开舱，系统基频无法通过地面试验获得；桁架停靠通过柔性连接对接机构连接，与传统 APAS 对接机构的刚性连接不同。上述问题要求建立更加准确的建模与降阶方法。

（4）不确定性动力学。传统的系统动力学研究中，系统几何参数、物理参数、载荷等都是精确确定或可以精确测量的，但是，在工程问题中却广泛存在着不确定性，一般机械系统的零部件不可避免地存在设计公差、制造、装配误差和摩擦磨损等。对于以上飞行器，这种不确定性对分析精度的影响更为明显。该种结构一般由若干不同功能的近刚性体和太阳能帆板等众多挠性附件组成，构型复杂，而且其部分构件将采用轻质柔性材料。随着在轨服务精确交会对接等需求的提出，如不考虑不确定性，已经不能提供准确的动力学模型和足够的控制精度。另外，随着在轨服务任务的开展，外来非合作飞行器停泊必然带来构型和质量分布的不确定性，而传统的在轨参数识别方法随着柔性对接的使用变得不适用了。因此现有的确定假设的动力学建模与解算，不能完全、有效地描述实际工程问题，必须引入不确定性分析方法。

（5）连接结构非线性动力学。在连接结构非线性动力学建模方面，现有的研究工作主要集中在理论方法方面，型号应用仍然以线性模型为主。对于组合体，连接结构非线性行为对于整个系统动力学特性的影响已达到不容忽略的地步，目前在连接结构非线性动力学建模、模型验证和工程应用方面均需突破。

（6）大型动力学试验。由于无法在地面进行系统级动力学试验，需要建立间接试验方法获得动力学参数。

第二节　相关研究发展态势

一、柔性附件展开动力学

可展开（折叠）结构具有悠久的历史，但在近三十年才应用到现代航天器，如星载可展天线、太阳帆等，才真正被人们重视和研究，其研究主要包括展开结构的构成机理、展开运动特性、控制等。展开动力学分析是可展结构研究的重要领域，它可判定机构特性，并给出运动力学特性。国外主要基于机械设计与多体力学，提出了一些适用于航天器分析的方法，如 Kane 和 Levinson 分析了各种建模方法，并指出 Kane 方程适宜复杂结构分析；Huston 发展了 Kane 方程，称其为 Kane 方程的 Huston 形式；Nik ravesh 用 Euler 参数作广义坐标建立了约束多体系的运动力学方程；Singh 用约束 Jacobi 矩阵的奇异值分解给出了各种运动方程形式；Amirouch 采用伪上三角分解求正交补阵约简运动方程。国内可展开结构应用技术与理论研究刚起步，马兴瑞针对上述问题，以拉格朗日乘子法为理论基础，推导了多柔体系统动力学的微分代数混合方程组；采用重组约束方程的思想，实现了在仿真过程中的拓扑结构的自动切换；分析了绳索联动机构的作用机理，将其等效为闭环的被动控制系统，给出了具体的数学描述，并详细讨论了机构的各个参数对太阳能帆板同步运动的影响；采用锁定刚度法模拟附件的锁定过程。陈务军以 Euler 参数、相对移动量为广义坐标，以相对角速度、相对移动速率为广义速率，建立运动学方程；由 Kane 方程的 Huston 形式建立运动力学方程；由约束 Jacobi 矩阵的正交补阵约简运动力学方程，消除约束力，最后由 Gear 法或 Runge-Kutta 法积分求得运动历程。

经典多柔体系统动力学方法的研究思路是，在柔体上附着浮动坐标系，以其相对于绝对坐标系的运动来描述柔体大范围运动，通过模态缩聚近似描述柔体相对浮动坐标系的变形。例如，Neto 等针对欧洲 ERS-1 卫星采用复合材料板单元描述柔性太阳能电池阵列、采用复合材料梁单元描述柔性桁架、采用刚性描述卫星本体，建立了刚-柔耦合系统动力学模型，并采用模态缩聚来降低求解规模，分析了柔性空间结构与卫星本体之间的耦合动力学特性。为确保网架式空间结构展开后形成所需的索网形面［图 13-2（b）］，索网的各索段通常具有一定的预设张力。因此，网架式空间结构的展开过程动力学与控制研究必须考虑索网预张力的影响。Ma 等对如图 13-2 所示的环形桁架天线反射器索网形面找形方法进行了综述，提出了一种能考虑桁架变形的形面找形新方法。Mitsugi 等针对含柔性索网的卫星六边形桁架天线建立了多柔体系统动力学模型，进行了结构展开动力学研究，网面绳索张力的计算结果与实测结果较为接近。Wasfy 和 Noor 针对一种 NASA 大口径望远镜建立了多柔体系统动力学模型，采用模糊集来描述控制器的驻留时间，研究了驻留时间对展开动力学特性的影响。金栋平等基于经典多柔体系统动力学方法研究索网展开动力学时，一般引入小转动、小变形假设，将绳索的弹性变形与整体位移分开考虑，进行解耦处理。例如，赵国伟等假设空间绳网由球单元和杆单元构成，将绳网结点近似为集中质量球单元，结点间的网线近似为刚性杆单元，通过引入 Kawabata 拉伸张力应变模型，实现柔性网展开动力学分析。这种方法只能靠大量增加杆单元数量来处理索网的大变形、大位移问题，从而导致计算规模大、计算效率低。此外，这种方法不能精确地反映展开过程中柔索的力学本质特性。

二、充液航天器动力学

关于液体大幅晃动问题的理论研究，由于自由液面上的运动学和动力学边界条件不能再作线性化处理，同时液体晃动的各阶频率不再是常数，阻尼也是非线性的，无法解耦处理，也无法利用线性叠加原理，解析求解就变得非常困难。因此通常的处理方法是将未知的自由液面波高和液体速度势分别展成液体晃动模态函数的级数形式，然后将它们代入原始的边值问题或其等价的变分方程中，得到广义坐标互相耦合的无穷维非线性常微分方程组，即无穷维模态系统；再根据选取不同的主次模态及其渐近关系，将无穷维模态系统降为有限维渐近模态系统，从而可以进行多尺度法分析或直接数值求解。根据模态系统降阶方法的不同，可分为 Perko 模态法、Narimanov-Moiseev 渐近模态法和 Miles 平均法三类。

最近，Faltinsen 等提出了多维模态方法，用来分析矩形贮箱中的液体非线性晃动问题，他们的研究成果接连发表在流体力学的顶级杂志 *Journal of Fluid Mechanics* 上，理论分析结果与实验观测结果取得了一致，是一种用来分析液体非线性晃动的有效的模态解析方法。

在液体非线性晃动问题的理论研究中，只有少数具有简单几何形状的容器才能得到解析解或半解析解，而且这些理论方法主要适用于研究液面不至于破碎的有限幅晃动问题。马兴瑞、王本利、荀兴宇和尹立中等利用谐波平衡法对矩形及圆柱形储箱内的大幅非线性液体晃动问题做了大量研究工作，同时还研究了液体晃动的同步 Hopf 分叉等非线性动力学特性。余延生等将多维模态方法应用于圆柱贮箱液体非线性晃动问题的研究中，揭示了一些典型的非线性现象。王照林、刘延柱、李俊峰和岳宝增等做了很多关于液体晃动方面的数值模拟计算研究，包括二维和三维的大幅非线性晃动问题，微重条件下的非线性晃动问题等。例如，岳宝增等将 ALE 描述引入分步格式中，有效地提高了计算精度和效率，又节省了计算时间，同时采用局部等参元坐标进行单元面法向矢量与单元面积的数值计算，而自由面上结点的法向矢量由与结点相邻的单元面的法向矢量加权平均得到，这种方法对准确跟踪自由液面有较好的适应性和灵活性。据此方法所得到的模拟结果成功地揭示了三维液体大幅晃动所显示的碎波、旋转等重要的非线性现象。

三、组合体柔性动力学

随着航天器的规模越来越庞大，构形越来越复杂，传统的中心刚体带柔性附件的航天器动力学模型已经不能满足工程需要，因此迫切需要对复杂航天器柔性动力学进行深入研究。曲广吉、缪炳祺、程道生针对复合柔性航天器建模理论进行了深入研究，利用混合坐标法建立了复合柔性结构航天器柔性动力学模型。20 世纪 90 年代后期，缪炳祺与曲广吉合作，开展了全柔性航天器动力学一般理论方法的研究和工程应用理论模型建立的研究，得到了大量的研究成果。在模型降阶方面，胡海昌研究了模态密集情况下的模态选取问题；程道生研究了内平衡降阶方法；胡恒章研究了柔性航天器的能观能控性；徐小胜详细推导了惯性完备性的相关模态恒等式，并对模态价值分析法降阶进行了研究，缪炳祺对模型降阶也有深入研究。但是为了实现工程应用的目的，模型降阶方法还需要进一步进行理论及工程应用研究。

四、不确定性动力学

随机性是由于因果关系不明确而造成的，描述随机性的概率分布和分布函数常常有相当的近似性和一定的主观性，但它们服从相关的概率统计规律，概率具有稳定性，所以可以利用概率统计试验近似得出，采用概率论方法把随机性数量化。在工程随机力学方面，大致包括四方面的研究内容：随机过程、随机场数字模拟、随机振动、随机有限元法等。在工程的风险评估和可靠度分析方面，研究内容大致包括：工程参数、荷载和模型等不确定性的数学描述及定量分析、风险和可靠度分析等。而在基于可靠度理论的规范设计方面，研究内容主要包括：基于响应的设计方法、基于结构功能的设计方法、容许极限状态的概率分析方法、允许应力条件下的概率设计方法、可靠度优化问题及荷载组合问题等。随机模型参数的概率分布需要较多的数据信息来描述，其计算量一般比较大，且概率数据的小误差可能导致结构的概率计算出现较大的误差，这在一定程度上限制了随机模型的应用。

在实际工程结构计算分析过程中，有时很难获得较多的统计数据来描述不确定性参数的概率分布或隶属函数。这就势必需要一种通过较少数据信息就可以描述结构不确定性的计算分析方法，这时区间分析模型应运而生。在信息不够充分的条件下，它把不确定结构参数视为未知变量，在具有已知边界的区间内取值。区间分析方法是自 20 世纪 50 年代末 Moore 提出区间算法的概念之后发展起来的。由于区间分析方法仅需要知道不确定量的界限而不需要知道其具体的分布形式或隶属函数，这就大大降低了对原始数据的要求，所以很快被应用于结构不确定性分析中，并获得了较好的结果。

五、连接结构非线性动力学

许多工程问题含有两个或多个部件的接触问题，它是一种很普遍的状态非线性行为。从力学分析角度看，接触是边界条件高度非线性的复杂问题，需要准确跟踪接触前多个物体的运动以及接触发生后物体之间的相互作用，同时包括正确模拟接触面之间的摩擦行为和可能存在的接触间隙传热。处理接触问题存在的难点在于：①在求解问题之前的接触区域，表面之间是接触或分离是未知的、突然变化的，它随载荷、材料、边界条件和其他因素而定；②大多数接触问题需要计算摩擦，摩擦的存在使接触问题的收敛性变得困难。

目前，已有许多求解摩擦接触问题的方法，有的算法已被装入大型结构分析软件，并在工程中得到广泛应用。求解摩擦接触问题的传统解法主要是迭代法，根据接触约束条件施加的不同方法建立的方程主要有非光滑的拉格朗日乘子法、罚函数法和增广拉格朗日乘子法（一种将拉格朗日乘子法和罚函数法相结合的方法）。用拉格朗日乘子法、罚函数法或增广拉格朗日乘子法将接触约束条件引入系统的总泛函中，再根据变分原理或虚功原理得到系统的总体平衡方程，求解的迭代过程实际上是一个搜索接触状态的过程。

拉格朗日乘子法是通过拉格朗日乘子施加接触体必须满足的非穿透约束条件，是一种带约束极值问题的描述方法，它是把约束条件加在一个系统中的最完美的数学描述。该方法增加了系统变量数目，并使系统矩阵主对角元素为零。这就需要在数值方案中处理非正定系统，在数学上将发生困难，需要额外的操作才能保证计算精度，从而使计算费用增加。另外，由于拉格朗日乘子与质量无关，导致这种有拉格朗日乘子描述的接触算法不能用于显式动力撞击问题的分析。

罚函数法是一种施加接触约束的数值方法。其原理是一旦接触区域发生穿透，罚函数便夸大这种误差的影响，从而使系统的求解（满足力的平衡和位移的协调）无法正常实现。换言之，只有在约束条件满足之后，才能求解出有实际物理意义的结构，罚因子或罚刚度的选取对结果的精度和解的收敛性有很大影响。

增广拉格朗日乘子法既提高了非线性问题解的收敛性，又改善了罚函数法的精度，因而在结构分析软件中被广泛采用，但该方法仍然是一种近似方法。迭代法的求解过程是假定接触状态，修改方程求解，然后检查解是否满足约束条件，若不满足，再根据解假定新的接触状态，继续进行迭代求解，直至找到满足约束条件的解。迭代法具有过程简单、易于实施的优点，因而在结构分析软件中被广泛采用。摩擦接触问题是一类带非线性不等式约束的非光滑问题，利用迭代法求解这类问题其收敛性显得至关重要。Christensen等考察了大型商用程序 ABAQUS 中采用接触单元方法求解接触问题的收敛性，发现罚单元不能处理有初始间隙的情形，而拉格朗日单元在载荷增量步较小时，计算结果误差很大。陈万吉和胡志强设计了典型的弹性摩擦接触问题算例，通过与通用程序 ANSYS 的增广拉格朗日乘子法计算结果的比较，考察了三维摩擦接触问题求解的精度和收敛性。

六、大型动力学试验

目前，国内外很多国家和单位都在进行在轨状态下的模态试验技术研究，特别是 NASA 和 ESA 等具备空间站发射能力的航天强国，对于该项技术的研究水平相对比较成熟。已经建立了高效的专用试验设备（图 13-3），形成了较为成熟的试验方法。

如图 13-3 所示的结构是空间站公共舱段的模拟件，在由四个零重力弹簧和悬吊支架组成的自由悬吊试验台架上进行自由状态的模态试验，试验结束后，再应用剩余弹性法或质量附加方法等试验分析方法消除接触界面带来的误差。

图 13-3　空间站公共舱模块在自由边界条件下的试验状态

第三节 当前面临的需求与挑战

通过以上的关键力学问题梳理和国内外发展现状调研，归纳总结出当前面临的主要问题和挑战如下。

一、充液航天器动力学

在液体晃动等效模型领域，现有的研究工作主要集中在小幅微重力晃动模型，其中小幅晃动的等效单摆模型在型号中得到了广泛应用。针对大型有人照料在轨服务飞行器的需要，其在执行在轨服务、变轨过程中，充气展开舱内大量的推进剂将会产生大幅晃动，引起飞行器的失稳。关于液体大幅晃动问题的理论研究，由于自由液面上的运动学和动力学边界条件不能再作线性化处理，同时液体晃动的各阶频率不再是常数，阻尼也是非线性的，无法解耦处理，也无法利用线性叠加原理，解析求解就变得非常困难。而利用数值方法建模进行分析，求解速度无法满足要求。因此，需要一种工程实用的非线性大幅液体晃动的等效力学模型解决大幅晃动和控制耦合动力性建模与仿真问题。而现有的大幅晃动工程等效模型只能用来解释比较特殊的非线性晃动现象，对于一般的液体大幅晃动问题，理论上还无法得到与小幅晃动那样近似性好的等效力学模型。

二、组合体柔性动力学

在耦合动力学建模和降阶领域，现在大部分都作为中心刚体带大型柔性附件类航天器进行处理，从理论建模到工程应用在技术上都很成熟。而大型有人照料在轨服务飞行器等则是典型的变结构、变构型全柔性结构航天器，在该组合体构型改变的过程中，系统的变拓扑动力学特性必须加以考虑。必须在现有建模理论和模型的基础上进行发展，以满足控制系统对整星级和附件级两级精确控制的低阶动力学模型的要求。同时，针对建立的组合体耦合动力性模型阶数过高问题，需要重点解决系统级模型降阶方法的工程应用问题。

三、不确定性动力学

传统的系统动力学研究中，系统几何参数、物理参数、载荷等都是精确确定或可以精确测量的，但是，在工程问题中却广泛存在着不确定性，一般机械系统的零部件不可避免地存在设计公差和制造、装配误差和摩擦磨损等。同时，组装过程中带来的部件的构型及质量的不确定会影响组合体的最终动力学特性。因此现有的确定假设的动力学建模与解算，不能完全、有效地描述实际工程问题，必须考虑不确定性因素。而现在相关研究较少，需要后续建立一种能够准确描述复杂飞行器不确定性影响的动力学模型支持精确控制的实现。

四、连接结构非线性动力学

连接结构中大多存在部件间的接触、摩擦甚至间隙等非线性因素。在对连接结构进行动力学分析时，需要合理描述这些因素，针对所关心的问题建立适当的动力学模型。

五、大型动力学试验

在组合体动力学试验方面，现有的试验手段主要集中在舱段级地面试验，其试验方法和分析手段均很成熟。对于大型有人照料在轨服务飞行器，其由多个部分组成，现有的手段根本无法开展系统级试验，我国在通过舱段级试验模拟系统级试验方面还需突破。

第四节　未来发展建议

以载人航天空间站为代表的大型组合体航天器代表着未来航天器平台发展的一个重要方向，而在轨服务是航天应用领域的重要方向。实现上述飞行器的建造和使用对力学这个古老的学科提出了强有力的挑战，必须发展新的理论和方法满足日新月异的需求，让古老的学科重新焕发出年轻的光彩。

（1）柔性展开动力学。重点发展大型充气结构柔性多体动力学建模方法，研究具有可变约束的仿真策略和描述展开机构的数学模型。

（2）充液航天器动力学。发展充液大幅非线性晃动数值仿真方法和基于三维模型的大幅液体晃动等效力学建模方法。

（3）组合体柔性动力学。开展全柔性、强耦合动力学建模理论方法研究，发展复杂柔性连接变拓扑动力学建模与分析方法，研究基于模态综合法的变结构组合体模型重构技术、复杂柔性连接系统级模型降阶技术和降阶准则。

（4）不确定性动力学。包括不确定性发生位置局部细节建模方法、基于区间数学的不确定性耦合动力学建模、柔性约束条件下组合体飞行器构型及质量不确定性建模、描述组合体飞行器不确定性动力学数学模型及不确定因素影响下自适应控制模型。

（5）连接结构非线性动力学。基本非线性形式模型（立方刚度硬化模型、立方刚度软化模型、双线性刚度模型，分段线性刚度模型、双线性阻尼模型、平方阻尼模型和库仑摩擦模型等）；直接基于级数的非线性模型（假设连接结构的模型用一个数学函数来描述，将函数在某一状态附近展开为泰勒级数的形式）；考虑冲击过程和摩擦滑移过程的 Iwan 模型及其改进形式；考虑到航天器的具体连接形式（如螺栓连接、铆接等），开展具体的连接结构建模方法研究工作，通过与实验数据或有限元计算结果比对，确定合理的建模方法，为后续整星动力学分析奠定基础。

（6）大型动力学试验。组合体地面力学试验验证方法研究；组合体子系统在轨状态地面模态试验方法研究；基于组合体子系统的模态综合技术研究；大型组合体飞行器动力学特性参数辨识方法研究。

参 考 文 献

胡海岩，2016. 太阳帆航天器的关键技术.深空探测学报，3（4）：334-344.

胡海岩，田强，张伟，等，2013. 大型网架式可展开空间结构的非线性动力学与控制.力学进展，43（4）：390-414.

李培，刘铖，田强，等，2013. 基于局部拉格朗日乘子的多柔体系统动力学并行方法研究.中国力学大会.

陆琉颖，刘铸永，洪家振，2012. 挠性航天器系统动力学耦合特性分析.空间科学学报，32（4）：550-554.

马驰骋，张希农，罗亚军，等，2014. 变质量矩形贮箱流固耦合动力学特性分析.西安交通大学学报，48（7）：109-116.

马兴瑞，王本利，苟兴宇，等，2001. 航天器动力学若干问题进展与应用. 北京：科学出版社.

屈武斌，2008. 不确定性柔性多体系统动力学建模与仿真.西安电子科技大学.

Li P，Liu C, Tian Q，et al.，2016. Dynamics of a deployable mesh reflector of satellite antenna：Parallel computation and deployment simulation. ASME Journal of Computational and Nonlinear Dynamics，11（6）：061005.

Liu C，Tian C，Yan D，et al.，2013. Dynamic analysis of membrane systems undergoing overall motions，large deformations and wrinkles via thin shell elements of ANCF. Computer Methods in Applied Mechanics and Engineering，258（1）：81-95.

Reid J D，Hiser N R，2005. Detailed modeling of bolted joints with slippage. Finite elements in Analysis and Design，41（6）：547-662.

第十四章 高超声速飞行器结构动力学问题

第一节 问题提出

航天技术的发展开辟了 20 世纪探索宇宙空间的新纪元，对人类社会发展产生了重大而深远的影响，并已成为当今世界高新技术群中对现代社会最具影响的技术之一。

2011 年 9 月 14 日，NASA 正式对外公布了美国新一代重型运载火箭“航天发射系统”（SLS）的设计方案（佟艳春，才满瑞，2012），标志着美国新一代载人深空运输系统的研发进入了新阶段。其可用于向近地轨道及更远的空间发射“多用途乘员飞行器”（MPCV）和大型有效载荷，以满足载人登陆小行星、载人进入火星轨道等深空探测的任务需求，还可作为“国际空间站”商业乘员运输系统的备份运输工具。

大型运载火箭也是我国航天运载技术发展的必然之路，是支撑我国航天应用产业继续发展壮大的必要基础。我国航天经历 50 余年的发展，建立了以长征系列运载火箭为核心的运载工具体系，为我国各类卫星发射以及应用产业壮大奠定了坚实基础。后续我国将继续开展空间基础设施的建设，太空探索也将继续向更远的深空拓展，对火箭运载能力提出了更高要求。另外，继续提高火箭运载能力、提升我国进入空间的能力，也是缩短我国在航天领域与国外先进水平差距的需要。因此，发展高性能、大运载能力的运载火箭不但是我国太空探索规模逐步扩大的需求，也是国际航天运载技术发展的重要趋势。

一次性运载器发射费用高，如何降低发射费用和提高运载器的使用性能，已经成为世界航天面临的主要挑战之一。为降低发射费用，美国、欧洲、俄罗斯和日本等航天大国和地区相继开展可重复使用航天运载器的研究论证及试验工作，陆续实施了多项技术计划和研制技术。美国在 2010 年 4 月 22 日和 2011 年 3 月 6 日分别发射了两架 X-37B 轨道试验飞行器 OTV-1 和 OTV-2，并顺利返回地球。可重复使用运载器是指能穿越大气层往返于天地间或能在外层空间轨道间飞行，并可返回地面的运载器，是实现自由进出空间的重要技术途径之一。它通过提高运载器本身的可靠性，采用多次重复使用、费用均摊的原则，可极大地降低发射费用。随着近年来航天技术的快速发展，天地往返可重复使用概念越来越受到重视，天地往返运输技术领域的作用也越来越突出。因此，可重复使用运载器将成为未来航天领域的关键装备之一。从现实和长远来看，天地往返可重复使用运载器对航天技术发展有着重要的意义，将在航天发展中扮演极为重要的角色。

21 世纪以来，以美国、俄罗斯、英国等为代表的一些国家相继开展了高超声速飞行器和空天飞行器研制计划，诞生了 Hyper-X、HyFly、HIFiRE、Hy-V、布拉莫斯-2、LEA、SKYLON 等项目和计划。高超声速飞行器以全球快速到达为目的，它既可以在大气层外飞行，又可以在大气层内巡航。与传统飞行器相比，具有飞行速度快、飞行范围广、突防成功率高、可执行多重任务等诸多优点，具有非常广阔的发展前景，是目前航天领域的重要发展方向之一。目前，此类飞行器可分为两类：一类是吸气式动力巡航高超声速飞行器，以美国 Hyper-X 计划中的 X-43 系列飞行器（Stephens et al.，2007）和 HyTech 计划中使用的 X-51 系列飞行器为代表（Hank，2007），其中 X-43A 用来验证超燃冲压发动机作为高超声速飞行器动力的可行性，X-51A 计划用于验证高超声速飞行能力，目的是发展一种马赫数为 5～7 的全球打击武器。另一类是无动力滑翔式高超声速飞行器，以美国 FALCON 计划中的 HTV 系列飞行器为代表，由美国 DARPA 和空军联合研制，在大气层内长时间滑翔飞行，速度达到 20mach，具有高升阻比的气动外形。图 14-1 为美国 X-51A、HTV-2 高超声速飞行器。

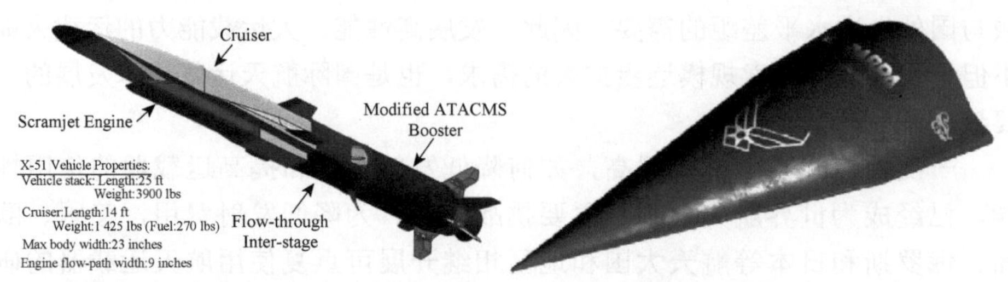

图 14-1 美国 X-51A、HTV-2 高超声速飞行器（Hank，2007；Glass，2008）

美国在高超声速飞行器研制方面，积极探索高超声速空气动力学等重大前沿技术，创新地面试验、力学建模与仿真分析方法，逐步突破高超声速单项关键技术，提升对高超声速飞行的认识。从 20 世纪 50 年代开始，重点研究了适用于临近空间高超声速飞行的气动布局，并在后来的高超声速飞行器设计中进行应用。以单项技术突破研究为基础，研究高超声速飞行器集成演示验证试验方法，分阶段推进关键技术集成飞行试验，验证大升阻比气动力设计、高温长时间非烧蚀高效热防护等关键技术，进一步修正力学基础模型和仿真方法。无动力滑翔飞行器 HTV-2 飞行演示的目的就是验证在持续高超声速飞行条件下，高升阻比空气动力学、气动热力学特性、高温材料和热结构性能等技术。最后在关键技术攻关和飞行演示验证试验基础上，系统论证高超声速武器方案，建立高超声速打击体系，形成全球快打击作战能力。

第二节 飞行器动态载荷环境特征

一、飞行器载荷量级高

重型运载火箭具有结构尺寸大、飞行过程中面临的载荷高等新的特点（刘竹生等，2015），同时要满足高可靠性、结构轻质化等方面的设计要求，与力学紧密相关的结构设计、载荷分析、强度及力学环境试验等技术面临着更高的挑战（于登云，2015；龙乐豪等，2011；何巍等，2011）：由规模和尺寸增加所带来的尺寸效应对现有设计方法的影响需要从机理开展研究；对包括静力试验、动特性试验等在内的力学试验能力需求提高，一方面需要对试验基础设施开展建设；另一方面需要开展如子结构模态综合试验等适应大尺寸结构的新型试验方法和预示手段。

高超声速飞行器在结构上大量采用新型复合材料结构，具有薄壁、轻质化、多功能的特点，在高马赫数飞行时会受到复杂的气动载荷。在一定的条件下，飞行器壁面边界层内通常伴随着复杂的转捩与湍流。另外，当飞行器的几何外形发生变化时，边界层通常会产生分离、再附以及激波振荡等复杂流动，使飞行器面临严酷的定常和非定常气动力。有文献指出，高超声速飞行器附面层产生的总声压级达到 145dB，发动机附近的声压级超过 175dB，激波在水平或垂直舵上产生的声压级为 165～175dB，严酷的脉动压力环境是引起飞行器振动与噪声的主要根源（Blevins et al.，2009）。同时又由于高超声速飞行器采用了一些诸如机身-发动机一体化设计、适于高超声速飞行的气动气热外形等先进设计理念，高超声速飞行器相对常规飞行器而言，具有更强的非线性、耦合性和不确定性，因此，对于高超声速飞行器的模型建立和飞行控制系统的设计是极具挑战性的。

二、气动热环境严酷

早期研制的飞行器多为垂直发射，在主动段随着高度增加，速度虽然增加，但是周围大气却越来越稀薄，而且一般都有整流罩保护，因此气动加热问题相对并不突出。高超声速飞行器、可重复使用运载器由于飞行马赫数高，边界层内剧烈的摩擦作用，使飞行器结构温度升高。飞行器表面热流密度近似与飞行速度的三次方成正比，而飞行阻力约与速度的平方成比例。现有资料表明，再入速度马赫数超过 15，大面积热防护结构表面温度超过 1200℃，翼前缘等温度超过 2000℃，单次飞行加热时间长达 1500～2000s，因此在高超声速飞行器设计中，气动加热问题显得尤为突出。气动加热产生的温度效应会使材料的力学性能发生改变，热应变对运动部件的弹性变形的影响已经引起工程界的重视。

当气动热与严酷载荷环境同时作用时，导致实际飞行环境为高温复合环境，包括：气动热、气动力、振动、噪声等载荷环境。多种环境、载荷因素联合作用在飞行器结构上，加大了结构响应的分析难度，给飞行器结构设计和仪器设备环境适应性提出了新的困难与挑战。对热防护系统、舵面方案设计、材料研制、加工装配、寿命评估等方面也提出了新的要求，需要综合考虑力热耦合效应。

特别是对于外形复杂的飞行器，热防护系统需要分区域、分部段与内部主结构进行连接，热防护组件之间大量的缝隙以及各控制舵轴部位的活动缝隙，需要根据具体形式进行高温动、静密封处理，确保其长时间高温条件下的可靠性（DeMange et al.，2004）。严酷的使用环境对机体与热防护结构的一体化设计、气动舵面的热匹配、热密封等均带来了极大的挑战。

三、多次、重复载荷环境

可重复使用飞行器在完成任务返回地面过程中，由于气动载荷严酷，飞行器将面临极高的温度，美国航天飞机在返回过程中表面温度达到上千摄氏度。这时，就需要热防护系统对飞行器进行有效保护，使机体结构及内部设备的实际使用温度维持在许可范围内，因此，热防护系统的研究对可重复使用飞行器的发展起着至关重要的作用。

可重复使用飞行器在天地往返过程中需多次经受气动热、气动力、振动、噪声等复合环境的考验，热防护系统局部存在疲劳破坏的危险，这将影响飞行器的耐久性和完整性。近年来，由于防热问题而导致的飞行器事故屡有报道。例如，“哥伦比亚号”航天飞机的失事就是由于内部发动机的泡沫材料脱落与表面的防热瓦高速撞击，表面部分防热瓦碎裂导致航天飞机表面直接暴露在空气中，热流从该部位不断侵入，最后造成整个航天飞机的解体。

另外，冷/热匹配的多重化结构，如防热瓦结构和内部承力结构、金属承力结构和热防护结构等，也使得结构在声振环境下的建模更加困难，尤其是中高频段冷热结构的匹配以及多重复合材料建模及声振响应预示问题。

第三节　当前面临的需求与挑战

在动力学环境与强度方面，国外尤其是美国的环境预示技术发展很快，已具备快速、方便地分析预报整个发射级声振响应的能力，甚至已发展到智能一体化辅助设计的水平。国内主要是使用已有型号的飞行实测和地面试验数据来预示新型号的动力学环境，理论预示和数值仿真由于还处于发展阶段，仅作为设计参考，面临以下的问题与挑战。

一、大型复杂结构动力学建模与仿真

动力学特性是航天飞行器姿态控制系统设计的重要参数，是载荷设计的基础，也是结构振动与推进系统相互耦合产生的自激振动（POGO）分析和设计的基础。随着科学技术的发展，对各种复杂结构的产品质量要求越来越高，为了使其达到性能高、结构轻、安全可靠、效费比高，结构设计已从静态设计转为静、动态设计，结构动力学分析是产品设计中不可缺少的一环，飞行器的结构设计不能再停留在静态设计水平上，必须采用以结构动力学分析为基础的动态设计。目前国内航天飞行器动力学特性建模主要以梁模型为主，但是随着航天飞行器结构的大型化和复杂化，呈现出复杂的空间模态特征，需要开展航天飞行器复杂结构的精细化建模与分析，面临的新问题与挑战如下：①大型组合体建模与分析技术；②复杂组合结构连接刚度识别与建模技术；③刚-柔-液耦合动力学分析技术；④星箭耦合分析技术。

二、结构声振耦合响应分析问题

飞行器在飞行过程中承受严酷的噪声环境，目前在进行结构声振响应分析时，很少考虑噪声与结构的耦合效应，当结构模态的波长和声场空间相关系数的波长相等时，结构上出现很强的振动，这种现象称为“波长吻合效应”，说明结构对载荷的波长有强烈的选择性，与结构对频率的选择性同等重要。随着分析精细化程度的提高，对结构声振耦合响应分析提出了挑战，包括：①噪声载荷及其与结构空间耦合相关性分析；②噪声载荷与结构耦合效应分析；③考虑声载荷特性的声振响应分析方法。

三、高超声速飞行器气动弹性与热气动弹性问题

现代高超声速飞行器大部分设计成升力体形式，其共同特点是带有升力面（弹翼或空气舵），大攻角、超高声速飞行和高机动性，在飞行中容易发生由于非定常气动力与结构弯、扭振动模态耦合的气动弹性颤振，导致突发性的灾难事故。此外，高超声速飞行器由于飞行马赫数高，边界层内剧烈的摩擦作用，使其面临严酷的气动热/气动弹性强耦合服役环境，大攻角条件下迎风面和背风面温差很大，瞬态温度场产生很大的热应力，引起结构刚度下

降，颤振安全边界降低。同时，高超声速飞行器的高马赫数、大空域特点比较突出，使得气动热、气动力、结构之间存在严重的相互耦合，造成了十分复杂的高超声速飞行器气动弹性与热气动弹性问题。相比于传统的气动弹性问题，对高超声速飞行器而言，它所涉及的气动弹性与热气动弹性问题面临如下问题与挑战：①高超声速气动加热分析方法；②高超声速大攻角非定常气动力预示技术；③结构传热和温度场分析方法；④气动热/气动弹性双向耦合颤振分析方法；⑤质量和温度场时变的气动热弹性分析方法；⑥高超声速壁板颤振分析方法；⑦气动推进/气动弹性耦合分析方法。

四、高超声速飞行器气动伺服弹性与热气动伺服弹性问题

传统的气动弹性分析只考虑弹性弹体与气动力耦合发生的颤振，不考虑伺服控制系统的耦合作用。由于更高的飞行速度和机动性要求，高超声速飞行器结构的效率不断改善，柔性不断增加，伺服控制系统越来越被用来完成除制导以外的其他职能，具备更高的频响特性，伺服控制系统、结构、气动力的耦合作用更加显著。高超声速飞行带来的另一个问题是严重的气动加热，大攻角条件下迎风面和背风面温差很大，瞬态温度场产生了很大的热应力，引起结构刚度下降，颤振安全边界降低，造成了更为严重的气动热、气动力、结构、伺服控制系统四者之间高度耦合的热气动伺服弹性稳定性问题。相比于不考虑伺服控制系统耦合作用的气动弹性与热气动弹性问题，对高超声速飞行器而言，它所涉及的气动伺服弹性与热气动伺服弹性问题面临如下新的问题与挑战：①惯组小系统动态特性建模方法；②空气舵伺服与操纵面系统非线性频率特性获取方法；③气动热/气动力/结构/伺服控制系统耦合模型建立方法；④气动伺服弹性与热气动伺服弹性稳定性时频域分析方法；⑤气动伺服弹性与热气动伺服弹性稳定性地面试验方法。

五、热防护结构/热结构损伤与寿命评估问题

可重复使用运载系统等新型航天飞行器结构在全寿命周期内经历多次飞行-再入过程，每次飞行-再入过程均经受严酷的气动热/力/振动/噪声等多物理场复合载荷的综合作用，对此类极端服役条件下飞行器热防护结构/热结构的力学行为认识不清是制约型号发展的一个重要技术问题。为保障天地往返

作战平台、可重复使用运载系统对结构可靠性与安全性的研制需求，欧美等航天技术强国围绕航天飞机、可重复使用运载器等深入开展了多物理场复合载荷综合作用下的热防护结构/热结构失效机理与试验方法研究。而我国在此方面的研究相对不足，亟须开展航天飞行器热防护结构/热结构在复杂载荷历程作用下的损伤与寿命评估技术研究，解决振动、噪声、高温等多物理场复合载荷综合作用下的热防护结构/热结构力学行为试验方法、结构疲劳损伤与寿命预估方法等技术基础问题；揭示航天飞行器热防护结构/热结构在振动、噪声、高温等多物理场复合载荷综合作用下的失效行为和机理；探索天地往返作战平台、可重复使用运载系统等新型航天飞行器在全寿命周期内经历振动、噪声、高温等多物理场复合载荷综合作用下的热防护结构/热结构损伤演化规律。因此，需要重点突破的关键技术问题如下：①复杂载荷历程下的热防护结构/热结构损伤行为表征方法；②多物理场复合载荷综合作用载荷谱编制方法；③复合材料热防护结构/热结构高温疲劳试验方法；④结构疲劳损伤原位检测技术；⑤热防护结构/热结构疲劳损伤演化规律；⑥基于损伤演化理论的结构疲劳损伤与寿命预估方法；⑦基于失效物理的热防护结构/热结构可靠性评估方法；⑧功能与可靠性一体化的热防护结构/热结构仿真分析技术。

六、飞行器高温动力学响应分析问题

可重复使用飞行器、高超声速飞行器在飞行过程中经受严酷的气动加热作用，导致其实际飞行环境为气动热、气动力、振动、噪声、过载、冲击等多场耦合环境。极端复杂环境与飞行器结构响应相互耦合，引起了力热耦合条件下的结构响应的强非线性效应，带来了复杂动力学环境预测问题。高温环境会改变结构的力学性能，结构内部产生不均匀的热应力，当热应力足够大时会产生热屈曲。气动加热下结构模态甚至出现跳跃、突变、丢失等现象。严酷的气动加热效应会降低结构的力学性能，影响结构刚度，改变结构模态特性。特别是当随机振动环境与高温环境叠加时，结构出现薄膜应力，产生大变形、热屈曲现象，此时常规线弹性理论不再适用，结构动态响应表现出强非线性特征。在结构屈曲前，主要表现为：峰值变宽、峰值频率向高频转移、呈现刚度硬化或软化等特点。当热应力达到一定程度，导致热屈曲，将可能产生一个或多个屈曲平衡位置，发生间歇性或持久性突弹跳变现象。因此需要重点突破的关键技术问题如下：①气动加热对结构振动特性的影响机理；②高温环境下复杂外形飞行器热模态建模方法；③力热复合环境下飞行器传递特性；④高温环境下动力学模型修正技术；⑤高温环境下非线性随机动响应分析方法。

七、飞行器力热复合试验技术问题

高超声速飞行器在巡航飞行或再入过程中面临着严酷的气动热、气动力、振动、噪声、冲击等多场复合载荷，具有载荷量级大、作用时间长等特点，可重复使用飞行器多次往返使用的特点导致了载荷历程的复杂性。依据不同气动热环境特点，飞行器机头锥、翼前缘等高温部位一般采用防热一体化结构，大面积区域常采用防热套、防热毡和盖板式热防护结构。因此，热结构组件之间、防热组件之间、热结构/防热组件与内部冷结构之间的力热耦合与匹配设计，可靠连接与隔热设计，高温动力学特性，耐振动噪声设计等是决定飞行成败的关键问题和瓶颈技术，需要在地面开展大量的试验验证，在接近真实气动热载荷、力载荷及持续时间的条件下对飞行器冷热结构组件、部件进行热匹配、热强度、热模态、热振动、热噪声试验等多个试验的考核验证。在气动热环境地面模拟理论、高温测试技术、多场复合载荷联合施加、力热试验评估等方面存在很大技术难度，存在技术问题如下：①随飞行历程变化的气动热环境地面等效模拟理论；②结构热试验石英灯辐射加热器热流场预示和优化设计技术；③长时间大热流气动加热地面模拟技术；④静热试验中力/热测试技术；⑤热模态参数识别技术；⑥热振动试验技术；⑦应用于典型壁板和复杂结构的热噪声试验技术；⑧高温动态环境下的测试技术；⑨力热复合试验的地面虚拟试验技术；⑩高温复合材料结构力热试验中无损检测与强度评估技术。

第四节　未来发展建议

新一代飞行器正朝着高速度、高机动、轻质化、长航时的方向发展。高超声速飞行器、可重复使用运载器、大型运载火箭是目前世界航空航天领域的热点发展方向，与国家利益和空天安全密切相关，是关系未来空间竞争的核心技术之一。在高新武器装备研制需求的牵引下，各专业面临着发展的良好机遇和巨大挑战。综合来看，国内外高精尖武器装备的研制和发展，尤其是航天领域的高新武器装备，从新型材料与结构、高温结构动力学与控制、多物理场耦合、高温测试技术等多个方向，对各专业在理论基础、建模方法、核心技术等方面提出了更高的要求和挑战，也为各专业的进一步发展提供了重要推动力，主要包括以下几方面。

（1）新型材料与结构的力学行为。开展高温作用下飞行器结构在复杂载荷下受力、变形、破坏行为的研究，建立高温复合材料热力耦合本构理论与破坏判据，建立新型复杂材料和结构的力学性能表征与强度评估。

（2）高温结构动力学分析与控制。开展气动力、气动热耦合条件下的飞行器结构动力学建模、分析、设计与控制，结构气动弹性分析，颤振与热颤振控制等研究，建立复杂动力学环境预测与动载荷识别方法。

（3）多物理场耦合试验模拟技术。研究如何在地面有效模拟气动热、气动力、振动、噪声、过载、冲击、过载等多场耦合环境，实现对飞行器的有效考核。

（4）高温环境下材料与结构的测试技术。提升极端复杂环境下的热/力学参数测量能力和测量精度，获取结构在极端复杂环境下的温度、热流、变形、应变、加速度等参数，满足试验测量要求，为试验考核提供数据支持。

参考文献

何巍，刘伟，龙乐豪，2011. 重型运载火箭及其应用探讨. 导弹与航天运载技术，1：1-5.

刘竹生，张蔹，张涛，等，2015. 国外重型运载火箭研制启示. 中国航天，1：22-27.

龙乐豪，刘伟，何巍，2011. 研制重型火箭支撑航天发展. 国际太空，8：1-8.

佟艳春，才满瑞，2012. 美国新一代重型运载火箭发展分析. 国际太空，5：45-52.

于登云，2015. 新型航天器发展对力学学科的挑战. 科学通报，60（12）：1085-1094.

Blevins R D，Bofilios D，Holehouse I，et al.，2009. Thermo-vibro-acoustic loads and fatigue of hypersonic flight vehicle structure. AFRL-RB-WP-TR-2009-3139.

DeMange J J，Dunlap P H，Steinetz Jr B M，2004. Advanced Control Surface Seal Development for Future Space Vehicles. NASA TM-2004-212898.

Glass D E，2008. Ceramic matrix composite thermal protection systems and hot structures for hypersonic vehicles. AIAA 2008-2682.

Hank J M，2007. Air force research laboratory hypersonic propulsion research programs. AIAA 2007-5371.

Stephens C A，Hudson L D，Piazza A，2007. Overview of an advanced hypersonic structural concept test program. FAP annual meeting-hypersonic project.

第十五章 高超声速风洞气动试验数据相关理论与关联方法

第一节 问 题 提 出

高超声速飞行器技术是新一代宇航领域的核心技术，与国民经济、航天工业和国家安全密切相关，已经成为新世纪航空航天高技术的竞争热点。对于先进高超声速飞行器，特别是配置吸气式动力的飞行器的研制，实际飞行状态下的气动力/热特性数据是飞行器设计与飞行试验规划最重要的依据。所以，合理可靠的气动力/热特性预测对于飞行器的气动布局、飞行控制、系统结构设计和功能模块配置都具有重要意义。从航空航天飞行器的发展历程来看，任何成功的飞行器在设计之初都需要通过大量的地面风洞实验来预测飞行器在特定飞行状态下的气动特性，作为飞行器设计和飞行试验规划的基本依据。美国在航天飞机的研制过程中，曾经动用了 44 座风洞，风洞实验时间长达 9 万多个小时。

相对亚声速和超声速飞行，高超声速飞行器头部的流动阻滞产生的高温导致了空气分子的振动激发、解离甚至电离，使得普通空气变成一种不断进行着热化学反应的复杂介质。介质微观化学物理变化通过改变介质热力学及输运特性，对宏观运动状态产生重要影响，即高温真实气体效应。高温真实气体效应突破了实验气体动力学流动相似模拟准则，使得高超声速流动现象超出了经典气体动力学理论能够准确预测的范围，成为现代气体动力学研究的前沿学科问题之一。特别是对于先进空天飞行器的研制，其外形结构的要求日益精细，相关的气动布局越来越困难，飞行器设计的难度也越来越高。因此，高超声速气动力/热特性预测方法的正确性与可靠性已经成为制约空天飞行器研制与发展的一个主要瓶颈。60 年的高超声速探索研究表明，气动理论的主要困难在于高焓热化学反应气体流动相对于传统的亚、超声速气体流动，表现出强非线性、强非平衡和多尺度的流动特征，至今依然缺乏具有适当精度的物理模型，使得高超风洞实验和飞行验证试验成为获得飞行器气动数据、考核关键技术的主要手段。

为了研究高焓热化学反应气体流动，世界上发展了各种不同类型的高超声速地面实验设备。例如，通过降低实验气流静温及声速来获得高马赫数流动的常规高超声速风洞；直接加热空气的高超声速电弧和蓄热风洞；应用强激波压缩的高焓激波风洞和应用高温燃气的燃烧风洞。这些风洞采用不同方式提高实验气流的马赫数、总温或流动速度，模拟了高超声速流动的一些重要参数，为高温气体流动规律和飞行器设计提供了大量试验数据。但是，由于这些风洞的驱动能力、加热方法和运行模式的限制，难以复现实际高超声速飞行条件下的流场状态，如飞行雷诺数、飞行马赫数、实验介质、总温、总压、总温/壁温比、激波前后的密度比、流场流态、实验模型的几何尺寸等，而这些关键参数的复现是获得可靠实验数据的基础。目前，即使是世界上最先进的高超声速风洞也只能模拟部分飞行条件参数。因此，获得的地面风洞试验结果一般不能直接应用于飞行器设计和飞行试验规划。更困难的问题在于，不同类型高超声速地面实验设备能够模拟的流动状态存在的差异导致了实验数据的差异。例如，在马赫数相同的条件下，不同风洞之间的实验条件在雷诺数、静温、总压、流动速度等关键参数下也存在明显差别，使得获得的风洞实验数据缺乏可比性，给依据风洞实验数据开展的高焓热化学反应气体流动规律研究带来了极大的困难，也给飞行器气动性能预测带来了不确定性。所以，开展高超声速风洞实验数据的相关联理论和关联方法研究，由此提高风洞实验数据的可靠性与可应用性，进一步实现从地面风洞实验数据到飞行条件的天地换算，对于推动高超声速飞行技术的发展，深化高温气体流动规律的研究具有重要意义。

在一百多年的航空航天飞行器的发展过程中，人们已经成功地设计了亚声速和超声速飞行器，并发展了各种风洞实验数据的相关理论和关联方法，取得了许多具有实际应用价值的工程计算方法。但是，六十多年的相关研究并没有获得真正适于高超声速风洞实验数据的相关理论，使得高超声速飞行器气动力/热风洞实验数据的处理还局限于经验性的内插与外推修正，本质问题在于高超声速流动的特殊性。高温气体热化学反应进程的影响，使得高超声速地面实验不再具有传统气体动力学实验的相似性准则，而且高超声速飞行条件的极端要求，使得目前的风洞实验技术不能满足实际飞行状态模拟的主要需求，导致飞行器气动特性的实验参数缺乏可靠性。另外，高超声速飞行器气动力/热风洞数据相关理论与关联方法研究的不足，也严重地限制了大量风洞实验数据的综合应用，降低了数据关联结果对于飞行器设计的参考和指导作用，提高了新型飞行器研制的成本、周期和风险。美国高超声速飞行器 X-43A、X-51 和 THV-2 飞行试验的不断失利突显了高超声速流动现象的复杂性和飞行器气动特性可靠预测的迫切需求。所以，开展高超声速风洞实验气动力/热数据相关理论和关联方法方面的研究，把握风洞实验状态与真实飞行条件差异产生影响的规律，建立由风洞实验特性数据到飞行条件的预测方法，对于促进高超声速飞行技术的发展和高温气体流动规律的认知具有非常重要的意义。

第二节　风洞数据相关性研究进展

风洞实验数据相关性研究是指如何建立不同风洞实验数据之间的相互关系和物理规律，并依据这些关系和规律，发展相应的数学方法，实现不同风洞实验的数据处理，形成能够预测需要飞行区域的飞行器气动数据的计算方法。通俗讲，就是建立不同风洞实验数据的内在联系，发展基于重要参数的关联方法，形成能够表征具有一定普遍性物理现象的关联规律和数学方法。然后根据这些关联规律和方法，并通过修正和外推获得飞行器在特定飞行条件下更可靠的气动特性数据，支撑新型飞行器的研制与发展。风洞实验数据相关性研究涉及风洞实验技术发展、实验数据相关理论与关联方法研究和飞行器气动力/热实验数据处理三个主要方面。

一、高超声速风洞实验技术发展

由于高超声速流动耦合了激波动力学、热力学和热化学反应等气体物理现象，成为一类具有多尺度特征的强非线性流动。相关研究不仅对气体动力学的理论，也对地面风洞模拟实验技术提出了新的挑战（Bertin，Cummings，2006）。传统气体动力学实验的模拟准则，如雷诺数和马赫数，对热化学反应影响占优的高超声速流动显得严重不足。影响相似规律建立的关键物理问题之一是飞行器外流耦合了高温热化学反应，吸气式飞行器推进系统的内流耦合了燃烧过程，而化学反应尺度在地面模拟实验中并不随实验模型的缩小而缩短，所以尺度效应是风洞实验技术模拟高超声速流动的关键困难之一。高温气体热化学反应机制是风洞模拟技术发展面临的第二主要困难，原因是常规高超声速风洞提供的试验气流总温低，不足以模拟热化学反应机制，而热化学反应伴随的介质特性变化和能量传递显著地影响了飞行器的气动特性。美国航天飞行机早期研制的气动实验，缺乏高焓流动模拟设备，应用于设计的实验结果没有能够体现高温真实气体效应的影响，导致在飞行实验中出现了配平攻角高出设计值一倍多的气动异常现象。第三个困难问题是实际飞行速度的模拟。常规高超声速风洞能够提供的试验气流虽然马赫数相同，但是静温和声速很低，实验气体的实际流动速度也低，这显著影响了飞行器周边流态和摩擦力的预测。然而，实现高超声速飞行速度与大尺度模型的地面实验是极其困难的。例如，如果复现 30km 高空、马赫数为 8，总温为 3000K 的飞行状态，为了建立直径为 3m 的有效实验流场，那么高超风洞功率的输出功率约为 900MW，而输入功率应该数倍于这个数据。对比葛洲坝水电站 2720MW 的总装机容量可知，如此高的功率和总温需求使得长试验时间、连续式、大型高超声速风洞建设几乎是不可能实现的。

目前发展的常规高超声速风洞、直接加热型高超声速风洞和高焓激波风洞建立了具有不同参数的试验流场，也获得了具有不同的各种实验数据。连续式高超声速风洞由于加热能力有限，很难模拟较高马赫数流动的模拟。脉冲型激波风洞具有可模拟的总温高、马赫数范围广、气流洁净等诸多优点（Holden，1994；Dunn et al.，1988），但主要缺点是试验时间太短（一般为毫秒量级），严重地制约了这类风洞在实验方面的应用。近年来，为满足高超声速科技发展的需求，欧美国家都开展了提升激波风洞试验时间的研究探索。其中最成功、最具有代表性的是美国 Calspan 中心的系列激波风洞（Holden et al.，2007）。他们改进的 LENS-II 大尺度激波风洞，可以模拟的马赫数范围为 4～7，喷管直径达 1.55 m，有效试验时间为 18～30 ms（Holden，Parker，2002），代表了同类风洞中的世界先进水平。中国科学院力学研究所高温气体动力学国家重点实验室（LHD）发展了系列的延长激波风洞试验时间的新技术，研制成功了基于反向爆轰驱动方法的超大型高超声速激波风洞（JF-12 复现风洞）。JF-12 复现风洞的喷管出口直径为 2.5m，具有复现 25～50km 高空，马赫数为 5～9 的高超声速飞行条件的能力（姜宗林等，2012；Jiang et al.，2011，2013，2014，2015）。该风洞获得的有效试验时间长达 100ms 以上，远超过了 LENS-II 风洞，获得了气动力测量、发动机测试和飞行器 / 发动机一体化实验的能力。这两座风洞具有不同马赫数范围的流动复现能力，能够为开展高超声速风洞实验数据的相关理论与关联方法的研究提供基础性和支撑性数据。

二、气动力关联方法研究进展

飞行器的气动力是一个整体量，其分量是飞行器各部分受力的积分效应在不同度量方向的体现。对于一定的气动布局飞行器，应用不同的缩比模型，通过在不同风洞中模拟不同的流场参数，获得不同飞行姿态条件的气动力数据。然后根据理论分析和实践经验，通过假定适当的关联规律，应用单、多参数的数学处理，得到气动力特性的关联算法。例如，Arnaiz 等（1980）采用插值法研究了超声速巡航飞行器 XB-70-1 的风洞/飞行数据关联；Rufolo 等（2008）采用了一维幂函数模型，用非线性拟合方法完成了实验飞行器 PRORA USV1 的风洞实验气动数据分析；Nicoli 等（2006）也采用类似的幂函数模型研究了小型火箭 VEGA 的风洞-飞行数据外推方法；Morelli 等（2003,2005）在分析 X43-A 实验数据的过程中采用了逐步回归和正交函数建模的方法；姜宗林等（2011，2015）提出了风洞实验数据的多空间相关理论和基于全局优化的泛函进化算法的关联方法，并完成了相关理论与关联方法的验证，给出了初步应用的实例。

关于高超声速气动力实验数据关联研究的经典案例是 X-15 超声速飞机（Saltzman et al.，1966，1981）和航天飞机机轨道器再入飞行器（Muylaert et al.，1996; Perrier et al.，1996）。20 世纪 60 年代，NASA 德莱顿飞行研究中心开展了关于 X-15 表面摩阻的相关性研究。由于风洞支撑结构等因素，模型底部阻力在飞行试验与风洞实验的结果缺乏相关性，他们在阻力关联方法中采取了扣除处理方法。图 15-1 给出了以雷诺数为关键参数，把 1/15 缩比模型风洞实验数据通过关联方法外推的实际飞行条件下的阻力系数。关联方法采用了 Karmen-Schoenherr 湍流平板阻力理论，在较高马赫数时还需要应用参考温度法，如图中虚线所示。总体看来，目前的气动力风洞实验数据的相关性研究常以某一个关键参数为基础，假定适当的函数结构，优化选择关联函数的系数集，获得最大限度适合实验数据的关系式。对于风洞不能模拟的因素，根据理论分析，通过其他重要参数进行修正处理。

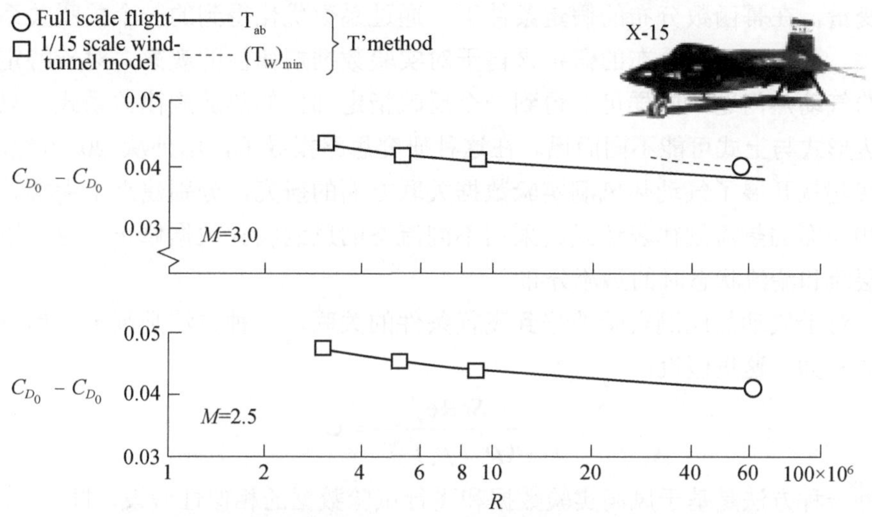

图 15-1 X-15 飞行器风洞实验（1/15 模型）阻力数据的关联结果

（Saltzman，Garriger，1966）

三、气动热关联方法研究进展

飞行器的气动加热问题是高超声速飞行条件下特有的气动物理现象。热传递是局部量，取决于测量部位的局部流动环境，而局部流动状态与飞行器表面曲率特征密切相关。所以，一般认为飞行器气动热特性不存在相似性准则，应用缩比模型获得的风洞实验数据无法推测全尺度飞行器在飞行条件下的气动热规律，因此气动热相关性研究变得更加复杂。

在工程实际应用中，虽然气动热特性规律的表述缺乏像马赫数和雷诺数这样的关键相似参数，但是通过理论分析还是能够把握影响气动热的主要参数。对于某些具有代表性部位的热流，可以通过风洞实验获得大量的实验结果，建立矩阵形式的气动热数据库，而后进行多参数关联分析，获得具有工程应用价值的气动热的规律。例如，Kemp-Riddel 修正公式就是一个经典的驻点热流的关联范例，该公式具体表示为

$$q_w = \frac{110311.7}{\sqrt{R_N}}\left(\frac{\rho_\infty}{\rho_0}\right)^{1/2}\left(\frac{v_\infty}{v_c}\right)^{3.15}\frac{h_s - h_W}{h_s - h_{300K}}$$

从公式表达式可以看出，影响驻点热流的主要参数是密度比、焓值比、自由流速度比和模型的几何尺寸四个关键参数。该公式实际上是以上述四个参数为变量，在幂函数分布的假定条件下，通过系数优化得到的一个关联关系表达式。其中幂函数分布的假定来自于对实验数据规律性的观察。对于特定部位的气动热问题，同样可以得到一个反映指定部位的热流规律关系式，只是表达形式与上式可能不同而已。在这种研究思路指导下，国外从 20 世纪 70 年代起就开展了气动热风洞实验数据关联方面的研究，分别建立了尖椎、平板和楔面的热流规律表达式。采用不同流态的风洞实验数据修正，也可以预测层流和湍流状态时的热流分布。

对于气动热风洞实验数据到飞行条件的关联，一种方法是基于斯坦顿数 St 的外插，这里假设：

$$\frac{St\,\mathrm{Re}_x{}^n}{(\rho^* / \rho_e)^{1-2n}} = C$$

另外一种方法是基于风洞实验数据和飞行试验数据的相似性假设，即

$$\frac{(q / q_{\mathrm{ref}})_{\mathrm{FLT}}}{(q / q_{\mathrm{ref}})_{\mathrm{WT}}} = C$$

基于上述相似性关联方法，美国航天飞机利用风洞实验数据进行飞行条件下气动热评估的典型案例。在航天飞机的研制过程中，采用了计算比拟法（Bertin，Cummings，2006），直接对风洞实验条件进行计算，通过把实验与计算的结果作比较获得修正因子，然后把此修正因子用于飞行条件下获得的计算结果处理。

高超声速技术研究 60 年来，公开发表的关于高超声速风洞实验数据相关理论和关联方法的研究论文、科研报告都很少，可靠的风洞实验数据更是非常缺乏，不能不承认这已经是造成高超声速技术发展缓慢的重要因素。另外，由于高超声速风洞实验模拟能力的提升和测量技术发展方面面临的困境，即使马赫数和雷诺数相同，由于其他流动参数的差别，也可能带来实验数据的不可比性，获得的实验数据的关联规律也不相同。目前，高超声速风洞实验数据关联研究的进展主要依赖于不太可靠的相关参数和相关性假设，关联规律依赖于经验性的关联函数选取和常系数集的拟合。这些方法是有效的，也满足了不少工程问题的一些需求，但是这些方法的缺陷和局限性也是明显的，不仅降低了风洞实验数据的可利用性，也降低了预测数据的可靠性。所以，发展先进的高超声速风洞实验数据相关理论

和关联方法，提高风洞实验数据可用性、可靠性和使用效率一直是一个国际前沿学科难题。

第三节 风洞实验数据多空间相关理论

对于亚声速和超声速流动的气动力问题，马赫数和雷诺数是两个很好的相关量。由于高马赫数可以通过降低实验气流静温获得，所以常规的高超风洞难以模拟同样马赫数条件下高超声速飞行状态的高温热化学机制。而且热化学反应时间尺度与实验模型缩比无关的事实也对雷诺数的推广应用强加了限制。另外，气动热相关性研究采用的飞行试验数据与风洞实验数据相似的假设也带有明显的经验性。所以，高超声速飞行器气动力/热风洞实验数据相关理论研究的不足，限制了大量风洞实验数据关联方法的研究及其综合应用，降低了这些昂贵实验结果对于飞行器设计的参考价值与指导意义，也影响了人们对高温气体流动现象的认知，增加了飞行器的研制成本和周期。

对于目前获得的高超声速风洞实验数据，如果无论从风洞流场的自由流物理参数（如来流速度 V_∞、温度 T_∞、压力 P_∞），还是从无量纲参数（如马赫数、雷诺数、比热、声速、壁温比等）来看，风洞之间都存在不同程度的差异，而且实验模型的缩比也不尽相同，实验条件的可比性差，那么基于一两个参数去比较分析，进而建立关联关系，所获得的关联关系与规律存在可靠性与精度方面的差异是不足以为奇的。这些差异不仅影响了飞行器设计，也影响了人们对物理现象的认知。20 世纪 60 年代早期，美国两个科研单位受命发展解析方法和实验设备研究以超轨道速度飞行时滞止点的热流率。经过努力工作，他们各自独立地给出了如图 15-2 所示的研究结果，并声称其结果被证明理论与实验符合良好。但是图 15-2 表现出的差别是明显的，而且有着线性与非线性之分。进一步的深入研究表明：出现差别的原因在于他们的理论计算结果只反映各自应用的物理模型，各自的物理模型依据各自的实验数据，而他们的数据又仅反映各自建立的地面实验设备所能模拟的高超声速流动。风洞试验流动参数的不同反映出的物理现象的差异是导致实验数据差异的根源，它带来了对物理现象认知的不同和物理规律表述的分歧。所以，发展可靠的风洞实验数据相关理论是研究数据关联方法和认知客观物理规律的基础。

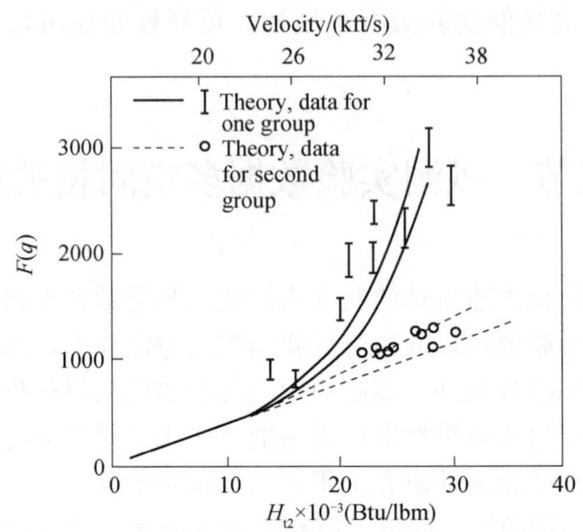

图 15-2 超轨道速度飞行条件下飞行器滞止点热传递相关律

（Bertin，Cummings，2006）

一般意义上讲，对于任意一个处于给定姿态的飞行器，飞行速度 V 和高度 H 是两个关键因素，也是全部的飞行条件，那么飞行器的任何一项气体动力学特性都可以表述为这两个因素的函数，即 $F=f(V, P)$。在大气层里，飞行器周边的静温与静压对于给定高度是可以解析关联的，所以，飞行器的任何一项气体动力学特性也可以表述为飞行速度、静温和静压三个自变量的函数。对于任何一个风洞实验，如果给定飞行器气动外形和飞行姿态，在排除风洞干扰与测量系统误差的条件下，那么自由流速度、静温、静压、模型缩比、壁温和气动特性（力或者热）构成了一个完备的数据空间。在这样一个实验数据的多维空间里，每次风洞实验得到的数据都对应于某项气动性能参数（升阻比、热流系数等）曲面上的一个点。对于所有的风洞实验结果，只要是物理正确的，就应当落在风洞实验数据的多维物理空间内。对于给定飞行轨道的飞行器，静温、静压和高度存在一个制约关系，$H(T, P)$。在这样一个限制条件下，给定飞行轨道的气动特性构成一个新的飞行数据空间，这个空间是风洞实验数据多维物理空间的一个子空间，可以称为飞行数据空间。由自由流速度、静温度、静压力、模型缩比、壁温和气动特性（力或热）构成的数据空间可以定义为物理空间。利用一些无量纲参数，把物理空间变换到需要的无量纲参数（降维）也是可行的。另外，如果把飞行试验看成是在一个理想风洞中开展的理想实验，那么飞行试验也自然而然地都包含在可降维的多维风洞实验数据空间（多空间）里。这里提出的风洞实验数据多空间相关理论实际上是在一个更高维度的空间里阐述风洞实验数据之间的关系。一般来讲，所有高超声速风洞的实验数据，不论自由流参数高低，其实验结果都在风洞实验数据的多维空间里，只是距飞行数据空间的远近程度不同而已。在构造飞行数据空间的过程中，所有风洞实验数据对于飞行数据空间都是有贡献的，只是贡献大小不同而已（姜宗林等，2015）。

第四节 泛函优化数据关联方法

选择马赫数或雷诺数等某一个关键参数，建立一定的关联函数关系，再考虑一些经验性的修正，最后实现风洞试验数据的外推是工程上经常采用的方法，属于单参数或双参数关联方法研究。这类方法在很大程度上依赖于研究者的经验，具有一定的片面性和主观性。风洞实验数据多空间相关理论首次揭示了不同风洞试验数据之间的内在联系，给出了试验数据在可降维的多维空间内的基本相关规律，为风洞数据关联方法研究奠定了理论基础。然而，在试验数据的多维空间里，如何构造一个全局解析关联函数依然是一个极具挑战性的课题。

建立基于多空间相关理论的关联函数，获得一套风洞实验数据作为多空间理论的基础框架数据是进行数据关联的第一步。考虑到框架数据的疏密性需求，在具有一定体量的可靠风洞试验数据的基础上，利用经过充分验证的 CFD 计算结果作为补充是有意义的选择。然后结合试验数据和 CFD 结果，构建覆盖飞行器轨道范围的气动特性的基础数据框架。以框架数据为基础，利用智能优化算法，在泛函空间中进行优化，最后获得能够更好地逼近多维空间数据的解析关系，这是本书进行数据关联的基本思路。其中，基于泛函优化的关联方法是利用泛函空间的全局优化算法（如 PME）获得反映基础框架数据变化趋势的解析函数。该方法能够突破传统关联方法的函数结构经验性假定的局限，同时优化关联函数的函数结构和待定系数，从而使关联函数具有更好的可靠性和相关精度。

多空间数据关联方法的基本核心问题是如何寻找一个最优的解析函数，并在满足一定稳定性、控制模型复杂度要求的前提下，以尽可能高的精度逼近多维空间高超声速飞行器性能的数据。为此，我们发展了一种具有进化特色的泛函空间全局优化算法 PME（Luo，Zhang，2012）。图 15-3 给出了这种关联算法的示意图。该关联算法有三要素。①碱基：即解析关系的基本单元，如：+、−、×、÷、pow、sgn、sinh、exp，x_1、x_2、x_3，λ_1、λ_2 等；②基因：即解析关系片段，如：λ_1+sinh（x_1）sgn（x_2）；③染色体：参与评价的候选解析关系式，如 $(\lambda_1+\sinh(x_1)\cdot \mathrm{sgn}(x_2))^2/x_3$。

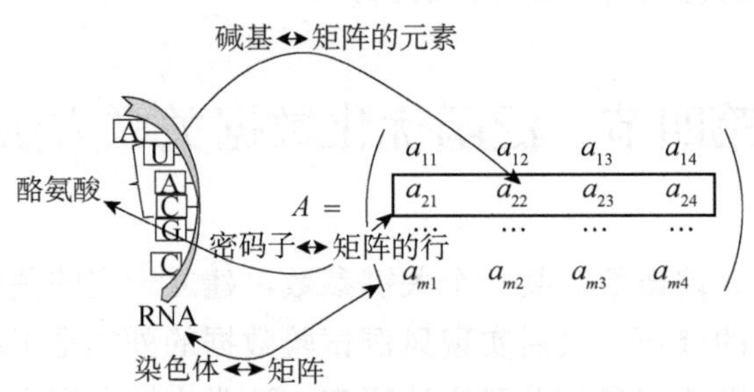

图 15-3　基于试验数据多空间理论的全局优化关联算法示意图

应用上述三要素和人工智能全局优化方法，就能够在一定维数的函数空间中，寻找出关联全部基础数据的最优解析关系，其优化过程如图 15-4 所示。考虑到关联精度和可靠性之间的平衡，我们增加了模型复杂度的维度，进行多目标优化，结果取其 Pareto 前沿的“Knee”区解析表达式（Bechikh et al.，2011）。

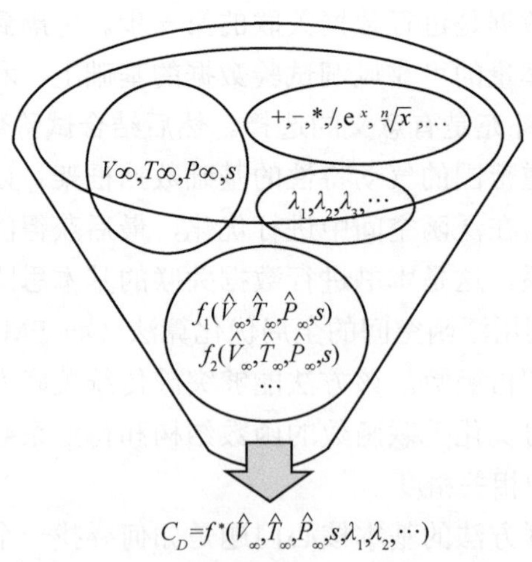

图 15-4　关联函数优化过程示意图

一旦获得了具有全局最优特性的解析函数关系，对于所需指定飞行轨迹的飞行器性能参数，只要给定飞行速度、静压和静温，依据飞行高度相关曲线，即可得到在飞行子空间由低维解析函数表示的性能参数。应当指出，由于飞行器外形的复杂性，建立的框架数据库可能是与飞行器构型相关的。但是对于具有同一类气动布局特征的高超声速飞行器，根据多空间理论获得的解析关系式所表示的主要物理规律是具有一定普适性的。

应当强调的是，已有方法假定关联模型具有某种先验的函数结构，如多项式、样条、双指数、多层线性等，通过调整系数来实现目标模型的逼近，局限了目标模型的优化范围，从函数空间来看是一种局部优化。而这里提出的多空间关联方法是在更大的函数空间上进行优化关联函数的结构，是一种泛函空间的全局优化方法。因而可以期望基于多空间相关理论的关联方法能够得到更高精度的关联函数，获得更适当的物理规律。同时，文献中的经验模型方法可以看成多空间关联方法的一个特例。

第五节　相关理论和关联方法的验证与应用

为了测试全局优化关联方法的反演能力，选择激波前后压强比这一典型物理问题为例。在理想气体假设条件下，取气体的比热比γ为常数（γ=1.4），那么压强比就是以马赫数 M 为单参数的解析函数：$\dfrac{p_2}{p_1}=1.1667M_1^{\ 2}-0.1667$。反演测试取 6 个样本点，波前马赫数分别取$M_1=4,5,6,7,8,9$，与对应的激波前后压强比构成一个两维空间的基础框架数据：$p_{r,i}$，$i=1,2,\cdots,6$。利用这一基础框架数据$(M_{1,i},p_{r,i})$，应用全局优化关联方法，当模型复杂度逼近 7 时，可获得激波前后压强比关于马赫数的解析函数。逼近过程如图 15-5 所示，模型复杂度是逼近精度的度量，模型复杂度越高，相关函数误差越小，但是解析函数越复杂。

进一步考虑非理想气体条件下，比热比γ也是一个变量，然后以马赫数 Ma 和比热比γ为参数进行双变量关联。反演测试取 30 个样本点，波前马赫数依次为$Ma_1=4,5,6,7,8,9$，比热比取γ=1.0,1.1，1.2，1.3，1.4。由原始解析函数可得激波前后压强比：$p_{r,i}$，$i=1,2,\cdots,30$，构成了一个三维空间的基础框架数据$(\gamma_i,M_{1,i},p_{r,i})$。

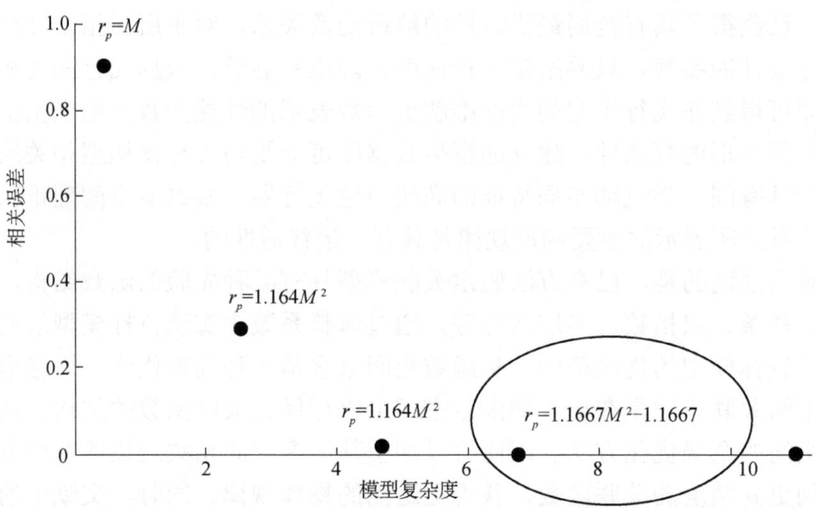

图 15-5　泛函优化全局关联方法获得的具有不同精度的单参数解析函数分布示意图

利用这一基础框架数据，应用全局优化关联方法，当模型复杂度逼近 17 时，能够获得反映激波前后压强比的双参数解析函数：$\dfrac{p_2}{p_1}=\dfrac{2\gamma}{\gamma+1}M_1^{\ 2}-\dfrac{\gamma-1}{\gamma+1}$。逼近过程中获得的不同精度的解析函数由图 15-6 给出。上述两个算例表明：如果基础框架数据确实存在自己的解析函数，那么这个函数是可以通过全局优化关联方法找到的。

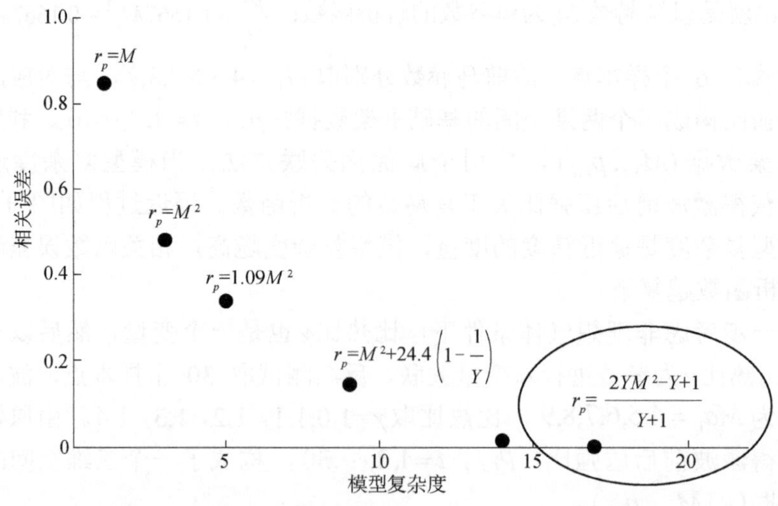

图 15-6　泛函优化全局关联方法获得的具有不同精度的双参数解析函数分布示意图

为了评估基于风洞实验数据多空间相关理论建立的全局优化关联方法的精度，首先依据两个一维解析函数提供的基础框架数据，然后应用全局优化关联方法获得的两个算例的优化关联解析函数，进一步提供数据对比分析，精度评估结果如图 15-7 所示。目标函数是光滑的，具有 8 个极值点，在提供 20 个基础测点的条件下，与优化关联函数曲线的最大误差小于 5%。

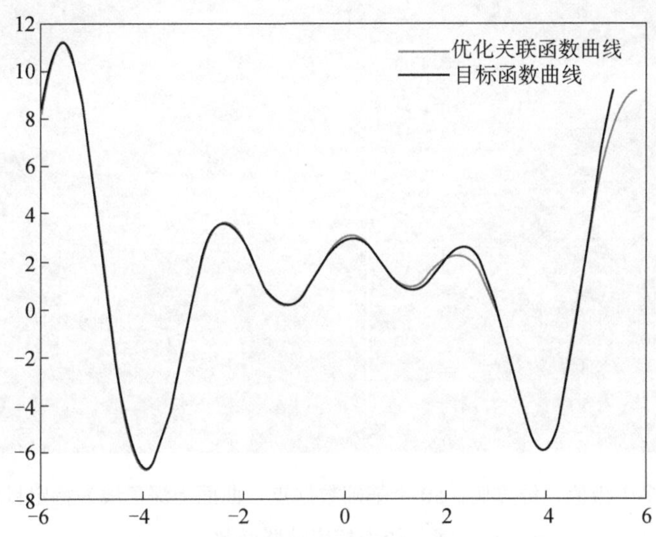

图 15-7　光滑函数算例，20 个基础框架数据点

图 15-8 给出了一个在三维数据空间里评估优化关联函数的算例。本算例总共采用了 50 个基础数据测点，图中透明曲面为目标曲面，网格曲面为应用数据关联算法得到的优化解析函数曲面。考察的目标曲面具有 5 个极值点，但是没有间断。对比两个曲面可知，应用全局优化关联算法获得的优化关联函数具有比较理想的吻合程度。这个算例进一步表明：提高极值点的逼近精度需要在该局部设置更稠密的数据点。

依据图 15-8，如果按一定的飞行高度给出静温和静压关系曲线，那么对于一定的飞行速度，就可以获得低维度的飞行空间曲线，这就是不同飞行高度的飞行器性能关联关系。静温和静压关系在图 15-8 的自变量平面上给定一条浅色曲线，对应着性能曲面上两条特定曲线，是一个双参数的关联函数。图 15-8 性能曲面上的浅色线表示目标函数，深色线表示优化得到的关联函数。对比两条曲线可见，除了极值点部位的误差较大，其他光滑部位都符合良好。对比结果表明基础框架数据距飞行走廊越近，对于关联函数的影响就越大，深色曲线就越能逼近浅色曲线。其他远离飞行走廊的基础框架数据也是有贡献的，它们左右了关联曲线的基本变化趋势。

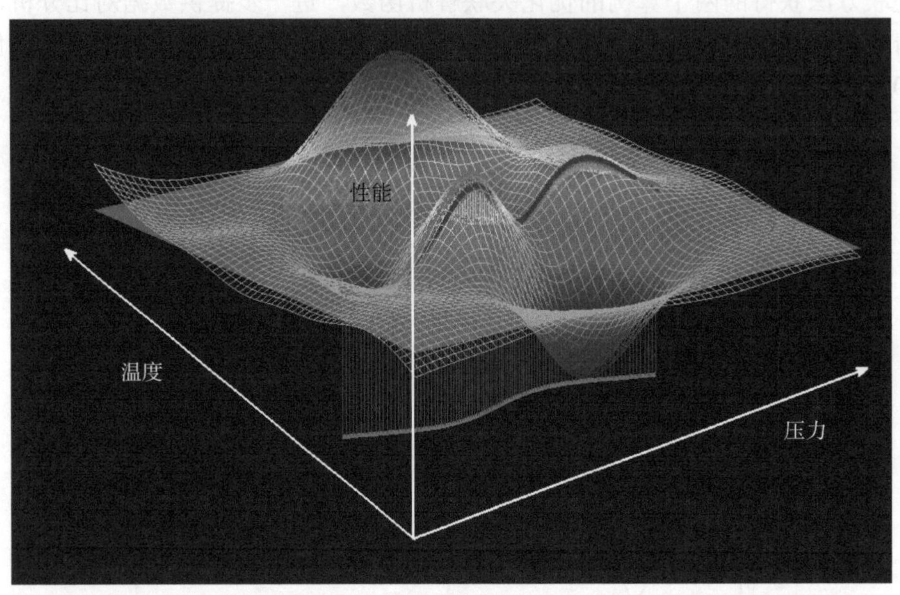

图 15-8 多个极值二维算例，50 个基础数据点，曲面上深色线为特定目标函数，浅色线为相应关联函数

为了考察多空间数据全局优化关联方法对高维空间数据的关联能力，利用一组经典的测试函数（Holden，Parker，2002），在七维数据空间进行了测试评估，表 15-1 给出了七维空间数据关联函数的平均误差结果。考察表 15-1 可见：在这个七维数据空间里，假如飞行器性能参数分布存在 5 个极值点，那么依据 200 个支撑性基础框架数据获得的整体优化关联函数的平均误差是 4.92%。如果飞行器性能参数分布仅有个极值点，那么优化关联函数的平均误差仅是 1.58%。对比传统关联算法，全局优化关联函数的精度是相当令人鼓舞的。一般来讲，对于一个飞行器型号，在研发过程中总是在用不同的风洞，不断地开展试验。所以，这样获得的关联函数能够最大限度地利用风洞实验结果，并且随着风洞试验数据的不断积累，获得的数据关联规律就越合理，关联结果就越精确。从这种观点来看，基于多空间数据相关理论的全局优化关联方法具有自进化和自提升能力。

表 15-1　关联方法在七维空间中的预测误差随复杂度和测点数分布

实验测点	极值点数			
	1	2	5	10
10	0.075 2	0.121	0.124	0.125
20	0.042 9	0.089 5	0.108	0.109
50	0.022 2	0.054 1	0.087 7	0.097 8
100	0.019 2	0.042 7	0.060 3	0.068 8
200	0.015 8	0.030 4	0.049 2	0.052 8
500	0.011 1	0.022 4	0.031 1	0.035 3
1 000	0.007 35	0.015 8	0.024 8	0.027 9
2 000	0.004 07	0.011 3	0.02	0.022 7

注：表中极值点数表征了物理规律的复杂程度

为进一步考察多空间实验数据相关理论及其优化关联方法对于实际风洞实验数据的适应性，选取了空天飞机测力模型（JF-F）在三座超声速风洞中（FD-06，FL-1 和 FL-2）5°攻角下的试验结果来构造基础数据框架（李素循，2007）。试验数据共 24 个测试点，其中第 1 座（FD-06）和第 2 座风洞（FL-1）均为 9 个测试点，第 3 座风洞（FL- 2）仅为 6 个实验点。以马赫数和雷诺数作为二维空间度量，与航天飞机的任意一个气动力参数构成一个三维风洞实验数据空间。利用前述全局优化关联方法，获得了实验数据的关联函数，应用该函数的预测结果如图 15-9 所示，其中 o 表示原始的风洞实验数据点（观测值），p 表示利用关联方法得到的相应预测点。图 15-9（a）是利用第 2 座风洞的试验结果进行关联，然后应用关联函数预测第 3 座风洞的试验结果。对比 o 点表示的实验数据点和 p 点表示的关联预测点，虽然两者的规律性一致，但数值差异还是比较大的。如果同时把第 1 座风洞的数据也放入基础数据框架，这等于加倍了信息量，关联获得的第 3 座风洞结果的精度就得到了明显改善［图 15-9（b)］。

气动参数的外推在实验数据关联方法的研究中常常是必需的。利用三座风洞的实验数据，进一步测试优化关联方法的外推能力。算例利用 M:0.6～2.0 范围的试验数据获得关联函数，然后预测第 3 座 M=2.5 时实验点的气动力系数值。获得的关联结果如图 15-10 所示，其中 o 表示试验观测得到的数据点，p 表示利用关联方法得到的预测点。阻力系数预测值与试验值的平均误差为 1.3%，误差范围在［0.02%，4.9%］。当然，实际应用中的数据量应该更大一些，还可以根据需要的数据精度，适量增加数据量以提高关联精度。本例应用实际风洞数据验证了多空间实验数据相关理论及其优化关联方法的适应性。最后，如果把飞行试验看成是在一个复现风洞中开展的理想实验，该风洞的来流条件就是飞行条件，那么在风洞实验数据的多维空间里，天地试验数据的关联关系等价于风洞数据之间的关联，天地试验数据的关联关系式仅是一个特例而已。

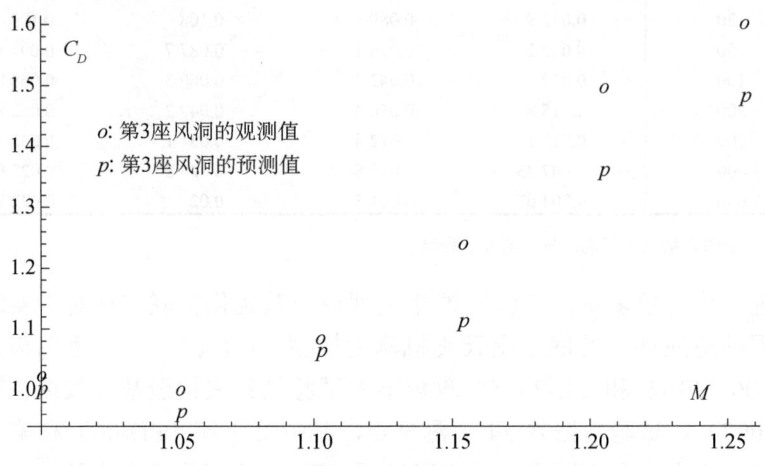

(a) 应用第2座风洞实验数据预测第3座风洞的试验结果

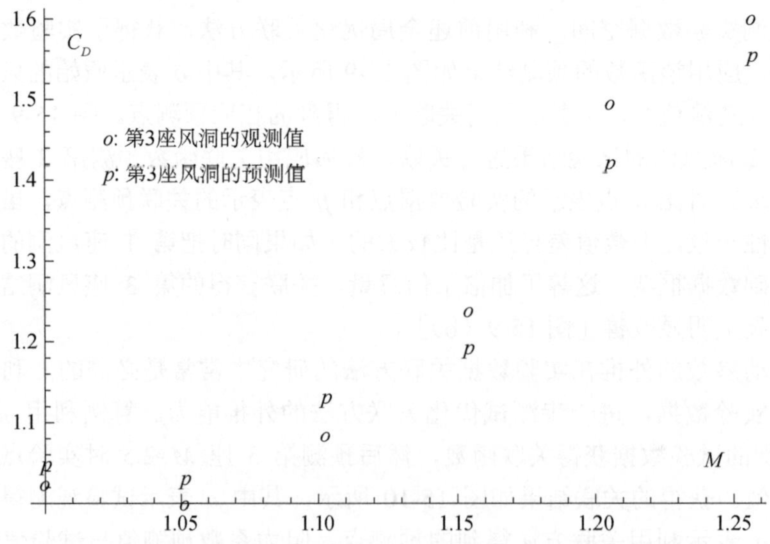

(b) 应用第1、第2座风洞实验数据预测第3座风洞的试验结果

图 15-9 空天飞机测力模型（JF-F）阻力系数的关联结果

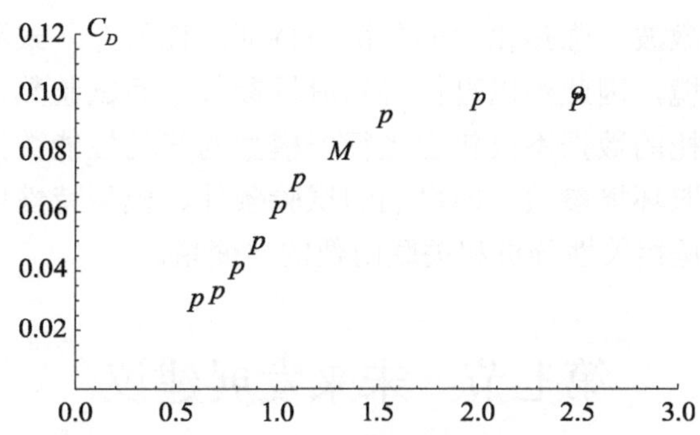

图 15-10 空天飞机测力模型（JF-F）关联结果：
利用 M:0.6～2.0 基础数据预测 M=2.5 时的阻力系数（0 攻角）

第六节 当前面临的需求和挑战

随着航天技术的发展以及地面试验数据的积累，急需一种具有普适性的风洞实验数据多空间相关理论。该理论能够揭示风洞实验数据之间的内在关联，在此基础上发展风洞实验数据全局关联方法。该方法能够通过具有进化特色的多空间数据泛函优化全局关联方法，实现多维空间数据的统一关联，获得具有全局最优特性的解析关联函数。高超声速风洞实验数据多空间相关理论及其泛函优化全局关联方法能够更充分地利用风洞实验数据，获得更高精度的风洞实验数据天地关联结果，实现风洞试验数据到飞行状态的天地关联。该理论与方法的应用和推广对于提升我国风洞群试验数据的利用效率，发展新型空天飞行器具有基础性支撑意义。从相关理论与关联方法角度上讲，关键的挑战在于如何减小对数据体量的过高依赖，如何基于有限体量数据获得高精度的关联函数。

从风洞试验数据方面讲，多空间相关理论与关联方法需要一定体量的基础数据的支撑，并且对风洞模拟水平、数据可靠性有较高要求。在试验技术方面的关键挑战性问题是风洞试验条件参数能够覆盖高超声速飞行器的主要飞行包络，所得到的试验数据能够反映飞行器飞行轨迹不同阶段的关键气体动力学和热化学机制，例如，在低轨道阶段的湍流边界层与激波的相互作用、中轨道阶段的分子振动激发以及层流-湍流转捩、高轨道阶段的热化学非平衡和黏性干扰等。这要求地面风洞试验气流具有很大跨度的焓值，并且需要气流品质可控。另一个关键问题来自于风洞流场诊断与测量技术，高超声速气流具有强激波、强热化学非平衡等特征，任何介入式测量都将破坏模型流场的局部环境，因此难以直接得到流场参数。而试验数据的相关性分析与关联研究所依托的数据不仅包含飞行器模型的气动性能数据，还要包括这些气动数据的获取环境参数，即风洞的试验条件、模型特性以及测量设备的性能参数，后者是相关性分析和关联函数的自变量。

第七节　未来发展建议

在几十年的高超声速的研制过程中，国内外已经在不同的高超声速试验设备上开展了比较丰富的实验研究，积累了一定体量的气动力/热数据。但是，现有风洞的流动参数模拟能力各有差异，模拟参数分散、模型尺度大小不一、测量精度各不相同，因而，实验数据表现出各自不同的分布规律，其背后反映了在各自的实验条件下起作用的不同物理机制。尽管数据量规模不小，但仍然未能获得反映高超声速风洞气动试验数据内在相关性的统一的关联规律。未来发展建议包括以下几点。

（1）建立不同风洞数据比较的标准算法，从而使不同风洞的试验结果具有更科学的可比性。同时，视飞行条件为理想风洞，将风洞的实验参数对齐到飞行平面，从而量化分析各风洞对于飞行状态预测的贡献，正确评价不同风洞试验结果。充分利用不同风洞的差异性和多样性，将每个风洞自己的数据分布规律看成总体规律的局部体现，在分析多参数共同影响下气动力/热变化趋势的基础上，探索飞行器气动特性在不同类型风洞共同遵守的统一的不变规律,进行更可靠的数据关联和气动性能预测。

（2）扩展高超声速风洞的试验能力，特别是能够实现高总温高速度的高焓风洞。高超声速气体动力学的关键基础问题是高总温带来的气流介质的本构属性的改变，及其对高超声速飞行器气动性能的影响机制。只有在风洞中再现了真实飞行条件的气体动力学和高温热化学过程，才能在风洞试验数据中反映真实飞行条件下气动性能与环境参数的物理关系。

（3）发展高焓流动的流场诊断与测量技术。高焓风洞的典型特征是时间短、流速快、总温高、激波强，因此，发展高频响、耐高温和强冲击的高精度传感器是首要研发目标。其次，非介入式测量技术如光学诊断技术具有良好的发展前景，也早有应用，但是光学信号输出与流场参数之间的量化关系及其精度，仍需提高。

总之，针对高超声速风洞试验数据相关性问题的研究，既需要在全局优化算法的研究，对有限体量的试验数据的高效分析方法，又需要试验数据自身对高超声速飞行关键气体动力学和高温热化学过程与机制的准确反映。相关研究极具挑战，对新型高超声速飞行器的研制具有极大推动作用。

参考文献

李素循，2007. 典型外形高超声速流动特性. 北京：国防工业出版社.

姜宗林，李进平，赵伟，等，2012. 长试验时间爆轰驱动激波风洞技术研究.力学学报，44（5）：824-831.

姜宗林，罗长童，胡宗民，等，2015. 高超声速风洞实验数据的多维空间相关理论与关联方法. 中国科学: 物理学力学天文学，45：124705

姜宗林，罗长童，刘云峰，2011. 高超声速风洞实验数据多空间相关理论与关联方法研究. 第四届高超声速科技学术会议.

Arnaiz H H，Peterson J B，Daugherty J C，1980. Wind-tunnel/flight correlation study of aerodynamic characteristics of a large flexible supersonic cruising airplane （XB-70-1）. NASA Tp-1514/1515/1516.

Bechikh S，Said LB，Ghédira K，2011. Searching for knee regions of the Pareto front using mobile reference points. Soft Computing，15（9）：1807-1823.

Bertin J J，Cummings R M，2006. Critical hypersonic aerothermo-dynamic phenomena. Annual Review of Fluid Mechanics，38：129-157.

Dunn M G，Moller J C，Steele R C，1988. Development of a new high-enthalpy shock tunnel. AIAA-88-2782.

Holden M S，1994. Design，development and calibration of the LENS facility. AFOSR-TR. 940161.

Holden M S，Parker R，2002. LENS hypervelocity tunnels and application to vehicle testing at duplicated conditions. //Advanced Hypersonic Test Facilities. Lu F，Marren D. Progress in Astronautics and Aeronautics，AIAA，198.

Holden M S，Wadhams T P，MacLean M，2007. Experimental studies in hypersonic flows for facility and code validation. AIAA 2007-1304.

Jiang Z L，2013. Near-orbital speed flow generation and its diagnostics. The 9th Pacific Symposium on Flow visualization and image Processing，Busan，Korea，August 25-28.

Jiang Z L，2014. Experiments and development of long-test-duration hypervelocity detonation-driven shock tunnels （LHDst），AIAA SciTech 2014，Maryland，USA.

Jiang Z L. Lin J，Zhao W，2011. Performance tests of JF-10 high-enthalpy shock tunnel with a FDC driver. International Journal of Hypersonics，2:29-35.

Jiang Z L，Wu B，Gao Y L，et al.，2015. Development of the detonation-driven expansion tube for orbital speed experiments. Science China: Technological Sciences，58（3）：1-6.

Luo C，Zhang S L，2012. Parse-matrix evolution for symbolic regression. Engineering Applications of Artificial Intelligence，25: 1182-1193.

Morelli E A，Deloach R，2003. Wind tunnel database development using modern experiment deign and multivariate orthogonal functions. AIAA 2003-653.

Morelli E A，Derry S D，Smith M S，2005. Aerodynamic Parameter Estimation of the X-43A （Hyper-X） from Flight Test Data. AIAA-2005-5921，AIAA Atmospheric Flight Mechanics Conference，San Francisco，CA，August.

Muylaert J，Walpot L，Rostand P，et al.，1996. Extrapolation from wind tunnel to flight: shuttle orbiter aerodynamics. AGARD AR-319，（2）.

Nicoli A，et al，2006. Ground-to-flight extrapolation of the aerodynamic coefficients of the VEGA launcher，AIAA 2006-3829.

Perrier P，et al.，1996. Ground to flight extrapolation of reentry aircraft aerodynamics: an experimental and computational approach. AIAA 96-2434.

Rufolo G C，Roncioni P，Marini M，et al.，2008. Post Flight Aerodynamic Analysis of the Experimental Vehicle PRORA USV 1，AIAA 2008-2661.

Saltzman E J，Garriger D E，1966. Summary of full-scale lift and drag characteristics of the X-15 airplane，NASA TN D-3343.

Saltzman E J，Ayers T G，1981. A review of flight-to-wind tunnel drag correlation，AIAA 81-2475.

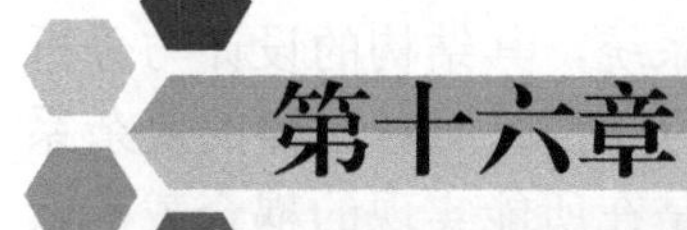

第十六章 验证和确认与不确定性量化问题

第一节 问 题 提 出

在飞行器研制过程中，由于知识缺乏、设计和制造缺陷以及产品所处运行环境客观可变等多种不确定性影响，飞行器在运行过程中部分性能指标可能产生变化和偏移，甚至发生严重偏差而引起故障和失效。NASA 曾对 2500 个航天器的在轨故障进行了调查，发现在航天器的在轨故障中，有 21.4% 是由于环境的不确定性影响超出预期范围，有 30.3%是由于零部件质量及加工、装配质量等存在不确定性。美国先进战斗机 F-35 战机因发动机可靠性参数低于规定值而频频发生发动机故障。随着空天技术水平的不断提高和应用需求的不断扩展，在追求飞行器高性能、提高结构效率的同时，对飞行器的鲁棒性和可靠性也提出了越来越高的要求。

随着航空航天技术的发展，飞行器的飞行性能越来越高，对飞行器可靠性、耐久性等指标的要求也越来越高，这就给系统的设计和制造提出了更高的要求。例如，近 60 年来，战斗机设计寿命由一代机（如米格-15、F-86 等）的 1500 飞行小时发展到三代机（如 F-15、F-16、苏-27 等）的 4000 飞行小时，再发展到以 F-22 为代表的四代机的 9000 飞行小时以上。另外，四代机的隐身性能、机动性能、巡航速度等性能指标亦比上一代战斗机有了质的提高。而以 X-37B、HTV-2 为代表的新一代高超声速飞行器面临更为复杂、严苛的飞行环境，且对结构轻质化要求更高，因而必须采用一些新的材料、结构概念。这些因素使得新型先进飞行器的不确定性问题更加突出，因而也需要面向不确定性的、更为精准的结构分析设计方法。

先进飞行器在本质上是一个真实复杂的物理系统，其结构的设计与分析涉及流动/结构/材料等多个学科及多个物理尺度的耦合。面对这样的复杂系统，地面试验设施不论是在试验对象的尺度，还是在所能实现的耦合载荷状态和复杂程度都难以完全复现飞行状态。并且，由于试验成本和研发周期的限制，所能进行的试验数量受到限制，全系统的试验往往难以甚至无法进行，所得到的试验数据也较为有限。因而，必须依靠建模与模拟手段进行飞行环境预测、结构响应机理以及环境/结构耦合效应分析，模型与模拟是否能够给出高置信度和精度结果的问题显得至关重要。在飞行器结构系统设计过程中，由于结构本身、使用环境以及分析方法中存在着大量的不确定性因素，例如，复合结构材料物理参数的分散性、载荷环境的多样性及复杂性、控制率参数的变异性等都对结构的实际使用过程产生一定的影响。新型先进飞行器对结构轻量化、可靠性、耐久性等要求更高，此时若仍然按照确定性结构的优化模式，在设计变量达到约束边界时，则难以保证目标函数的最优性质，且可能会对结构的安全性产生严重影响（Yao et al.，2011）。所以，国内外研究学者正逐渐地将先进飞行器结构系统综合设计阶段引入不确定性框架中，以概率/非概率可靠性指标客观地评价结构的安全性能。

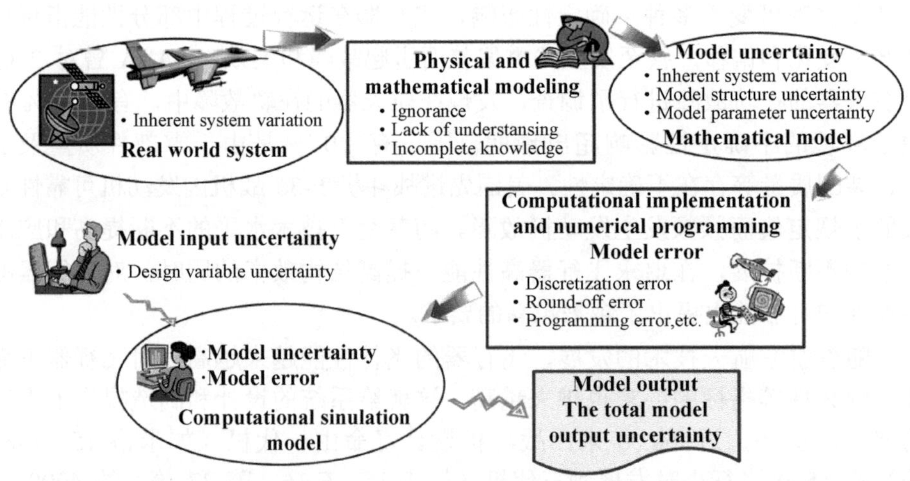

图 16-1 建模模拟过程中的不确定性来源（Yao et al.，2011）

具体而言，涉及先进飞行器的复杂流动与结构耦合、结构强度分析、结构动力学响应与寿命预测等各学科，它们都面临着诸多的非确定性问题。

第二节 相关研究发展态势

一、建模与模拟的验证与确认方法论

模型确认与不确定性量化在工程界的最新概念由美国能源部于 20 世纪 90 年代提出，主要应用于战略武器存储管理的可靠性评估和决策中。目前，建模与模拟的验证与确认及不确定性量化是各科学计算领域内的研究热点，并正逐渐发展为一门新兴学科。在航空航天领域，美国机械工程师学会（ASME）、NASA 以及美国航空航天学会（AIAA）等均发布了自己的模型验证和确认规范与指导性文件。在飞行器环境预测与结构分析中，不确定性量化应用也是研究热点。以下对建模与模拟的验证与确认中涉及的基本概念与基本方法进行讨论。

（1）建模（modeling），结合实际问题的物理现象，根据物理的定律或假设（概念模型或物理模型），选择重要特征和相关数学近似方法，导出反映此现象的数学描述或公式，建立能准确描述真实世界数学模型的过程。

（2）模拟（simulation），通过数学理论或分析，确定能数值求解数学模型的计算模型，借助计算机语言，研制能正确求解计算模型的应用软件，经计算机计算和分析，再现实际物理现象的整个过程，以再现、预测和认识真实客观系统演化规律的过程。

（3）验证（verification），确定计算模型是否正确反映了对应的数学模型，其本质是收集信息以确定数学模型的计算格式及相应的解是否正确。简单而言，模型验证可以理解为“是否正确地求解了方程”。模拟的验证主要涉及两个方面，软件验证（code verification）与求解验证（solution verification）。

（4）确认（validation），依据模型的使用目的，分析模型能够在多大程度上准确反映真实物理世界，以确定模型能否用于预测，其本质是通过实验和模拟结果的对比确定对所需解决的问题是否选用了恰当的数学模型。简单而言，模型确认可以理解为“是否求解了正确的方程（组）”。对模拟计算结果和试验结果进行差异性比较的量化标准又称为“确认度量”（validation metric）。模型修正（model update）是通过改变模型的假设、结构、参数估计、边界条件和初始条件等以提高模型的精度，其概念包括参数校正和模型形式更新两部分。

模型验证与确认的最终目标是确定模型能否用于预定的应用要求，其本质是要回答三个基本问题：①模型在多大程度上能够反映真实的物理世界？

②我们如何量化分析不确定性因素对分析预测的影响？③如何利用试验数据等来提高模型预测的能力？

不确定性量化：在所有的模型、试验以及模拟试验结果的对比中，辨识所有相关的不确定性因素并加以表征，并量化与模拟试验所有相关输入输出中的不确定性。不确定性量化是建模与模拟的验证、确认中的重要组成部分。

美国机械工程师学会针对计算固体力学领域内建模模拟的验证与确认，给出了如下一般流程，该流程对其他科学计算领域的验证与确认同样具有参考意义（Kumar，2006）。图 16-2 为验证与确认的一般过程与结果。

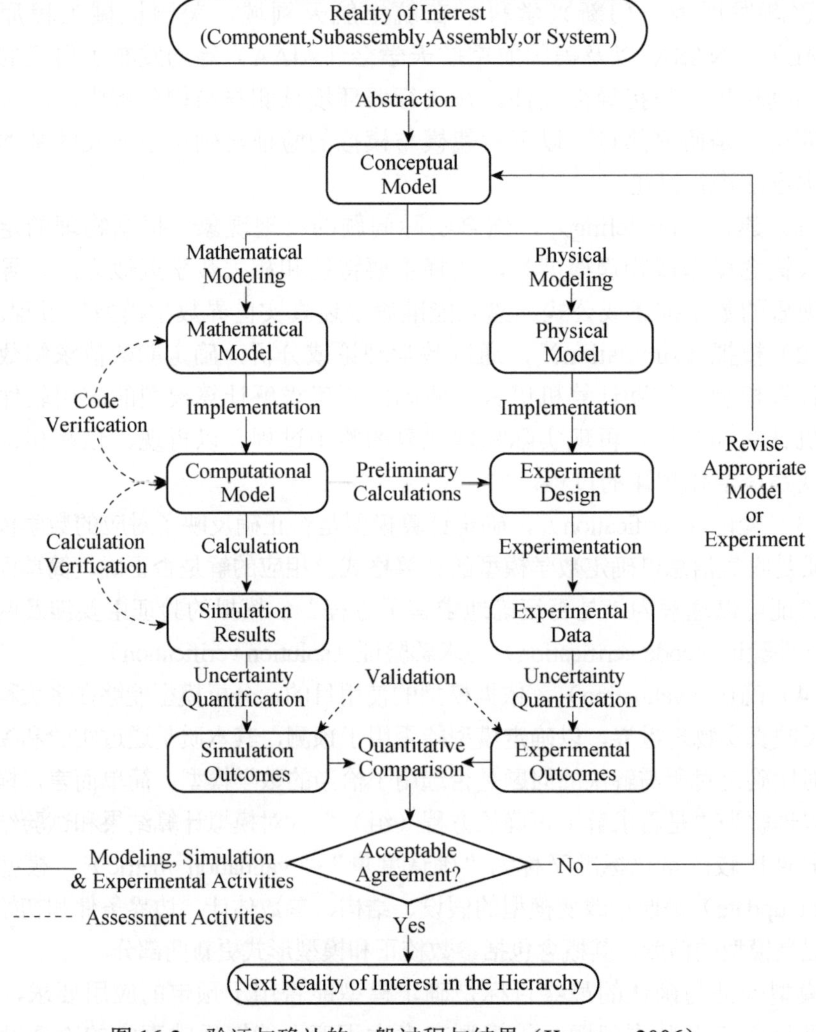

图 16-2 验证与确认的一般过程与结果（Kumar，2006）

Oberkampf 和 Roy （2010）在其专著中对模型的验证与确认工作进行了归纳，包括：①确定所关心的应用；②制定验证与确认计划；③程序验证和软件质量保证；④确认试验的设计与执行；⑤系统响应量计算和求解验证；⑥计算确认度量结果；⑦对所关心的应用进行预测和不确定性估计；⑧模型适合性评估；⑨归档工作。

二、模型验证与确认在飞行器结构分析中的应用

NASA 于 2014 年提出了“多学科不确定性量化挑战”，提出了不确定性量化的 5 个标准子问题，并面向全世界的研究人员征求求解方法（Schroeder et al.，2106）。该问题的新颖性和挑战性在于同一个问题中同时存在客观和认知不确定性因素，需要统一的分析框架以处理不确定性传播的正向和反向问题。美国桑迪亚国家实验室近年来也提出了模型验证与确认的挑战问题。这些标准问题的提出说明当前模型验证与确认方法本身尚不完善，但在飞行器结构分析与设计中仍得到应用，获得一些进展。

实例 1 在材料/结构性能多尺度不确定性的量化：NASA 格伦研究中心对 SiC/SiC 陶瓷基复合材料多尺度下不确定性的传播进行了分析（Kuang，Arnold，2013）。利用多尺度 GMC 方法，建立了五缎纹编织 SiC/SiC 陶瓷基复合材料的分析模型，引入了组分材料性能、编织结构特征以及微孔洞等随机特征，分析了宏观材料在拉伸载荷下的响应对这些参数的敏感性。由于 GMC 方法的通用性，通过组分材料性能的分配以及胞元的划分可以快速地引入上述非确定性特征。通过分析，确定了对该材料力学性能影响最为明显的纤维束中存在的孔洞形状及体积含量。图 16-3 为 GMC 方法用于五缎纹 SiC/SiC 材料随机性能研究。图 16-4 为 GMC 方法获取的 SiC/SiC 材料性能随机性分布。

在此基础上，格伦研究中心采用蒙特卡罗模拟的不确定性传播分析策略，对该材料在拉伸载荷下的随机行为进行了详细分析，获取了整个载荷位移曲线的概率密度分布。利用该分布可以快速地获取任一载荷下材料的等效性能。通过多尺度不确定性量化的研究，获得了材料宏观性能的离散性，分析了该离散性形成的机理，能够有效降低试验能力不足带来的材料性能统计不确定性。

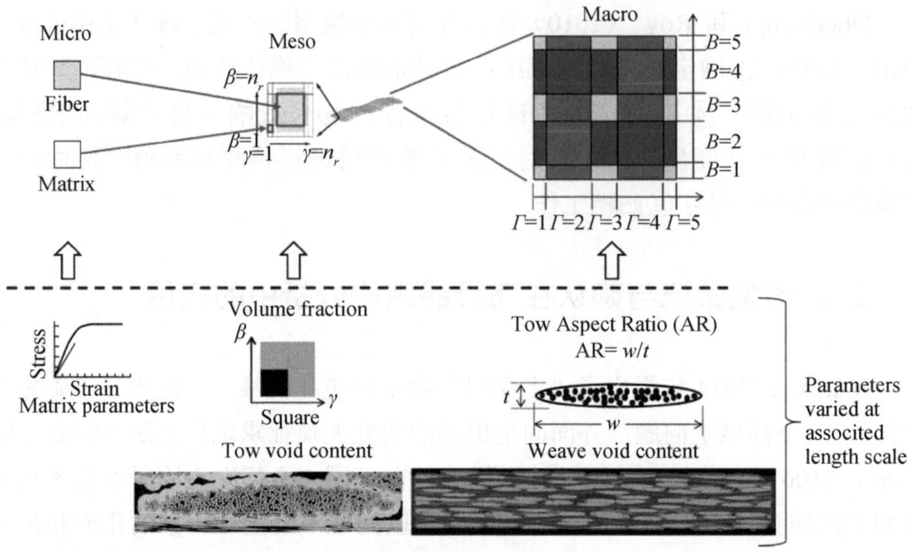

图 16-3 GMC 方法用于五缎纹 SiC/SiC 材料随机性能研究 （Kuang，Arnold，2013）

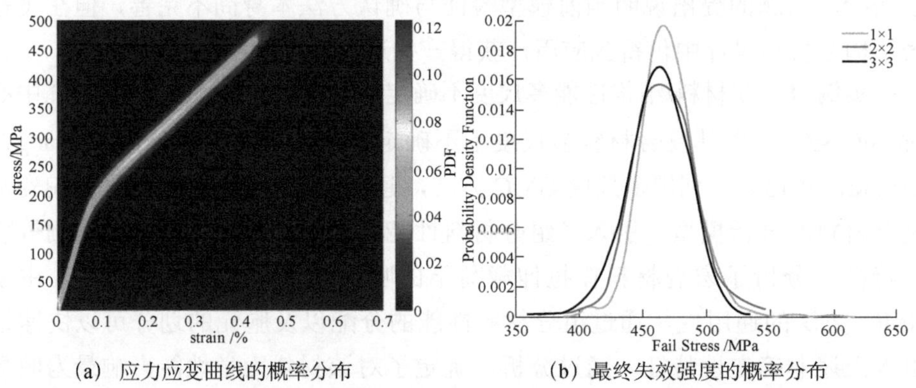

（a）应力应变曲线的概率分布 （b）最终失效强度的概率分布

图 16-4 GMC 方法获取的 SiC/SiC 材料性能随机性分布（Kuang，Arnold，2013）

实例 2 热防护响应参数敏感性分析：Chen 等（2006）考虑气动热环境、热防护材料性能、机身材料性能的不确定性，采用蒙特卡罗数值模拟方法，分别分析了 Stardust 返回舱、火星探测器、X-37 翼前缘热防护结构的热可靠性，指出采用蒙特卡罗数值模拟法能够更明确地认识热防护安全余量与热防护可靠性之间的关系。以 X-37 前缘所使用的热防护 TUFROC 为例，其结构如图 16-5 所示。

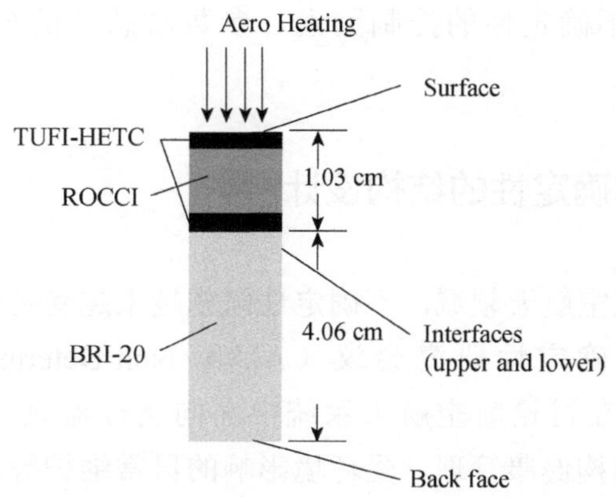

图 16-5 TUFROC 结构示意图 （Chen et al.，2006）

在分析中，考虑了 TUFI-HETC、ROCCI、BRI-20 三种材料的性能与环境的非确定性，分析中采用了蒙特卡罗模拟流程，得到了不同材料和环境参数对热防护不同位置最高温度及达到最高温度对应时间响应的影响，如图 16-6 所示。

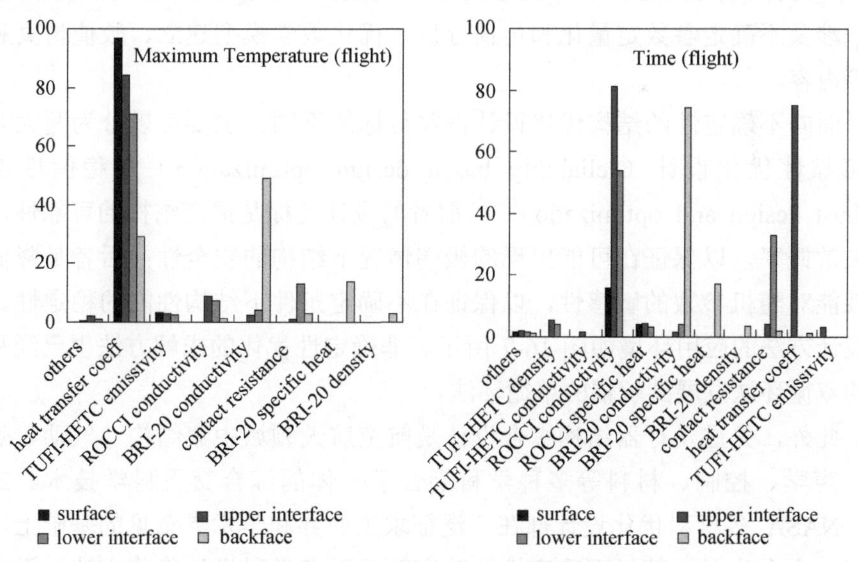

图 16-6 TUFROC 热响应影响参数（Chen et al.，2006）

不确定性分析表明，换热系数对各位置最大温度响应的不确定性影响都十分明显，且影响程度由表面到内部逐渐降低。在接触面上，ROCCI 的热导率对最高温度影响最为明显，而在黏接面上 BRI-20 的热导率是最高温度不确定性的控制因素。参数敏感性的分析能够指导下一步的研究。

三、基于非确定性的结构设计

近年来，在航空航天领域，不确定性问题越来越受到重视。AIAA 每年都会组织召开不确定性研究会议（AIAA Non-Deterministic Approaches Conference），旨在讨论航空航天系统中面向飞行器设计、性能分析、制造、飞行试验、结构健康管理、受环境影响的日常维护等环节的不确定性分析、优化最新方法和相关应用，有力地促进了不确定性研究领域的进展。欧盟利用第六框架计划（FP6）的资助，于 2004 年启动了 MADUSE（Modeling Product Variability and Data Uncertainty in Structural Dynamics Engineering）项目，旨在研究产品变异性和设计参数不确定性对工程结构动力响应及可靠性的影响，并将其纳入结构优化设计的整个过程。该项目历时 4 年，吸引了来自欧盟 14 个国家的 6 所高校、3 家企业和 23 名工程师的参与，涉及不确定参数定量化和传播分析、优化数学模型建立、数值仿真和试验等内容。

面向不确定性的结构优化设计按照目标的不同，主要可以分为两大类，即可靠性优化设计（reliability based design optimization）和稳健性设计（robust design and optimization）。前者的设计目标是提高结构的可靠性，降低失效概率，以保证在可能出现的极端情况下结构的安全性；后者是降低结构性能对随机参数的敏感性，以保证在不确定条件下结构性能的稳定性。两种设计方法的应用环境如图 16-7 所示。非确定性优化的求解方法也已经从经典的双循环法发展到解耦的单循环法。

此外，先进飞行器结构综合设计是航空航天领域中集结构、气动、热力学、声学、控制、材料等多种学科耦合于一体的综合交叉科学技术。2002 年，NASA 多学科优化设计部在广泛征求工业界和学术界意见的基础上，出版了一本白皮书《基于不确定性的航空航天器多学科设计优化方法：需求与机会》。这本白皮书重点就是要在飞行器优化设计中考虑不确定性因素的影响，并对其在飞行器设计中应用存在的技术困难和发展需求进行了分析，为多学科不确定优化设计理论及其在飞行器设计中的应用研究指明了方向。

2006 年，NASA 战略规划中指出了多学科优化设计是获得更优性能飞行器的有效方法。不确定性多学科优化设计继承了多学科优化设计方法的优点，充分考虑了各学科之间的相互影响和耦合作用，来组织和管理整个系统的设计过程，通过充分利用各个学科之间的相互作用产生的协同效应，以获得整个系统的最优解，同时进一步考虑不确定性的交叉传递影响，在追求飞行器性能最优的同时综合提高设计方案的鲁棒性和可靠性，为提高飞行器总体设计水平提供了新的思路。

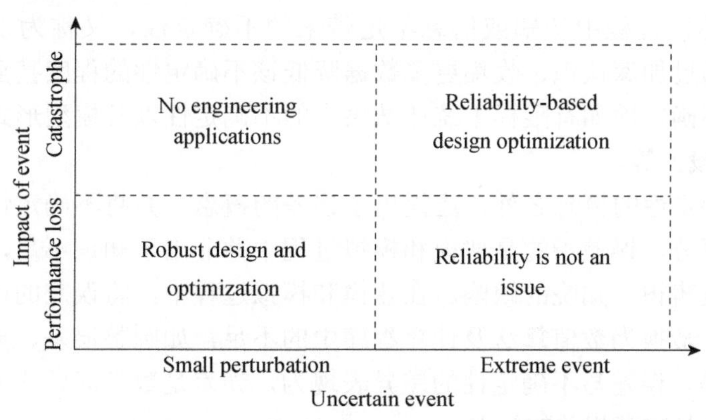

图 16-7　面向不确定性的结构设计方法 （Yao et al.，2011）

目前，考虑不确定性因素的多学科优化在工程实际方面已得到众多应用。例如，Zhang 等（2010）在多学科优化设计理论的基础上，针对双级入轨飞行器（two-stage to orbit）的第二级，建立了一种多目标优化的集成环境，对这种飞行器的轨道、热防护及结构进行了优化设计。另外，美国在 F-18E / F、F-22、F-35 等战斗机和大型运输机的设计中也进行了不确定优化设计方法的尝试。结果显示，不确定优化方法给飞行器设计带来了巨大的效益。

四、不确定性量化方法

不论是模型的置信度量化，还是结构安全性分析及设计，都需要进行不确定性的量化。在不确定性量化的概念内涵里，包含不确定性来源及辨识、不确定性表征与不确定性传播分析三部分。

（一）不确定性来源及辨识

不确定性因素来源分析及辨识是不确定性量化的前提。目前，学术界比较认可的是将不确定性按照其性质分为两大类，即客观不确定性和认知不确定性。其中，客观不确定性是来自于物理系统内在的或相应环境的波动性，是物理系统的本征属性。其特点是收集更多的信息或数据不能降低该不确定性，只能对其加以更好的表征，因此又称为不可降低的不确定性、变异性、随机性等，例如，材料性能、几何特征、载荷环境等的波动性。认知不确定性是由于建模过程中认知或信息不足带来的不确定性，又称为主观不确定性，可以通过加深认识、收集更多数据降低该不确定性的程度甚至消除。典型的认知不确定性如有限样本统计结果中的不确定性以及模型形式不确定性（如模型假设）等。

在不确定性的概念之外，还提出了误差的概念，并将不确定性和误差概念进行了区分。误差指的是建模和模拟过程中并非出于知识不足，且可通过检查从而被辨识、知晓的缺陷。在建模和模拟过程中，将误差的内涵解释为数学模型，转换为数值算法及计算程序中的不足，如圆整误差、离散误差、编程误差等。误差与不确定性的差异表现为，误差是数学问题或人为错误，而不确定性是物理相关的问题。

上述两种类型的不确定性有时不能够完全区分。例如，采用不完全样本获得的材料性能不确定性，其中既包含客观不确定性，也包含认知不确定性。也可将该类不确定性看成混合不确定性。

特别的，针对科学建模和模拟过程，从不确定性来源的角度可以将不确定性分为外在不确定性和内在不确定性，其中前者是特定模型中模型参数的不确定性，后者是模型形式不确定性。模型形式不确定性是由于构造数学或力学模型过程中关于模型本身的不确定性，这种不确定性主要是为了减少构造模型的复杂度而引入的简化假设，以及由“未知的未知”引起的。对于建模模拟的不确定性因素辨识应一般遵循如下原则，即除非有足够的证据表明该因素对所有关心的输出量没有显著影响，否则该因素应作为非确定性因素处理。实际上，对于因素较多的模型，可以借助灵敏度分析（全局/局部）的方法来确定后期分析所需处理的非确定性因素。

（二）不确定性表征

不确定性表征是指针对某种不确定性因素，建立其数学表达结构，并获得该结构中所需参数的数值。根据不确定性的性质，其表征方法主要有概率方法、非精确概率方法、非概率方法等。客观不确定性采用精确概率理论表征为随机变量或随机过程，对随机变量的具体表征手段有概率密度函数、累积概率密度函数等，对随机过程的表征量包括转移概率矩阵、相关长度等参数。

对于工程实际问题，试验数据缺乏、载荷与边界不能完全确定等是普遍可能出现的情况。应对信息不足而带来的认知不确定性，其处理方法较多，包括证据（D-S）理论、可能性理论、区间分析、凸集模型、随机模糊理论等。其中，证据理论依据某命题已知的信息利用信任函数、似然函数来表征不确定性。信任函数与似然函数构成概率的上下界，上下界所构成的区间包含相应的证据信息，并用这种方法来替代精确概率表征方法。可能性理论从模糊集理论出发，将模糊集的隶属度函数拓展为可能性分布函数，利用该函数确定不确定性参数的可能性和必要性参数，进而获得由累积可能性函数、累积必要性函数组合确定的可能性上下界。区间模型采用区间数表征非确定性，也即真实的量可能取区间中的任意一个值，且没有证据或信息表明区间内的任一值比其他值更有可能。凸集建模是更为一般的非概率非确定性表征方法，区间模型可以看成凸集模型的一种特例。

对于认知/客观混合不确定性，可以采用非精确概率方法进行表征。该方法中，表征概率分布的参数本身也是非确定的，用概率分布或区间方法加以表征。典型的表征手段为 p-box，也即由上下界 CDF 曲线构成的封闭区域，其中 CDF 表征了概率分布，而上下界所构成的区间表征认知不确定性。也可以采用证据理论、可能性理论等加以表征。

（三）不确定性传播分析

不确定性传播分析主要是指由输入不确定性获得输出量（关注量）的不确定性，主要有嵌入式方法和非嵌入式方法两大类。两者的区别在于嵌入式方法需要改写控制方程和模拟程序，将非确定性因素直接集成到分析模型中，获得随机控制方程及相应求解方法。非嵌入式方法将现有模型作为黑匣子，关注的是非确定性参数的输入及输出，并不关心具体问题的控制方程。

典型的嵌入式方法包括随机伽辽金法、多项式混沌展开、谱展开等，在结构分析领域基于上述方法还发展了随机有限元法。非嵌入式方法主要包括抽样方法、展开方法及积分方法等。其中抽样方法包括经典的蒙特卡罗模拟、分离式蒙特卡罗模拟、重要性抽样等其他方法。研究关注的问题是如何提高抽样的效率，以便用较小的样本获取响应量的精确估计结果。展开方法包括 Taylor 展开方法，如一阶可靠性计算方法以及二阶可靠性计算方法等，以及多项式混沌展开方法等，也即通过展开对原问题的极限状态函数进行逼近计算。近似积分方法是利用数值积分方法，对输出量的统计矩进行直接计算，进而获得输出量的不确定性，如随机配置方法等。

若原问题的直接求解耗时较长，可以利用多项式、支持向量机、人工神经网络、径向基函数等方法建立原问题的代理模型（响应面），进而简化计算。对于模型中存在客观/认知混合不确定性的传播分析问题，可采用嵌套抽样方法（双循环方法）。在该类方法中，对客观不确定性和认知不确定性进行独立抽样，首先对认知不确定性进行抽样，在确定的认知不确定性参数下，对客观不确定性采用上述方法进行抽样获得相应的 CDF 曲线。在不同的认知不确定性参数下，可以获得 CDF 曲线的集合，将该集合的上下界构成的 p-box 作为输出参数不确定性的表征。

不确定性正向传播分析的反问题，也即不确定性反向传播分析，指的是由输出参数的不确定性获取输入参数的不确定性，模型确认中参数校正的基本方法。该类问题的处理一般基于贝叶斯（Bayesian）理论，用后验概率表征校正后的输入参数不确定性，通常采用马尔可夫链蒙特卡罗模拟（MCMC）进行求解。

第三节　当前面临的需求与挑战

一、复杂环境下先进飞行器系统不确定源辨识及表征

极端服役环境下先进飞行器普遍存在着大量的不确定性因素，目前飞行器系统中不确定性源并不单一，可获取的数据信息十分有限，呈现多源性和敏感性特征，这与结构精细化设计所需输入条件的高置信度要求形成矛盾。如何真实辨识混合不确定性源的内涵及其影响机理，如何高效地量化结构内部（材料参数等）的不确定性信息，外界环境（噪声、随机扰动等）的不确定信息，以及不可预计的动态特性（非线性系统的线性化、高阶系统的截断近似等）带来的动态特性的改变，为可靠性分析提供准确的输入条件，是当前飞行器设计环节中的一大难点。

先进飞行器结构在其设计和服役过程中，受到多种来源、不同特征的不确定性因素影响。具体而言，飞行器总体设计中不仅需要考虑飞行器及其运行环境客观存在的随机不确定性，还需考虑由于人的主观认识不足或者所获得的知识和信息缺乏而导致的认知不确定性。对于随机不确定性，一般采用概率方法进行处理，其复杂性主要表现在如何选择合理的概率分布函数进行建模；对于认知不确定性，需要根据具体问题特点采用相应的数学工具进行处理。不同的方法在描述复杂工程问题时尚有不足。

二、模型确认方法需要进一步发展与完善

目前模型校正中大量采用贝叶斯理论，但该理论在先验分布信息较少的情况下对先验概率的选择带有较大的主观性，各种先验概率的选择方法需要进一步发展，如发展自适应贝叶斯方法，包括先验概率、似然函数选取自适应选取方法；在模型确认中，当模型关注量如结构应力为不直接可测量时，需要发展关注量与实际可测量不一致条件下的模型确认方法，包括如何建立测试量与关注量的关联关系；在多元数据条件下，需要对数据进行有效的融合。

在先进飞行器诸如湍流、转捩、材料损伤理论等问题的分析中，往往存在对各因素认识不足而引入多种不同的假设。当没有足够的信息（理论或试验）能确定哪一种假设更合理时，描述实际现实情况时就存在多个不同的模型。针对该问题，模型误差的量化方法与表征模型发展仍不完善；模型证据和信息理论需要进一步发展，以便对不同的模型进行比较、评价与选择。

新型飞行器结构分析模型越来越复杂，环境预测与结构分析呈现多物理场和多尺度耦合特征，使得模型的不确定量化面临挑战。一方面，复杂系统问题的解析解和人工解难以获取，工程界所依赖的商业软件通常是黑匣子且对该类问题的处理能力往往不够成熟，使得模拟结果的验证工作较为困难。模型预测结果与实验差异的原因难以清晰地归为是计算精度问题（验证问题）还是模型对物理本质反映的不足（确认问题）。另一方面，大型复杂系统的不确定性参数维度高。目前模型中考虑的不确定性因素有限，对含有大量不确定性模型的处理鲜见报道。高维问题的计算效率显得十分关键，维度灾难带来的计算挑战值得关注，仍需要进一步发展更为高效的不确定性传播分析算法。

三、先进飞行器系统高效不确定多学科优化设计

就先进飞行器系统的不确定性多学科设计优化而言，在确定性多学科设计优化本身固有的一些困难基础上，由引入不确定性带来的新问题体现在以下几个方面。①组织复杂性：飞行器总体不确定多学科设计优化的组织求解涉及单个学科分析、多学科耦合系统分析、单学科优化、多学科协调优化、不确定分析等多个基本计算单元，如何对上述计算单元进行合理组织形成高效的计算机可执行序列，如何结合飞行器总体设计工程实际和学科队伍分散自治的特点对学科分析和优化进行解耦合协同，如何实现各个学科之间的信息资源有效集成，都是不确定多学科设计优化组织实现需要解决的重要问题；②计算复杂性：在飞行器总体设计中，由于各个学科的高精度分析本身需要较大计算量，如结构有限元分析和计算流体力学分析等，故多个耦合学科协调优化所需的计算量将随着优化问题的规模增大呈超线性增长趋势，因此自多学科设计优化这一概念提出以来，计算量巨大的问题始终是其必须解决的首要问题。而不确定多学科设计优化在确定性多学科设计优化的基础上，不仅需要在寻优过程中进一步考虑不确定影响的传递影响，而且在不确定优化算法中的每个优化搜索点还要嵌套执行计算量庞大的不确定性分析，以对其可靠性和鲁棒性进行判断，因而由此导致不确定多学科设计优化的计算成本比确定性多学科设计优化进一步剧增，使得不确定性优化问题的求解异常复杂，呈现巨大的计算复杂性。

四、试验能力与成本限制带来的挑战

当前的试验能力无法复现新型飞行器的飞行与服役环境中的一些关键特征，典型的问题如地面风洞设备难以同时复现高超声速气动热与气动力环境。一些更为极端的气动热环境，如湍流下的高焓值气动加热地面模拟难以实现。在结构完整性试验中，新型飞行器一些热/力/声耦合载荷工况难以同时实现。这些试验能力限制会导致修正与验证试验只能在有限的条件下进行，模型修正缺乏足够的试验数据。与此同时，风洞、结构高温试验时的试验边界难以准确界定，不仅会进一步增加试验结果的不确定性，也会使试验的不确定性量化更为困难。

另外，由于上述试验能力的限制，经过地面试验确认的模型，需要应用

到飞行状态。经过确认的模型进行内插时，模型的置信度量化较为容易，但在远离验证试验的工况下，如何量化模型的置信度，也即模型外推的置信度较为困难。经过确认的模型在其他分析工况下的有效性应如何评价仍是一个开放的研究问题。

不仅如此，目前，大多数不确定多学科耦合系统没有对优化结果及优化后系统可靠性进行评估与验证。在给定可靠性评定方案下，如何设计试验方案验证系统的实际可靠性，是当今的一项先进技术，要求具有较高的技术水平。

第四节　未来发展建议

目前国内研究基本沿着国外相关领域发展历程，以“打补丁”的方式“组装”新型飞行器研究的技术体系，发展效率相对较低，创新性成果相对较少，不利于国家基础技术储备与科技创新体制建设。具体差距和问题表现在如下几个方面。

（1）国外已经系统深入地分析研究了新型飞行器设计中所涉及的各种不确定性因素及其对结构系统设计的影响，所取得的应用成果充分体现了不确定性设计方法相对于确定性设计方法的优越性。国内在针对新型飞行器设计所涉及的材料性能、结构参数和载荷环境等方面的不确定性源分析及分散程度与国外相比评估水平存在显著差距。

（2）从系统工程角度来看，新型飞行器是一个集结构、气动和控制等多学科的强耦合、快时变、不确定、非线性、多变量复杂系统，国外已经围绕多源不确定性在学科之间的耦合交叉、影响机理及其影响程度等方面开展了多年的系统性研究，国内对相关领域的研究则刚刚起步，若想迎头赶上并在先进设计技术中取得突破进展，开展系统性研究刻不容缓。

（3）国外将不确定性设计理论与工程应用有机结合，在处理针对复杂研究对象的工程问题时获得了丰硕的理论成果；国内的不确定设计理论与工程应用相对脱节，工程应用对象比较简单，研究成果也寥寥无几。

（4）美国与欧洲已经形成非常成熟的飞行器确定性多学科优化设计软件专用平台、气动热专用分析模块以及 iSight 和 ModelCenter 等通用商业集成平台，但是国内还未见有公开发布的成熟的先进飞行器气动力/热分析模块和具有一定适用性的不确定一体化设计平台。

为此建议开展如下几方面的研究。

（1）多源不确定性的完备认知和高置信预计。为准确预计载荷分散性和材料分散性，未来的研究重点是多源不确定性的完备认知和高置信预计。研究先进飞行器系统中不确定性源内涵及其分类原理，建立多源不确定性的聚类分析策略及重要性评估认知方法；研究多种不确定性量化分析的高效置信模型，提出不确定性信息的定量化方法，验证方法的相容性和可信性；探索先进飞行器结构载荷预计中的不确定性影响规律和传播机理，提出正反演融合的极端服役环境载荷分散性的高置信预计方法。具体研究内容包括：复杂环境下不确定源分类管理与完备认知；多源不确定性信息的可信定量化方法；极端服役环境载荷分散性的高置信预计。国内的模拟计算相关领域都普遍意识到不确定性的存在及其分析结果的影响，但工程应用研究多采用随机不确定性表征方法，对认知不确定性及认知/客观混杂不确定性条件下，不确定性的量化分析方法与应用研究需要进一步拓展。

（2）完善不确定性量化与试验结合的模型修正方法。不确定性量化的反向问题即由输出不确定性估计输入参数不确定性，是模型修正的基本方法。目前不确定性条件下模型的修正方法普遍建立在贝叶斯理论框架下。在航空航天领域，试验能力与成本的限制已成为共识。相应的试验不能够完全复现飞行条件，经过地面试验确认的模型必须要拓展到其他复杂工况，因此需要发展用于模型外推的贝叶斯推理方法。可参考国外的发展思路，先以人工解的方式构造标准不确定性量化问题，完善理论方法，而后逐步拓展到复杂工程系统中。模型确认试验与常规试验不同，其目的是定量确定模型在反映真实物理世界的置信度与精度。因而，一方面，需要辨识试验过程中的系统误差，确定测试精度以进行试验的不确定性量化；另一方面，对新型飞行器而言，其较高的制备成本以及极端的服役环境，使得地面试验的次数和能力有限，试验所能获取的结构响应信息也有限。在这种条件下，需要参照模型确认的分层思想，以试验效益的最大化为目标，与建模模拟紧密结合发展试验工况与测量确定的试验设计方法，例如，进行初步的参数敏感性分析以确定响应敏感量等，以摆脱对试验人员工程经验的依赖。

（3）积极开展不确定性量化的工程应用。与国外相比，我国尚未有模型验证确认及不确定性量化的相关规范与指导文件。相关标准与规范的建立，有助于提升工程应用中模型验证确认及不确定性量化的意识。模型置信度的重要性在航空航天领域已得到认可，以模型置信度量化为目标，积极开展工程应用研究，体现不确定性量化对决策的贡献和效益，是模型不确定性量化发展的重要驱动力。由于航空航天问题的复杂性，实际应用中应重视 V&V 计划，需合理制订 V&V 计划并统筹安排可用资源。除此之外，模型 V&V 工作的归档，以及相应材料、试验等数据库创建对未来不确定性量化方法的研究与发展也十分重要。

（4）先进飞行器系统高效不确定多学科设计优化框架搭建。可视化技术：如何在浩如烟海的数据中查找有用的数据，如何有效地表示设计方案的各个方面以利于工程师们理解多维多目标的设计空间，如何将多学科的物理现象进行直观的描述，都需要利用可视化技术，这是先进飞行器不确定多学科设计优化技术在工程上应用所必须解决的问题。

并行计算：随着计算机科学的不断发展，并行计算已经成为不确定多学科设计优化不可或缺的工具，同时这也带来了组织复杂性的问题，能够方便实施多目标设计的并行计算工具将提高不确定多学科设计优化的能力并加大相关应用的深度。

软件开发：软件集理论研究成果之大成，架起理论研究与工程应用之间的桥梁，不确定多学科设计优化软件，尤其是具有一定通用性的集成平台与特定适用对象的优化框架将在不确定多学科设计优化研究领域扮演越来越重要的角色。

参 考 文 献

Chen Y K，Squire T，Laub B，et al.，2006. Monte Carlo analysis for spacecraft thermal protection system design. AIAA 2006-2951.

Kuang C L，Arnold S M，2013. Stochastic nonlinear response of woven CMCs. NASA/TM—2013-217859.

Kumar M，2006. V&V 10-2006: Guide for verification and validation in computational solid mechanics. New York: American Society of Mechanical Engineers （ASME）.

Oberkampf W L，Roy C J，2010. Verification and validation in scientific computing. Cambridge：Cambridge University Press.

Schroeder B B，Hu K T，Mullins J G，et al.，2016. Summary of the 2014 Sandia Verification and Validation Challenge Workshop. Journal of Verification，Validation and Uncertainty Quantification，1（1）：015501.

Yao W，Chen X，Luo W，et al.，2011. Review of uncertainty-based multidisciplinary design optimization methods for aerospace vehicles. Progress in Aerospace Sciences，47（6）：450-479.

Zhang G，He J，Vlahopoulos N，2010. Multidisciplinary design under uncertainty for a hypersonic vehicle. Proceedings of the 13th AIAA/ISSMO Multidisciplinary Analysis Optimization Conference，AIAA-2010-9189.

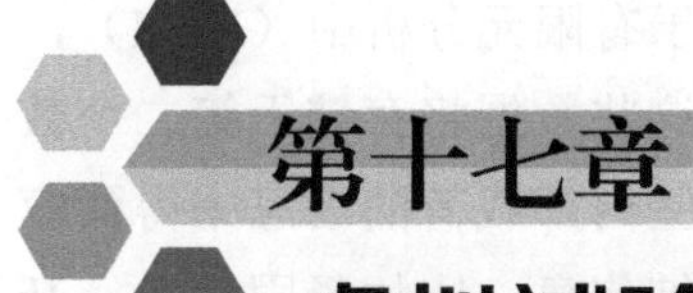

第十七章 虚拟试验与数字孪生问题

第一节 问题提出

在传统的机械结构设计过程中，每个结构都需要进行静强度试验来验证该结构的可依靠性，结构越复杂，试验验证的过程越必不可少。采用试验验证虽然可信，但是存在缺点和不足：其一，物理试验耗资巨大，且需要专门的试验场地、设施和工装夹具等；其二，试验周期较长，必须在生产出样件之后才能进行试验，从本质上属于串行工作模式，效率低下；其三，在试验结果不理想的情况下，改进产品重新试验费时费力费钱，并且，对于整个产品研制过程中所需的经费和研制周期都是非常不利的。复合材料因为其优越的性能正在被广泛地使用，但是由于复合材料复杂的力学特性，承载能力是在设计中必须考虑的重要因素，因此对复合材料的破坏模式的分析和强度预报尤为重要（Tuegel，2012；Hochhalter et al.，2014）。在工程中广泛采用的方法是，将复合材料等效为均匀介质，通过大量的性能试验观察破坏，然后分析其破坏机理，归纳出某些经验性准则或假设作为预报复合材料承载能力的依据。但是物理试验将消耗大量的时间和资金，而且复用性很差，少量参数的变动可能需要重做全部物理试验。

尽管在理解飞行器相关物理现象和使其自动化操作的能力不断提高，但是近 50 年来预测飞行器结构寿命的程序（图 17-1）却没有显著改进（Tuegel et al.，2011）。一般通过专门的模型计算飞行器外部的载荷（空气动力学带来的载荷以及自身载荷），并且将其存储于数据库中。然后对结构模型群选择数据库中所设计的位置上的载荷，并将其应用于有限元分析中（FEM），来得到机身内部每一次加载情况中的载荷信息。这些数据将存储于第二个数据库中。耐久性和抗损伤能力领域的专家使用这些内部载荷的信息来得到应力转变函数，与外界载荷相关联来定位应力的详细信息，比如紧固件孔、开口和倒角。应力转变函数被应用于飞行载荷的数据库中的载荷上来得到机身内每个兴趣点上的应力谱。这些疲劳载荷谱会输入特殊的疲劳软件，预测疲劳断裂的成核或者疲劳断裂的生长细节。同时，动力学专家又利用特殊的模型来分析飞行器振动的特点，解决由于低振幅高频率的振动（如声波和气动弹性）带来的结构疲劳问题（Glaessgen，Stargel，2012；Miller et al.，2010）。

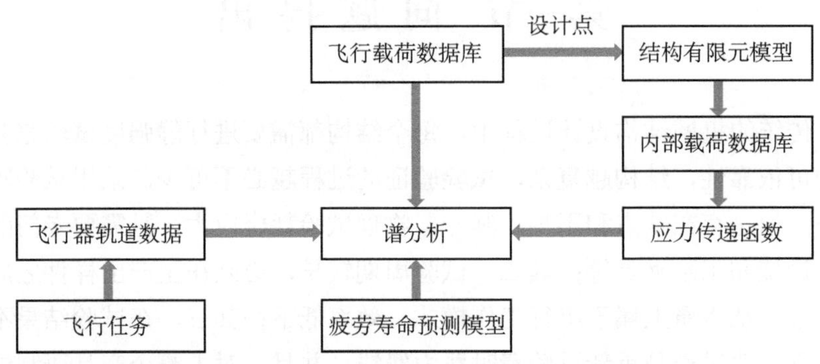

图 17-1　飞行器结构寿命预测（Tuegel et al.，2011）

虽然计算能力在不断提高，每一部分模型的工作效率都在提高，但是整合各个模型中的物理特性，使其成为一个综合性的、具有代表性的飞行器整体模型，这样的工作几乎没有，并且各个模型中的物理信息的精确度也并没有得到很大提高。飞行器结构的有限元分析仍是一个线弹性模型，疲劳寿命预测模型在本质上和以前手持计算器所计算出来的是一样的。结果，对疲劳和其他破坏的位置识别将在很大程度上依靠于工程上的判断和疲劳测试。由于这种判断来源于经验，对于已有的飞行器设计可能很成功，但是未来突破性发展的飞行器结构将会遇到大量的不可预期的问题，可能会导致飞行器增重、研制周期延后和预算超支。

第二节　相关研究发展态势

一、复合材料结构虚拟测试技术现状

基于安全性要求的飞机结构的风险管理贯穿于设计、制造和维护的全寿命周期，是确保产品在满足顾客需要、保持市场竞争力的首要因素。对复合材料结构而言，我们没有足够的试验数据基础，也没有长时间的服务经验来辅助风险评估/管理。复合材料结构受到多种环境和混合载荷的影响，这些复杂的条件和可能的系统失效结果需要风险管理。传统的评估和管理风险把大部分金钱、时间用于设计和制造阶段的物理性试验。能够给出有用的失效信息（破坏性试验）的试验总是局限于体系的一小部分和很少的失效模式。"容许性"类型的试验不涉及失效，对多重复杂载荷和失效机理，这样的试验不能提供失效相似性或失效结果的信息。这种传统的有限的风险管理方法必然导致成本、时间和结构效率的代价。

复合材料结构风险管理的关键是找出最有效（低花费/快速循环周期）的分析与试验的综合方法，来确定各种风险的可能性和结果，然后在设计、制造和营运时期，利用各种风险减缓的方法一步一步进行风险管理。其中的关键科学问题是建立虚拟测试方法，用渐进失效法和与时间有关的不确定性分析来获得潜在的结构临界失效条件、失效模式和失效影响。虚拟测试方法有能力评估引起损伤初始的载荷水平和载荷组合。此外，更重要的是能够模拟以下几点：微观损伤开始；单位许用要求上的稳定裂纹生长；损伤演化直到飞行器结构发生整体失效。虚拟测试应该能在可用的组合载荷作用下模拟结构损伤过程。对航空航天工业而言，载荷包括静载、动载、冲击、蠕变、热力学、低高周疲劳和随机的功率谱密度载荷，在损伤演化的模拟中也要考虑湿热环境影响。虚拟试验过程一般采用材料试验数据和局部层面的材料不确定性来模拟结构层面上的损伤开始、生长和演化过程，然后确定与每个构件设计有关的准确的整体安全因数，要以力学和材料性质为基础准确确定结构在损伤演化过程中载荷路径的改变。此外，还必须分析制造过程的可变性和不规则（容许的空洞、缺陷等）对结构服役寿命的影响。

虚拟测试方法采用的基本理论方法包括：①考虑非线性应力应变和塑性的有限元结构分析；②复合材料微观力学、断裂力学；③损伤演化追踪；④概率风险评估和材料性能描述。其中大量采用的有限元结构分析模型，必

须能够自动重新划分网格，细化临界点和追踪任何尺寸的裂纹初始和生长。复合材料结构虚拟测试方法绝不等同于有限元数值模拟，它是一个统筹设计、制造与维护各方面的数据库和知识库，通过数字化定义对复合材料的各级结构反复构造虚拟样机，能够对其可靠性和安全寿命进行分析、仿真和评价，进而指导设计改进、产品验收和检测维护的先进的系统方法。

以一个 ASTM 虚拟测试实例来说明复合材料虚拟测试平台的搭建流程，该思路可以拓展到其他领域。该设计的复合材料层合板虚拟测试系统利用 VisualC++编制，以 ASTM 物理测试标准为基础，具体实施流程如图 17-2 所示。首先针对复合材料层合板的力学测试项目，在 ABAQUS 有限元中进行数值仿真。其中需要建立试件的几何模型；选取单元类型网格划分；施加载荷和约束；建立材料及损伤模型，可以使用 ABAQUS 中自带的材料损伤模型，也可以通过 ABAQUS 子程序进行二次开发；最终完成数值模型的建立进行求解分析。然后，将几何模型进行参数化处理；选择最佳的材料损伤模型同时优化数值模型。将上面最优模型的建立过程编制成虚拟测试分析

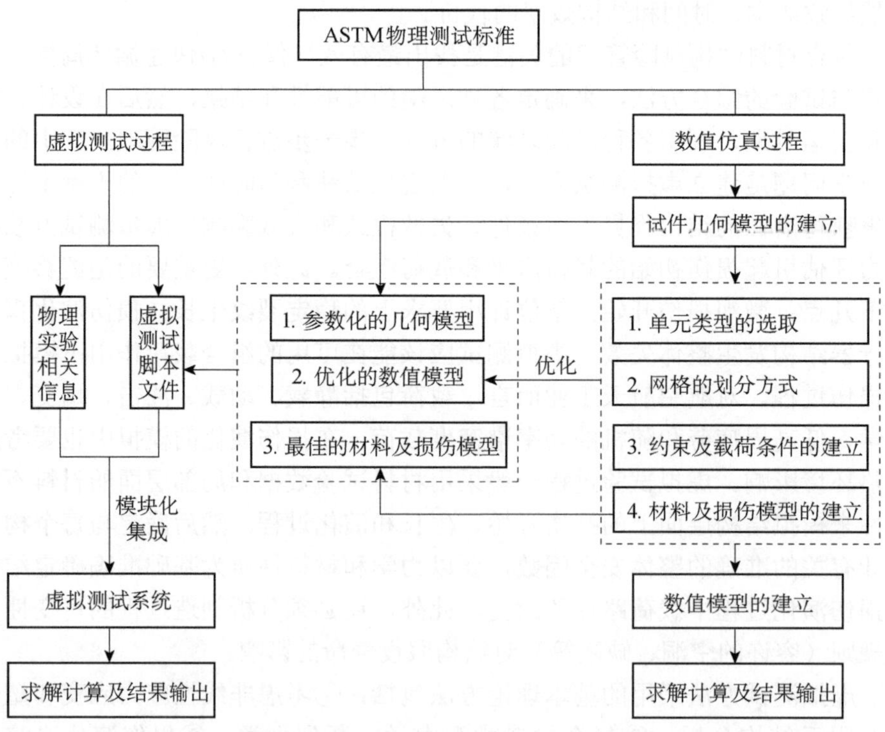

图 17-2 ASTM 虚拟测试平台实施流程图（杨仲，2010）

的脚本文件，同时将最佳计算结果写成可供读取测试结果的脚本文件。最后，将物理实验的相关信息（包括试件的几何参数和实验的载荷信息）与虚拟测试脚本文件集成相应的模块，完成虚拟测试系统的开发。对于不同的复合材料层合板的力学性能分析，有相应的脚本文件，可以输出相应的计算结果。图 17-3 为复合材料虚拟测试技术在其力学性能测试上的应用。

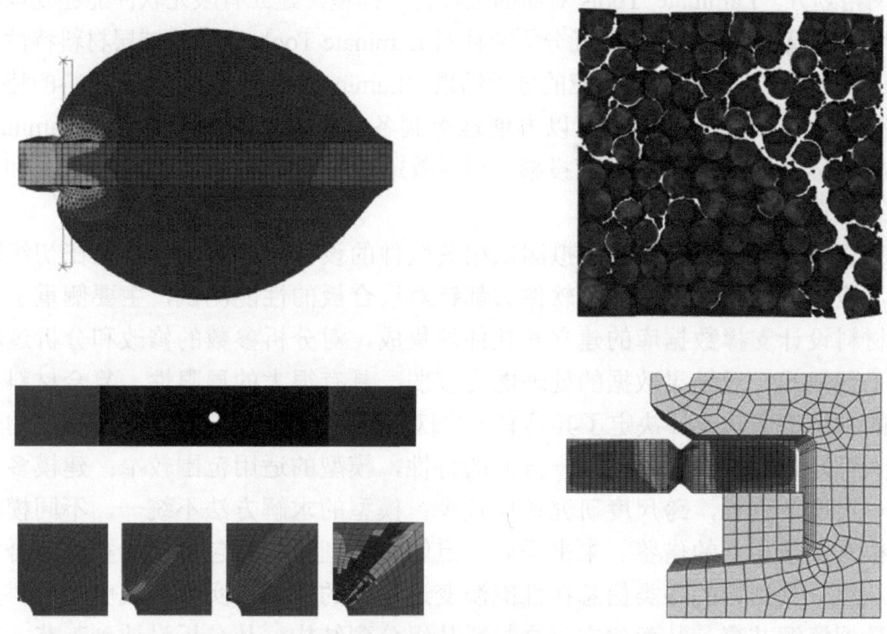

图 17-3　复合材料虚拟测试技术在其力学性能测试上的应用（章继峰等，2009）

二、复合材料结构虚拟测试的常用软件与发展方向

FiberSIM 软件是一款应用比较广泛的复合材料工程软件，在航空航天、汽车、造船、医疗等行业具有较大的使用规模。FiberSIM 软件可集成到常用的商业 CAD 软件系统，如 CATIA、NX 和 Pro/ENGINEER，从而将 CAD 系统转化为适用于复合材料设计的专用系统，它包含了复合材料的整个工艺设计过程，用户可以获取完整的数字化产品定义。FiberSIM 软件可以很好地模拟复合材料的材料性能，生成平面展开图样，对构件进行分析，并能产生相关制造信息。FiberSIM 软件将复合材料层合板设计、分析、制造进行了无缝连接，实现复合材料层合板设计、分析和制造的完整数字化定义和自动化。Laminate Tools

是一款和 Fiber SIM 同样具有很好集成性的复合材料分析软件，由 Anaglyph 公司开发。该软件集成了复合材料的设计、分析和制造的整个流程，与之对应，Laminate Tools 中有显示模块、设计模块、分析模块、检查模块和制造模块，这些模块协同完成复合材料设计、分析和制造整个过程。CAD 定义的几何模型曲面首先通过预定的有限元软件（目前支持 Nastran 和 Ansys 有限元分析软件）进行网格划分。Laminate Tools 对曲面进行材料铺覆，建立有限元软件能够处理的铺层材料模型。然后，有限元分析软件对 Laminate Tools 建立的铺层材料特性信息进行分析求解，并生成相应的分析结果。Laminate Tools 针对复合材料的特点具有强大的后处理功能，可以方便地得到各铺层的材料性能参数。Laminate Tools 还可以通过将铺层轮廓投影（利用激光设备）在模具表面，实现设计和制造的无缝连接。

总体来讲，复合材料虚拟测试相关软件的设计和开发目前还处在初级阶段，应用范围还很小。这些软件大都针对层合板的性能测试，主要侧重于复合材料设计支撑数据库的建立和软件的集成，对分析参数的修改和分析过程的干预很难，对结果数据的处理能力较弱，具有很大的局限性。复合材料自身的独特构造与设计决定了其具有宏/细观双重特征，目前对于复合材料的建模大都是针对复合材料的某一方面的特性，模型的适用范围较窄；建模多在同一尺度下进行，跨尺度研究还比较少；模型的求解方法不统一，不同模型间很难实现相互的借鉴。未来需要重点解决的理论问题包括：①实现复合材料从组分到结构的各类信息在性能演变过程中的传递，实现多尺度多学科多级数据资源共享，从而建立复合材料从组分到结构、从分析设计到工艺，甚至全寿命服役过程的一体化信息模型。②发展多级多尺度渐进失效的协同虚拟测试就必须对各级渐进损伤的模式和机理有着深刻的理解，尤其是在亚临界状态下实现各层次结构的性能的精确预报。③对复合材料的各组元组分、工艺过程、服役环境过程中的非确定性因素进行分析，对各分布变量对材料在使用过程中的性能演变、有效性能和使用寿命的影响规律进行定量化表征，建立复合材料结构可靠性和安全寿命的科学定量预报方法。

三、利用“数字孪生”方法进行飞行器结构寿命预测的概念内涵

“数字孪生”（digital twin）概念来源于 Eric J. Tuegel、T.A. Cruse、

Emeritus 教授与前 Air Force 的首席执行官 Ingraffea 的讨论。是在通常的结构设计之后，对于飞行器结构寿命预测的一种再造的工程化方案。在设计、开发与初始的测试阶段，数字孪生计算可以发现许多可能导致飞行器整体失效的无法预期的失效模式，这样就能有效地改进设计方案，进而避免在真实飞行试验中发生灾难。将数字孪生与安置在飞行器结构上的传感系统相连，可以用来更新所有主结构的可靠性评估，这种诊断方法将针对飞行器机身的保养、维修和替换，在“时间-预算”的权衡上给出一个较为合理的对策（Tuegel et al.，2011）。

利用“数字孪生”方法预测飞行器结构寿命的实现路径如图 17-4 所示。在图中所展示出来的“数字孪生”只与一个模型相关联（CDF 模型），当然它也可以包含多个组成部分，例如，温度/热量传导模型、动力学模型、应力分析模型和疲劳寿命模型。一个任务或一系列任务将分配于一个指定飞行器。一个对航线和操作合理的预估将会被快速执行在任务建立以后。CFD 模型通过虚拟的快速运行来估计飞行器所经历的载荷和环境情况。飞行器飞行时，在飞行的间隔中，动力学空气动力学所产生的压力将施载在飞行器的有限元“数字孪生”结构上（Culler et al.，2009; Jaiman et al.，2005）。CFD 和有限元模型联系紧密，使得可以捕捉住空气弹性所产生的振动以及飞行器的结构偏差。传统上来说，在结构偏差和空气动力学上所产生的影响都不足为计，但是对于一个真实精确的模型，这种可能存在的物理现象所产生的影响是不可直接忽略的。

采用有限元分析法对整个结构的物理作用都进行了模拟，包括热动力学、气动弹性振动、局部变形（准静态和动态）。在虚拟飞行中，我们能够获得飞行器的热、应力场随时间变化历程数据。“数字孪生”可以掌握飞行器之前的飞行状态信息，以及在不同的材料状态和破损情况下飞行器结构部分的情况。有了这两方面的信息，在虚拟飞行下，“数字孪生”里镶嵌的受损模型可以预示材料状态的转变以及破损的发展情况。破坏方式不仅有疲劳断裂，还有蠕变、磨损、分层、微裂纹、腐蚀、氧化等。在虚拟飞行完成后能够输出飞行器剩余寿命的期望概率分布。

实际中，上面讨论的物理现象很多情况下是非线性的，所以需要利用有限元分析方法进行非线性的结构分析。因为材料状态和损伤演化都会影响结构刚度、热膨胀系数和在非弹性变形阶段的变形，并且这两个因素又会相互影响，所以材料状态和损伤演化的信息需要传递给有限元分析的刚度矩阵，并且协同分析，这样才能够更加精确地确定热、应力场（Roe et al.，2008）。

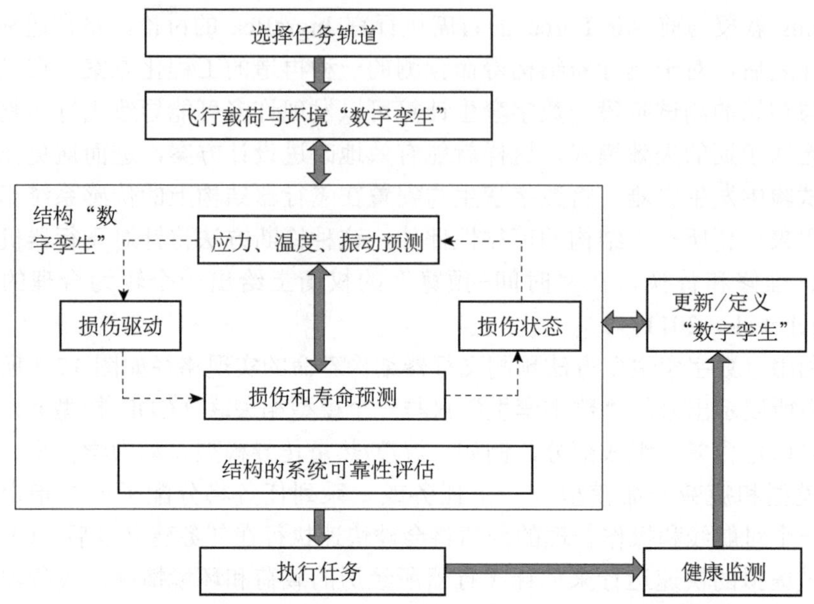

图 17-4 “数字孪生”寿命预测概念的基本流程图（Tuegel et al.，2011）

在飞行器飞过实际的任务之后，飞行的数据可以从飞行器跟踪和结构健康管理（structural health management，SHM）系统中下载。飞行器跟踪系统记录下了大量的飞行参数数据，可以用来精确地描述 CFD“数字孪生”中的飞行状态，进而精确地预报飞行器的实际剩余寿命。除了应用传感器在易损地方来检测损伤，结构健康管理系统也在选定的地方检测和记录形变情况。这些在“数字孪生”中计算检测得到的形变将与实际飞行器上的形变进行对比。用结构健康管理传感器在“数字孪生”位置上和飞行器实际位置上做出的破坏状态检测将与用结构健康管理系统做出的检测相对比。“数字孪生”和实际飞行器中的状况的不同将通过一系列数学变换解决，如贝叶斯方法。通过这个方法，“数字孪生”通过不断的修正变得更加可靠，使得飞行器寿命也更加长（Tuegel et al.，2011）。

“数字孪生”的使用不局限于单次的飞行，针对特定的飞行器，该方法可以映射到任意的飞行时长。通过“数字孪生”的虚拟飞行计算，可以预报维护需求和维修成本，同时，可以将这些维修与替换的信息反馈给“数字孪生”，进而对飞行器进行配置的控制。用“数字孪生”对飞行器结构的剩余寿命预测需要模拟结构对所施载荷的响应，载荷包含准静态操纵气动加载、高频率声波、动态加载、热流。必须对结构进行时间历程载荷-响应的模拟分析，只有这样才能更加精确地模拟在不确定性因素下的损伤演化。当然，“数字孪生”的方法必须依托以下研究领域的重大突破：多场分析方法、多尺度损伤分析方法、结构与损伤一体化模型、非确定性评估/建模/控制、大数据操作与更新方法、高精度结构分析模型，才能够得以顺利实现。

第三节　当前面临的需求与挑战

一、多场耦合分析方法

一些商用软件都可以指定瞬态热场、载荷与边界条件下对结构进行热-动力学耦合分析，但是这些耦合分析多是单程的耦合分析，通过计算温度场然后得到热应力后进而进行结构分析。但是，这种简化的单程耦合分析方法并不适用于所有的分析问题。一个解决多尺度、多物理场耦合分析问题的方案就是将“求解域”按照学科来划分。划分后的技术可以在每个时间间隔内针对各自的物理场进行计算，而载荷等信息可通过接口不断传递交换。每个物理现象都有一种针对其时空尺度规模的解决问题的协调准则，而这种准则的关键点就是在接口处要保持耦合，保证稳定性、准确性和收敛性。

二、多尺度破坏建模

“数字孪生”将会尽可能地模拟实际的飞行过程中材料与结构的损伤行为。损伤形成特征的种类和分布将取决于材料和制造工艺。我们需要建立一个基于物理的模型，该模型能够表征损伤是如何由这些特征产生的，该模型也可以嵌入有限元分析方法中进而对结构进行分析。评估开始前首先进行组分的应力与疲劳分析，这时候要考虑边界条件，几何和环境有许多不确定性因素。在特别关心的区域，我们还需要细致地分析微裂纹从初始产生到形成的全过程（萌生-成核-形成微裂纹）中的物理与力学现象。通过将这些过程信息与预测软件相结合，我们可以计算得到每个裂纹扩展阶段相应的统计信息。对于热机械疲劳、蠕变、磨损、腐蚀、氧化、分层等破坏形式的多尺寸物理模型需要为飞行器结构材料进一步得到开发。在所有尺度上的可能存在的破坏机制的协同效应都应该被探索了解。对理解疲劳破坏形成的投入无论是用哪种标准来衡量都是十分必要的。

三、将结构有限元与破坏模型紧密结合

在我们同时进行结构-材料的多尺度协同分析的时候，结构分析与细观材料尺度上的分析是需要反复传递的，材料尺度上的损伤会导致局部的刚度下降和局部应力场/热场的重新分布，这些材料尺度上的改变也要通过信息流在整体结构分析得到更新。扩展有限元（extended finite element method，XFEM）可以通过对裂纹表面的几何描述，来表征位移不连续与裂纹尖端处的应力奇异，并且通过引入富集函数（enrichment functions）可以使得求解与网格无关。这种方法都可以成功地将损伤引入到结构有限元分析中。而对在更复杂情况里面（温度、环境和应力的改变）的破坏模拟受到了对损伤状态方程发展不足的限制。

由于破坏模型是时间相关的，在结构有限元分析和破坏模型中仍然存在着双向耦联的挑战。一个整合材料破坏模型和结构有限元分析的方法是连续损伤力学。连续损伤力学通过引用内部状态变量来定量材料某点的刚度下降来处理局部失效。这种刚度下降的影响已经在有限元分析里面的刚度方程中有所体现。成功应用连续的损伤力学取决于确定对于状态变量的演化方程，进一步的希望是演化方程能来源于上面讨论的基于物理的破损模型并且是多尺度统一性的。

四、不确定性的定量、建模和控制

不确定性的量级可以通过对模型精确度和规模的选择控制。采用什么样的精细尺度和模型精度是要通过“可接受不确定性”和“计算成本”进行权衡的。对于整个飞行器的一次完整的飞行进行蒙特卡罗模拟势必会带来巨大的计算成本，随机有限元（stochastic finite element methods，SFEMs）可能预测效果更好。无干扰的随机有限元方法充分结合了当前确定性有限元模拟方法与多项式混沌展开式（polynomial chaos expansions，PCEs）的优势，可以借助第三方有限元代码转换成自己的代码。研究建立多尺度随机有限元方法（multiscale SFEM）和扩展随机有限元方法（extended SFEM）也是未来的发展趋势。多尺度随机有限元方法可以实现不同计算尺度上的非确定性信息（如刚度和强度）的相互传递，扩展随机有限元方法可以在随机域里求解偏微分方程的时候实现几何非确定性的传递。

五、对共享的大数据库的操作

一整个机身的模型本身就是一个巨大数据库，其数据的输入、完整性维护与操作都是十分困难的。对于机身的基本的几何和组成部分的组装可以利用 CAD 系统来建立，但是单个部分的离散化是极其具挑战性的，尤其对于大体积、复杂的结构部分。对于这个大的复杂的模型的几何和离散的整合必须建立和维持在模型的整个寿命周期内。离散性必须是可适应的，以便模拟不可期的损伤，还有随之带来的修复工作。这些任务需要实现自动化，因为现在的手动方法无法满足“数字孪生”的要求。

六、高分辨率的结构分析能力

一个完整飞行器的“数字孪生”要有 10^{12} 个自由度。例如，多尺度微观结构模型，将有 10^7 个自由度。这就要求在超大的计算量前提下，还必须要求“数字孪生”能够高速运行来达到和飞行器实际使用的频率相协调，即一小时的飞行必须在一小时及以内完成模拟。如果模拟不能在实际飞行前完成，“数字孪生”将无法实现飞行器寿命的预测与相应的决策。“数字孪生”是一个被称作“E3”的典型应用，E3 是一种高维度的复杂空间系统。在“数字孪生”的背景下，有必要来解决耦联偏微分方程，对不确定性进行量化、设计和优化结构，而且可以同时处理大量嘈杂的信号数据。

第四节　未来发展建议

“数字孪生”的发展任务艰巨，需要攻克许多难关。要将包含十余种活动的“数字孪生”广泛发展的计划整合到一起十分困难。然而，我们将会讨论的是，最初完成的先导性的工作以及近期未来发展的计划。

美国空军科研实验室的航空器专家正在研究通过飞行员在实际飞行器或模拟器输入数据，利用降阶模型（reduced-order models，ROMs）来获取飞行器的空气动力学载荷与内应力。若是把这种与应力关联的 ROM 融入结构寿命的预测上，将会成为研究潜在的高精度应力历程、结构可靠性分析以及结构健康监测的一部分，以此来改进对机身的管理。在这项测试中，两个飞行器装配的全尺寸疲劳试验将会替代真实飞行的飞行器，这项测试的结果将会作为最初的、低精度的“数字孪生”。这种“数字孪生”可以通过新技术的引入，来使之更加成熟完善。例如，NASA 的损伤科学（damage sciences）和空军科学研究局（Air Force Office of Scientific Research）的结构力学（structural mechanics）中的基于物理的损伤模型。另外基于不同的物理模型，热学、动力学以及应力学也是飞行器结构科学中心（Air Vehicles' Structural Sciences Center）正在研究的关键科学问题。另外，F-35 的数字线程制造技术也是一项关键技术。数字线程使得我们分析数据的重要性更加简便，同样的来自工程设计的 3D 实体模型被用在制造业，用于数字控制设计，坐标测量的机器检验。激光测量技术在数字线程零件装配上发挥了重要作用。这些技术为初步的“数字孪生”的建立提供了条件。

现阶段，在飞行器寿命预测过程中，针对每一种物理现象都会有一个单独的模型与之对应。例如，有 CFD 模型、结构动力学模型、热力学模型，应力分析模型以及疲劳裂纹模型。当我们将缺陷模型考虑到整个全寿命预测中，使得模型的计算能力受到限制。因为这个过程需要频繁的数据传递，例如，信息通过把结果从一种模型写到一份文件中在物理模型中传递，把输出的文件传到其他模型的输入文件，最终读出第二个模型的输入文件。如果工程中我们还需要考虑压力、温度、化学等载荷作用，建立一个协同应力-温度-化学分析模型（stress-temperature-chemical，STC），那对现有传统模型来说将是不可想象的。所以，实际上我们只能针对关键点（或严重工况下）的一些情况进行细致分析，并辅助过程中的频繁检测，这样势必会使我们的设计偏于保守（Tuegel et al.，2011）。

而“数字孪生”则可以将 CFD 模型、结构动力学模型、热力学模型、应力分析模型、疲劳裂纹模型以及其他物质状态演化模型都统一整合到一起，并与流体动力学模型“数字孪生”紧密结合使用，使得物理状态与物理结构实现了无缝连接，协同应力-温度-化学分析模型的载荷历程可以直接由模拟仿真得到。传统方法，对飞行器损伤的发现、修复、替换和结构修复等信息都被保留在数据库中，该数据库与结构分析模型是分开的、独立的。这样就不能保证数据库与模型的实时联动，当数据库更新或维护的时候，在模型中是无法显示这些信息的。而“数字孪生”将提供一个可视的数据库，并将结构模型与真实飞行器直接相连，因此，通过提供结构寿命预测，“数字孪生”也可以针对单独飞行器进行结构调整。“数字孪生”可以在飞行器的整个服役周期内，给飞行器提供更完善的管理。工程师可以更快、更全地获得飞行器的状态信息，以便更加及时地给出决策。

致谢：感谢北京航空航天大学材料学院李亮同学在资料翻译过程中所做的贡献。

参考文献

杨仲，2010. 考虑界面相的单向复合材料力学性能预报研究. 哈尔滨工业大学博士学位论文.

章继峰，等，2009. 基于 Python-Abaqus 复合材料代表性体积元的数值模型. 宇航材料工艺，3：25-29.

Culler A J，Crowell A R，McNamara J J，2009. Studies on fluid-structural coupling for aerothermoelasticity in hypersonic flow. 50th AIAA/ASME/ASCE/AHS/ASC Structures，Structural Dynamics and Materials Conference，Palm Springs，California，USA,AIAA-2009-2364.

Hochhalter J D，et al.，2014. Coupling damage-sensing particles to the digital twin concept. NASA/TM–2014-218257.

Lu Z，Liu Y，2010. Small time scale fatigue crack growth analysis. International Journal of Fatigue，32（8）：1306-1321.

Miller B A，et al.，2010. The impact of flow induced loads on snap through behavior of acoustically excited，thermally buckled panels. 51st AIAA/ASME/ASCE/AHS/ASC Structures，Structural Dynamics and Materials Conference，Orlando，Florida，USA，AIAA-2010-2540.

Roe B，et al.，2008. Combined interface boundary condition method for coupled thermal simulations. International Journal for Numerical Methods in Fluids，57（3）：329-354.

Tuegel E J，2012. The airframe digital twin：some challenges to realization. AIAA 2012-1812.

Tuegel E J，et al.，2011. Reengineering aircraft structural life prediction using a digital twin. International Journal of Aerospace Engineering：154798.

第十八章 力学前沿与创新应用问题

第一节 问 题 提 出

创新是一个民族技术发展的灵魂，事关国民经济发展的命脉。20 世纪 80 年代，著名力学家陈宗基院士就指出：力学的强大的生命力，则在于它的创造性，力学是创造性的科学，而最富有创新前景的是新兴边缘分支。

航空航天往往孕育并形成一个国家最具牵引力的重大基础科学与高新技术。新一代飞行器的发展方向可以归纳为高超声速、高机动、长距离、高隐形、高自适应、自监测与自修复、高精确控制和高可靠性飞行，对飞行器结构提出了诸如超轻质量、高强韧、抗冲击、耐热、隐身、低噪、智能检测与自修复的多功能要求。这些要求引发新的科学问题：如超轻型化飞行器结构的设计原理、飞行器结构的非线性动力学、保障复杂环境下可靠飞行的主动控制和智能监测等。力学是驱动新型飞行器发展的重要动力，力学前沿研究酝酿新的飞行原理与方式。近年来，力学与材料、信息、能源、化学等不同领域的深度交叉簇生了一批崭新的研究方向，为新型飞行器的发展奠定了理论基础。新一代飞行器设计涉及力、热、光、电磁等多场综合集成的复杂大系统，表现出从微纳米到宏观尺度的多尺度现象，也涉及同一宏观尺度下不同层次结构单元的结构层级，以及高度数字化、信息化、智能化等新型交叉科学前沿问题。飞行器设计中重大问题的解决越来越依赖于学科的交叉与融合。例如，飞行器力学性能的高精度预测和气动设计依赖于流体力学、计算力学、统计物理与软件工程的合作；材料设计中的多尺度、跨层次计算涉及计算力学与物理学和材料科学的交叉；推进系统涉及高温空气动力学、热化学和燃烧学的交叉；结构隐身材料的研究依赖于材料科学、电磁波理论和空气动力学的交叉合作；智能材料、控制理论和信息科学的交叉对于结构的健康监测和智能控制至关重要。本书将从以下几个方面介绍力学前沿方向在新型飞行器中应用的探索。

第二节　仿生力学与未来飞行器

仿生力学对于未来空天飞行器具有关键作用，国内外多家单位在仿生减阻和微型飞行器上做了很多前期工作，在未来微型飞行器的研制过程中具有重要意义。在自然界中，生物的宏观与微观结构、形状及运动方式都是经过亿万年自然选择的结果，许多功能超出人类的想象，其中生物外观形状及表面微结构都具有减小阻力的效果，例如，鸟类和鱼类身体流线型以及鲨鱼皮肤表面的沟槽结构。生物不同的减阻方式为减阻设计提供了一个可行的研究方向，通过研究这些生物结构减阻的机理，找出符合未来空天飞行器减阻要求的设计方案。鲨鱼在水中能够快速游动，除了其身体流线型的外形，其皮肤表面有序排列的细小沟槽起着重要作用，这些微沟槽减少鲨鱼游动过程中基本与流动方向平行，能够减小鲨鱼游动过程中的阻力。根据生物体表面微沟槽的启示，人们设计了一系列单一尺度的沟槽（V 型、L 型、U 型、半圆形等），起到了一定减阻效果。然而通过进一步观察，发现鲨鱼皮肤表面的沟槽并不是单一尺度的，通过增加一些二级沟槽，可以增加减阻效果。

在国外，沟槽减阻技术已经取得较大进展，并应用于工程实用中。例如，空中客车公司将 A320 试验机表面的 70%贴上沟槽薄膜，其节油效果达到 1%～2%，NASA 的兰利研究中心对 Learjet 型飞机的飞机实验减阻达到 6%左右。另外，受鲨鱼腮部射流功能的启发，人们提出仿生射流表面减阻法。随着射流速度幅值的增加，翼型的平均升力系数和阻力系数都会增加，射流频率对升力的影响呈非线性。轴对称钝头体或逆向射流会增加激波的脱体距离，在钝头体前面形成低压回流区，从而起到减小激波阻力的作用。射流孔的大小和形状以及射流速度都会影响减阻效果，射流孔面积越大，减阻效果越好，射流流量越大，减阻效果越好。随着射流速度的增大，黏性剪应力减小，湍流强度增大，消耗的湍动能增大，雷诺应力增大，仿生射流表面的减阻效果由减小的黏性剪应力和增大的雷诺应力共同决定。仿生射流减阻的根本原因是射流流体改变了射流孔下游的流场结构，使得近壁面主流流体的速度减小，射流表面边界层的厚度增大，壁面法线方向上的速度梯度减小，壁面剪应力减小，达到减阻效果。

微型飞行器是20世纪90年代出现的新型飞行器，由于微型飞行器在军用和民用两方面均有巨大应用前景，是目前及未来空天飞行器的重要发展方向。微型飞行器研制遇到一系列关键技术问题，包括高升阻比气动构型与增升措施，飞行稳定性和抗干扰能力，微型化导航和控制系统，轻质高强材料、结构与设计优化，超轻、微型化任务载荷，高效推进能源动力等。

生物仿生力学为微型飞行器提供了巨大的探索空间和应用前景，以蜻蜓为代表的鸟类和昆虫等飞行动物通过扑翼产生高升力，蜻蜓两翼在打开过程中前缘会形成一对很强的分离涡产生很大的升力，实验结果表明其升力系数能够达到5。抗干扰稳定飞行是鸟类和昆虫的一大特点，通过翅膀和身体对外界条件变化做出自适应变形，实现在强风和复杂环境下悬停或稳定飞行。通过仿生力学模拟鸟类和昆虫高稳定性、高机动性飞行能力，除了发展具有高可靠性、强抗干扰能力的智能自主控制理论与方法，还需要灵巧蒙皮、自适应结构、可变形机翼和完全柔性飞行器的变参数自适应控制理论和技术。生物仿生力学为智能微型飞行器研制提供了有效解决关键技术的途径，在未来空天飞行器研制过程中将发挥不可替代的作用。

第三节　软体机器人与可变形飞行器

固定形态飞行器通常针对一定的飞行参数进行最优设计，而实际飞行过程中，在不同环境、不同飞行动作下飞行参数是变化的，该情形下飞行器的气动外形布局偏离局部最优设计使得飞行器并非处于最理想状态。另外，自然界的飞行生物在空中飞行时，不同飞行动作下（滑翔、悬停、降落等）形态结构不同且能在不同形态结构之间实现连续自如转换。针对这一现状和大自然的启示，可变形飞行器应运而生。可变形飞行器指的是飞行器可以自主地根据环境、任务动作要求自适应地发生形状改变，使飞行器始终保持在当前条件下最优的气动布局。

软物质是一类处于理想固体和理想流体之间的物质。其基本特性在于复杂性和柔软性。复杂性表现在构成软物质的基本单元是化学结构颇为复杂的链状和支状分子或分子集团，这些分子本身具有不同的功能团，使得不同部位对周围环境的响应不同，自组织或自组装形成各种复杂结构。复杂性使得软物质可以有充分的功能多样性来满足飞行器连续变形过程中所需要的复杂变化过程，包括大幅度、微幅度、快速、低速的变形过程及其他变形要求。而柔软性表现在软物质对外界环境影响特别敏感，物理、化学的微小激励都可能使其产生较大变形响应。这一特点使得它成为实现飞行器连续、自如、低功耗地改变外形构造的一类重要材料。

在自然界中，软体动物广泛分布于海水、淡水及陆地。经过亿万年的自然优化，这种动物的软体组织具有变形大、质量轻、功率密度比高的特点，可以在大范围内通过任意改变自身形状和尺寸，实现复杂自然环境条件下的高效运动。近年来，研究者以软体动物为原型，提出了软体机器人的概念。作为仿生机器人研究的延续，软体机器人具有无限自由度、连续的变形能力、出色的灵活性和对环境的适应能力，在军事、探测、医疗等领域具有广泛的应用前景，所以发展具备类似能力的仿生软体机器人，已经引起美国、欧洲的高度重视。由欧洲委员会资助的“章鱼触手”项目组通过研究章鱼本体和触手的全局协同运动和控制机理，开发了可以水下工作的仿生章鱼触手，并提出了相应的控制方法。美国塔夫茨大学的 Lin 等（2011）研制的 GoQBot 软体机器人具有和毛毛虫一样的滚动弹射能力。麻省理工学院、哈佛大学和韩国汉城国立大学的研究人员联合研发的 Meshworm 机器人，通过在聚合管周围环绕网格状形状记忆合金线模拟蚯蚓蠕动并能抵抗强大的冲击（Seok et al.，2012）。日本早稻田大学的 Nakamaru 等（2009）采用凝胶材料研制的仿生尺蠖，利用特殊化学反应驱动实现了周期性伸缩运动。横滨大学的 Saito 等（2009）则采用光敏离子胶研制了软体微型夹具，可以夹持质量为 3mg 的重物。相比较而言，国内对软体机器人的研究虽然起步较早，但研究工作的延续性、系统性不强，且主要集中在基于形状记忆合金的软体机器人研究。上海交通大学提出了一种适用于微小软管移动的仿蚯蚓蠕动式微机器人，可以在直径 20mm 的管道中蠕动前进，但受冷却时间的限制，最大运动速度仅为 15mm/min。中国科学技术大学的杨杰团队设计的基于形状记忆合金驱动的软体机器人具有滚动、Ω 爬行、蠕动三种运动形式（杜勇，2013），并引入了运动形式切换的思想，从而实现了以下几点：在平坦路面上，通过自身的柔性变形推动仿生软体机器人向前滚动运动，以提高其运动速度和运动效率；在通过狭小空间时，身体展开采用蠕动运动以提高通过性；而遇到沟壑或障碍时，身体变形采用 Ω 形前进提高其越障能力。此外还有哈尔滨工业大学设计的仿生鳐鱼、仿生水母，北京航空航天大学设计的仿壁虎爬行机器人等。

将软体机器人与可变形飞行器结合，在利用其已有研究成果的同时将开发一个新的研究领域。但目前，在航空航天领域，国内外还鲜有软物质和软体可变形技术的应用，其中需要解决众多关键问题，主要包括：软体机器人应用到可变形飞行器上的关键部位时在不同飞行环境和任务动作下材料性质能否足够承载结构强度问题；在不同变形速率下软物质部件反复变形时的疲劳问题；在飞行器恶劣服役环境中软体机器人构成部件的性能稳定与老化问题；软体机器人构成部件与周围结构的衔接和兼容性问题；引入软物质部件后，不同服役环境中飞行器结构振动特性的改变与调控。

第四节　基于柔性电子技术的智能蒙皮／隐身／人机融合飞行器

柔性电子是通过新型材料和新型结构的开发与设计，使得电子器件具备可弯曲、可拉伸变形能力的电子器件设计与制备技术。柔性电子器件因其可变形性具有很强的曲面适应性的优点，可安装在非可展曲面，并可在变形环境中正常使用，扩展了电子器件的适用范围。柔性电子的发展处在起始阶段，目前已经出现一些可延展结构，发展了一些可延展功能演示器件，比如柔性多功能心导管、可变焦复眼相机、可延展晶体管电路、柔性 RFID、可拉伸 LED 显示阵列、可拉伸锂电池以及可无线传输的多功能皮肤电子器件等。这些进展从传感、信号处理、无线传输、数据可视化显示、电源以及系统集成上都可以实现电子器件的柔性化设计与制造，预示着柔性电子作为新型电子发展方向的可行性和在通信和信息、生物医疗、航空航天和国防等方面巨大的应用前景。

由于对人体不规则表面和易变形组织的良好的适应性，柔性电子在与人体集成的人体可穿戴和可植入方面具有广阔的发展前景。在人机交互和大数据的信息发展大背景下，柔性电子器件将作为人机交互的物理支撑层起到推动作用，实现对人体信息的采集、传输以及对人体健康状态的反馈调节。

未来飞行器也将更加关注软硬件结合的人机交互的优化系统。根据统计数据，多数飞行事故来源于驾驶员的人为因素。通过穿戴的柔性电子器件实时监测飞行员的主观和客观生理参数，在紧急情况下通过柔性电子器件的反馈和对人体的主动调节可以减少飞行员的操作失误率，提高应急处理能力，从而提高飞行器驾驶安全性。

智能蒙皮是 1985 年由美国空军提出的新技术构想，指在飞行器构件和蒙皮内植入智能结构，包括探测元件、微处理控制系统和驱动元件等形成飞行器的神经网络，不仅能感知自身的物理状态（应力、温度），还能对外部环境（如视觉、味觉、声音等）保持敏感，用于飞机自检测、自校正、自修复，并实现隐身和通信等。智能蒙皮在蒙皮内埋置传感网络，与计算机相连，对飞行器各处的应力、温度等参量进行实时监测，借助计算机与执行系统，动态调整飞行器的结构，以获得最佳的飞行性能。另外，根据智能蒙皮中丰富的应变、温度传感数据，对飞行器特别是战斗机进行更为全面的损伤和故障评估，从而判定飞行器是否达到结构强度极限，记录结构强度变化情况，根据结构损伤特性重新分配剩余资源，充分发挥飞机性能以致接近它的物理极限。

智能蒙皮技术仍处在发展的初期，有几个重要关键技术仍待解决。在未来更高速度的飞行器表面，蒙皮表层的温度将会非常高，需要蒙皮衬底材料有好的热疏散性能和非常优秀的热控制技术，这样才能保证隐埋在蒙皮中的传感器网络正常工作。另外，传感器作为飞行器的神经网络，其灵敏性和可靠性受到其传感器隐埋技术的重大影响，实现传感器与周围蒙皮材料的良好黏合度是传感灵敏度的重要保证。同时，在未来可变外形的飞行器中，蒙皮中的制动材料/结构的精确控制技术是智能蒙皮发展的一个重要技术。

隐身技术，即采用独特的外形设计和吸波、透波材料，以降低飞机对雷达波的反射；降低飞机发动机喷气的温度或采取隔热、散热措施，减弱红外辐射。隐身技术已经成为提高武器生存、突防甚至纵深攻击能力的有效手段。在雷达隐身方面，通过外形结构加表面涂层的结构方案来实现隐身是常用的方案，智能蒙皮发挥着重要的作用。

将柔性电子器件推广到飞行员体征监测和人机交互智能化的应用，充分发挥柔性电子器件的曲面适应性优势，利用曲面集成技术实现特殊结构的智能蒙皮，提升智能蒙皮的自身检测精度，改善智能蒙皮电磁辐射特性（电磁发射方向、功率以及电磁波的空间交互影响），获得一些新的电磁局域环境，达到提升隐身的效果，从而提升未来飞行器的操控舒适度、飞行器自健康分析能力和自我修复能力，同时提升隐身性能，大大提升战斗力。

第五节　神经网络动力学与未来飞行器

神经网络动力学是神经网络与动力学系统交叉结合的学科。作为一门新兴的、综合性、交叉性很强的学科，它的研究不仅有助于理解神经网络数学理论的依据与背景，而且提供了应用的基本思想及可能的途径。

对于神经网络现在有许多种描述方式与看法，例如，它是一套硬件设备，是一个生物组织，是一个计算机程序，是一个识别系统，是一种数学的算法等。人们正在通过生物实验、计算机模拟、理论分析以及通过许多种数学的手段来研究这种网络。神经网络的动力学模型有许多（如 McCulloch-Pitts 模型、Caianiello 模型、Nagumo-Sato 模型、Hopfield 模型、BSB 模型、BP 模型等），每个模型都有它特有的动力学行为与特征。总体而言，各种动力学模型可能具有以下 3 种动力学行为：①收敛：当时间越来越大时，某条轨道收敛于某个平衡点，一部分的轨道趋于平衡点集；②振荡：某条轨道渐近地趋向于一个周期的轨道，该周期轨道可能是稳定的，也可能是不稳定的；③混沌：通常比较粗略地规定其轨道在有界的范围内的长期行为对初值极端敏感依赖的游荡运动。

从人工神经网络现有的多种动力学模型数值模拟及理论分析，也从人们的心理状态及部分的实际应用出发，第一种收敛的动力学研究得比较多且较深入。人们总认为动力学行为最终应当是得到信息或可能是产生信息，很自然希望这一信息是抓得住的形式，即平衡点，并应用在模式识别、组合优化、文字和语音识别等方面。但如果从生物神经网格来分析，近年来，从神经生物学的研究来看，人们的大脑处理信息以及之所以大脑有这么多功能，主要因为神经网络动力系统具有第二类及第三类的动力学行为。但目前，人们对后两种动力学行为的研究，发展很慢。

对未来空天飞行器而言，以空天飞机为例，在力学层面，其发展过程中会出现许多难点，包括：需要解决几何外形和物理、化学现象都十分复杂的流场计算问题，从而进行机体与发动机的一体化设计；为了大幅度降低结构重量和增加重复使用的次数，必须提高气动载荷和气动热环境的预测准确度；要在很宽的马赫数范围内快速获得最优的飞行器性能，对设备运行状态和故障进行实时检测和诊断，实现智能反馈和控制。

要解决上述问题，必须综合使用地面试验、飞行试验和计算力学等手段。近年来，由于巨型计算机和计算方法的发展，神经网络动力学开始应用于空天飞行器的设计。例如，在设备检测方面，Luce 和 Govind 描述了一个用来诊断航天飞机主发动机（SSME）突发性性能衰退和失效模式的系统。该系统将被看成是 SSME 一批组件的集合，并利用装在每个组件中的本地敏感器所获得的几组参数推导出时间特征数据，构成要分析的故障模式。这里使用了一种混合结构：第一个处理层由基于自适应谐振原理的神经网络构成，每个组件配备 1 个网络；第层由按内容访问的存储器网络构成，每个组件配备 1 个；最后一层是一个反推神经网络，它处理来自所有存储器网络的数据。这项工作的长期目标是通过建立集运行参数控制部件、组件、敏感器和神经网络系统为一体的反馈回路，构造一个使用上述结构的系统，以确保其总是处于正常工作状态。Whitehead 等同样采用神经网络，对 SSME 进行了故障检测和识别。结果表明，被分解的神经网络结构可以有效地训练，可以识别已训练过的故障，同时也能检测那些没训练过的故障是否发生。

在飞行器控制方面，1997 年，NASA 兰利中心和精密自动化公司试验了一种采用神经网络控制的全新的飞行控制系统。他们使用一架未来高超音速飞机样机（缩比、低速）进行试验，此次试验名为洛福莱特（Loflyte）。长 7m 的有动力无人驾驶的原型机将由密西西比大学和洛克希德-马丁公司共同设计（战术飞机系统）。根据洛福莱特计划，NASA 和精密自动化公司研制了一种神经网络控制系统。这种神经网络系统的主要特点在于用大量简单的控制设备如同人脑的神经元一样实时相互连接在一起。每个连接点向每一个输入数据赋一个加权值。在调节这些加权值的同时，神经网络可以改变其反应方式。神经网络计算机的计算能力靠 1.6 万个并行神经元提供，每秒可作出 10 亿个决策。采用神经网络“模糊逻辑”控制（与人的大脑类似）的优点在于控制系统具有学习功能，在理论上说可控制不稳定的布局，而一般认为这是实现有效的高超音速飞行所必需的，这种飞行器在以马赫数为 1 以上的速度飞行时要利用弓形激波获得升力。这种控制系统还将能对受损的控制面进行补偿，从而可大大提高飞行器的安全性和生存能力。在发生预料不到的事故时，例如，当失掉一个襟翼或调整整个气动性能的结构损坏时，系统仍能保证对飞行器的控制。当然，传统控制系统（无论是建立在严格的定律基础上或是建立在数学计算的基础上）同样可以产生功效，但唯一的条件是必须向该系统准确提供其损伤情况及其潜在影响。相反，自适应神经网络控制系统，只需要飞行器的驾驶控制和理论响应，就能在各种环境中根据飞机的响应自动调整工作状态。尽管如此，虽然神经网络可解决传统软件解决不了的问题，但也有其局限性，它不能解决人不能解决的问题；而且，如果逐次逼近法不收敛，神经网络也不会收敛，飞机将处于失控状态。在国内，神经网格用于空天飞行器的控制方面也有较大进展。例如，上海交通大学空天科学技术研究院的敬忠良等构建了一种单隐层神经网络干扰观测器，并与轨迹线性化方法结合形成新的非线性系统鲁棒自适应控制方案，用于近空间飞行器飞行控制系统设计。高超声速飞行条件下的仿真结果表明该方法不仅有效，而且能够提供高精度、高稳定度的控制性能。哈尔滨工业大学航天学院的齐乃明等基于空天飞行器在高超声速状态下的气动力及气动力矩参数数据，采用神经网络拟合并建立气动参数模型，针对高超声速飞行器进行了无动力再入建模及耦合特性分析。仿真过程中分析了飞行器在最大升阻比下飞行时舵机对弹道的耦合特性，以及气动力对姿态角速度、姿态角速度通道之间的耦合特性。结果表明高超声速飞行器模型是一类参数时变、强耦合的复杂非线性系统，该模型可用于弹道优化、制导律及姿态控制等问题的设计及研究。

第六节　智能健康监测与未来飞行器

早期的飞行器结构损伤检测主要通过目测、涡流、超声等离线无损检测手段定期进行。这些离线检测方式需要在地面进行，飞机必须停止营运，检测成本高。为了对一些隐蔽部位进行检测，还需要拆装结构组件，由此可能造成结构或辅助系统的额外损伤或功能退化。因此，飞行器结构损伤检测领域的主要发展趋势是利用飞行器健康监测系统对损伤进行连续、在线、实时的监测。其两种主要方式为：①通过飞行载荷监控系统和分析程序，估算结构的累积疲劳损伤，进而对整机疲劳寿命进行监测；②通过内置的传感系统或驱动-传感系统检测重要结构的应变、振动模态以及声发射等信息的变化来确定损伤的萌生、发展、大小及位置，对飞行器关键结构进行健康监测。未来高超飞行器飞行速度加快、推重比增大、机动性增强，致使飞行器关键部件比现在的航空航天飞行器承受更高的温度和更复杂的服役环境，因此发展极端环境下的在线测量技术具有十分重要的意义。高温环境下结构变形测量是考核飞行器结构件工作载荷下可靠性的重要判定依据。变形测量主要分为接触式和非接触式两种。应变片作为常用接触式变形测量方法大量应用于工程应用中，在高温变形测量中采用耐高温材料制作的高温应变片可用于高温环境下的变形测量。但随着使用温度的升高，高温应变片的热稳定性也将受到影响，并且容易失效。另外高温应变片价格昂贵，所以一般高温变形很少采用高温应变片，通常寻求其他高温变形测量方法。探针扫描法作为另外一类常用的接触式变形测量方法，利用探针与物体表面接触并扫描表面，根据探针与物体表面之间原子作用力与距离之间的关系得出物体表面形貌，此外也有利用探针与物体表面之间的电容变化来获取物体表面形貌的。但对于飞行器工作高温环境，常伴随有燃气火焰冲击，常规接触式变形测量在高温下容易失效甚至根本无法用于测量，这就需要其他非接触式变形测量方法。

下一代传感系统的特点是微型化、智能化、集成化和多功能化。目前，最有发展前途和实用价值的新型传感器主要有：①光纤传感器（FGB），以光纤作为信号检测和传输的载体，具有质轻径细、频带范围宽、灵敏度高、稳定性好、抗电磁干扰等特点，在飞行器结构健康监测中得到广泛关注。美国洛克希德·马丁公司将 FBG 传感器网络用于 X-33 飞行器箱体结构件的应力和温度的准分布监测；美国的诺斯罗普·格鲁门公司利用光纤传感器监测 F-18 机翼结构的损伤及应变；欧洲开展的 Monitor 研究项目采用 FBG 传感器构建了在线载荷监测（OLM）系统对飞行载荷进行监测；NASA 的兰利研究中心开展了对飞机机身金属结构疲劳裂纹的监控实验研究，验证了先进的高密度光纤传感器阵列在飞机搭接件结构健康监控上的应用。②超声检测技术，该技术一直是飞行器结构损伤离线无损检测的重要手段，其典型成果是美国斯坦福大学研发的智能夹层结构（stanford multi-Actuator-receiver transduction layer，SMART Layer）。这种智能夹层结构利用电子工业中的印刷电路技术将分布式的超声波发射/接收传感器以及电路直接涂覆到柔性电介质薄膜基底上，它可以被预先设计、制造、测试，再通过特定工艺和复合材料部件一起成型，成为一体化的带有自监测系统的复合材料结构。③非接触变形测量技术，非接触式高温变形测量由于不接触高温测试件，测试设备元器件不必经受高温考验从而可以借助大量常温变形测量方法，其中光学测量方法具有设备简单、可实时全场测量等优点而得到广泛应用。光学方法在大气环境中进行高温测量往往面临大气扰动对测量造成干扰的问题，虽然在一定条件下可以通过抽真空来去除空气影响，但是在更多实验条件下抽真空很困难或者一些高温变形测量本身就需要在大气环境中进行，因而通过一些辅助手段来去除空气扰动影响变得必不可少。此外物体在高温下辐射发光，对于光学测量方法去除掉干扰辐射光在超高温环境下是必不可少的。Meyer 等（2015）最近利用数字图像相关技术对高温下（1300℃）陶瓷基复合材料的力学性能进行了测试，他们提出了一种新型的高温散斑的制作方案，可以经受住最高 1315℃

的测试，并且应用该散斑测试获得了 6061-T6 铝的杨氏模量。Zhang 等（2015）利用紫外线数字图像相关技术（Ultraviolet DIC）对高温下（1000℃）材料的变形进行了测量，取得了很好的效果，他们的实验结果表明，紫外线数字图像相关技术可以用在高温情况下的测量，并且能够有效地消除振动和噪声的影响。Montanini 等（2014）提出了一种与红外图像相关（infrared image correlation，IIC）的方法用于高温下变形的测量，通过对高温下物体红外图像的相关匹配即可获得其相应的变形信息，结果表明，无论在实验室测量还是在实际的结构测量，该方法均能取得较好的测量结果。Matthew 等（2015）发明了一种高温高频的光纤应变测量系统，该系统由一个基于激光的数据采集系统和极端环境传感器组成，采用两个激光器来确定非本征法布里-珀罗干涉的两个反射器之间的距离。实验表明，该系统可在 900℃以上对应变数据进行采集，采集频率可达 2.5MHz。Huang 等（2013）发明了一种高温下大应变的光纤传感器，并建立了可实时更新的高温下钢结构的有限元单元模型，该传感器可以在 700℃条件下测量 10%的应变，降低了高温预测应变的误差。Rao 等（2007）提出了一种可以同时测量温度（最高 650℃）和变形的传感器，该传感器由混合光纤传感器组成的长周期光纤光栅（LPFG）和一个微非本征法布里-珀罗（FP）干涉（MEFPI）传感器组成，实现了高温下应变的精确测量。国内方面清华大学冯雪课题组（Dong et al.，2013；Fang et al.，2014，2015）提出了一套高温环境下变形、温度同步实时测量系统，观测超高温材料的氧化烧蚀性能，并可以模拟真实的发动机环境提供相应的温度和湿度。变形测量基于数字图像相关方法（DIC），并引入最大机极值稳定区域（MSER）算法求得了高温下材料的全场变形信息。对于全场温度场、变形场的同步测量，通过单一的彩色摄像机、合理的光路和光源设计，试件表面的反射光和辐射光分别被接收并处理，利用比色法采用辐射光强度计算温度场，用反射光强度计算位移和变形场。

参考文献

杜勇，2013. 具有多运动模式的可变形软体机器人研究. 中国科学技术大学博士学位论文.

Dong X，et al.，2013. Full-field measurement of topography and curvature by coherent gradient sensing method at high temperature. Experimental Mechanics，53（6）：959-963.

Fang X，et al.，2014. In situ observation and measurement of composites subjected to extremely high temperature. Review of Scientific Instruments，85（3）：035104.

Fang X，Jia J，Feng X，2015. Three-point bending test at extremely high temperature enhanced by real-time observation and measurement. Measurement，59：171-176.

Lin H T，Leisk G G，Trimmer B，2011. GoQBot: a caterpillar-inspired soft-bodied rolling robot. Bioinspiration & Biomimetics，6（2）：026007.

Luce H，Govind R，1990. Neural network pattern recognizer for detection of failure modes in the SSME. 26th AIAA，SAE，ASME，and ASEE，Joint Propulsion Conference， Orlando，FL. 90-1893.

Matthew A D，et al.，2015. High Temperature，high frequency fiber optic strain measurement system. 53rd AIAA Aerospace Sciences Meeting. AIAA SciTech: American Institute of Aeronautics and Astronautics.

Meyer P，2015. Measurement of in situ-full-field strain maps on ceramic matrix composites at elevated temperature using digital image correlation. Experimental Mechanics，55（5）：795-802.

Montanini R，Freni F，2014. Non-contact measurement of linear thermal expansion coefficients of solid materials by infrared image correlation. Measurement Science & Technology，25（1）: 303-309.

Nakamaru S，et al.，2009. Development of novel self-oscillating gel actuator for achievement of chemical robot. Proceedings of IEEE/RSJ International Conference on Intelligent Robots and Systems. St. Louis: IEEE：4319-4324.

Saito S，et al.，2009. Development of a soft actuator using a photocurable ionic gel. Journal of Micromechanics and Microengineering，19（3）：035005.

Seok S，et al.，2012. Meshworm: a peristaltic soft robot with antagonistic nickel titanium coil actuator. IEEE/ASME Transactions on Mechatronics，18（5）：1485.

Zhang H，et al.，2015. High temperature deformation measurement based on ultraviolet DIC. International Conference on Experimental Mechanics 2014，International Society for Optics and Photonics.

关键词索引

F

G

H

J

K

L

M

N

Q

R

S

T

W

X

Y

Z